JN174443

Pythonで体験する
深　層　学　習

―Caffe，Theano，
Chainer，TensorFlow―

博士（文学）　浅川　伸一　著

コロナ社

まえがき

恩師小嶋謙四郎先生は「生きることは表現することだ」と書いた[1)]。出来の悪い弟子は「なに」を「どう」表現すれば「生きる」ことになるのか，師の意図を汲みかねて依然として途方に暮れたままである。だが，こういう形でしかできない表現があると考えた。作家の土屋つかさ先生から本書のヒントをいただいた。放課後だけでも魔術師になりたいと願うが，その淡い努力が本書である。

本書を上梓するにあたって，この分野のトップカンファレンスの一つである NIPS（neural information processing system）2007 の講演でボトー（I. Bottou，確率的勾配降下法の提唱者，本書で取り上げた）の「コンピュータ社会のメタファ」を紹介したい。

> 社会には 2 種類のコンピュータ（計算者）が存在する。生産者（作成機，メーカー）は，仕事をして所得を得る。生産者の活動によりデータが生まれる。一方，思考家（思考機，シンカー）は収益を増大させるため，データを分析することで競争優位性を見出す。コンピュータの台数が増大しても，生産者/思想家比は一定である。データは生産者数に比例して増大するが，思考家の数はデータの増加速度以上には増えない。すなわち
>
> 1. 学習に利用可能なコンピュータ資源はデータの増量速度以上に速くならない。
> 2. データマイニングのコストは収益を越えることができない。
> 3. 知的生命はデータ系列から学習する。
> 4. 機械学習のアルゴリズムの多くは，データの増加速度以上の処理容量を必要とする。

本書は知的な機械，あるいは思考家，をつくるために必要な思考のための道具

を提供することを目指した。生産者を駆使して，現在手に入る材料から，競争優位性を獲得することを意図している。材料の中には，他の思考家がどのように思考しているのかも含まれる。思考家がその必要ありと判断した場合，その思考家の思考過程を追体験する再現可能性を示そうと試みた。

本書のサポートページ†も参照していただきたい。編集の労をとってくださったコロナ社にお礼を申し上げる。コロナ社のご尽力なくして陽の目を見ることがなかった。文章の内容についての責任はすべて筆者にあるが，もし本書がなんらかの役に立つ内容であるとすれば，それはコロナ社のおかげである。東京電機大学高橋達二先生，甲野祐先生，高橋ゼミナールの皆様には本書のキッカケとなった話題を提供させていただいた。草稿に目を通していただいた亀田雅之さん，岩井健二さん，青木瑠璃さんにはお世話になった。末筆ながら，岩船幸代氏の変わらぬご助力に感謝申し上げる。

2016 年 6 月

浅川　伸一

† http://www.cis.twcu.ac.jp/~asakawa/2015deep_corona/

目　　　次

1. は じ め に

2. Python

3. ニューラルネットワークの基盤となる考え方

4. 深層学習理論

5. 深層学習の現在

6. 深層学習の展開

7. おわりに

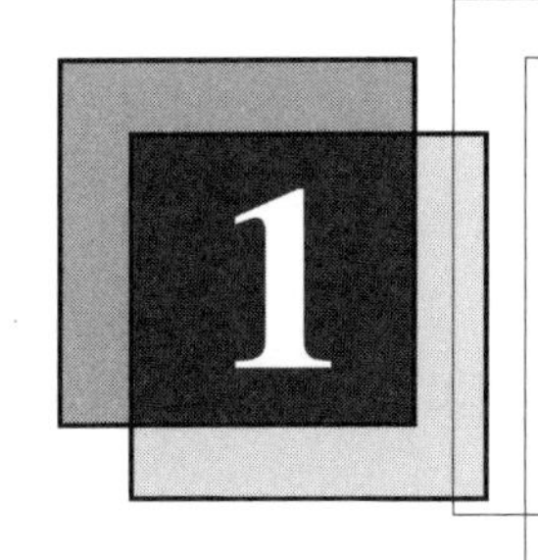

はじめに

深層学習とはニューロン（あるいはユニットという）の層が多段に組み上げられたニューラルネットワークのことである。各層では複数の抽象化によるデータ表現が獲得される。深層学習により，音声認識，物体認識，物体検出，自然言語処理，創薬ゲノミクスなど多くの領域で進展が見られた。深層学習では直下の層が獲得した表現を，直上の層が別の独自表現を獲得するように学習が進行する。深層学習は大規模データと相まって，データのもつ複雑な構造の検出が可能である。畳み込みニューラルネットワークは画像，動画，音声情報処理にブレークスルーをもたらした。一方，リカレントニューラルネットワークは文書，音声，動画，制御などに強みを発揮する。本章では深層学習の概観を示し，基礎事項の確認を行った。

本書では Python 上で動作するフレームワーク scikit–learn, Caffe, Theano, Chainer，および TensorFlow を取り上げた。マイクロソフトによる CNTK (Computational Network ToolKit[†1]，計算論的ネットワークツールキット) は取り上げていない。また，この分野で常識となっているグラフィックボード GPU の使用も前提としなかった。無料で試せることに重きをおいたからである。論文に書いてある結果を再現するには，GPU に加え，ある程度の容量のストレージ，メモリが必要であることはあらかじめ付記しておく。

総説論文としては，この分野を牽引してきたルカン (Y. LeCun[†2])，ベンジオ

[†1] `http://www.cntk.ai/`
本書に掲載の URL は，編集当時のものであり，変更される場合がある。
[†2] ルキューヌと発音する人もいる。原語をカタカナ表記するのは微妙である。

(Y. Bengio)，ヒントン（G. Hinton）によるネイチャー論文が挙げられる[2)]。

1.1　深層学習の現状

2010年から始まった大規模画像認識コンテスト（ILSVRC）では2015年に至って人間の認識性能を凌駕した（図 **1.1**）。

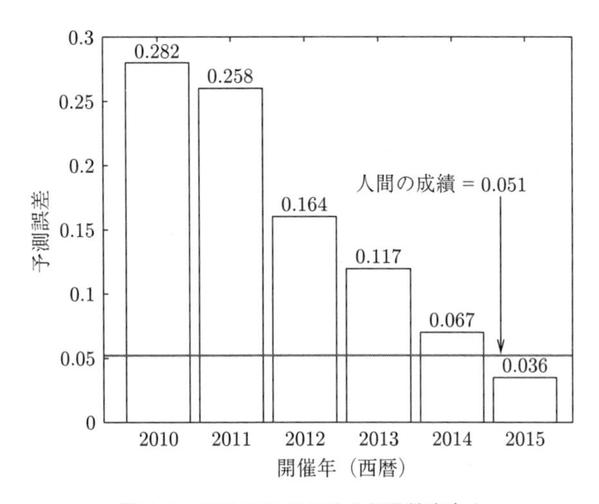

図 **1.1**　ILSVRCにおける認識精度向上

図1.1の縦軸は予測誤差であり，小さいほど性能がよいことを示す。人間が判断しても紛らわしい画像，わかりにくい画像が含まれているので，人間でも完全に正解することが難しい。すなわち，人間には識別不可能な画像でも深層学習では認識可能なことを示唆している。このことは社会科学，人文科学，宗教，倫理への影響も計り知れない。深層学習に関連する認識は，現代に生きる人間が共有すべき知識であり，避けて通れない。実際に，画像認識にかぎらず，音声認識，ゲームAI，自動運転，画像生成などで人間と同等，あるいは人間以上の成績を示したことで深層学習技術が耳目を集めている[3)~7)]。

2012年以来深層学習は幾多の国際競技会でサポートベクトルマシン以下のアルゴリズムを圧倒している。図 **1.2** に上位入賞チームのモデルを示した。

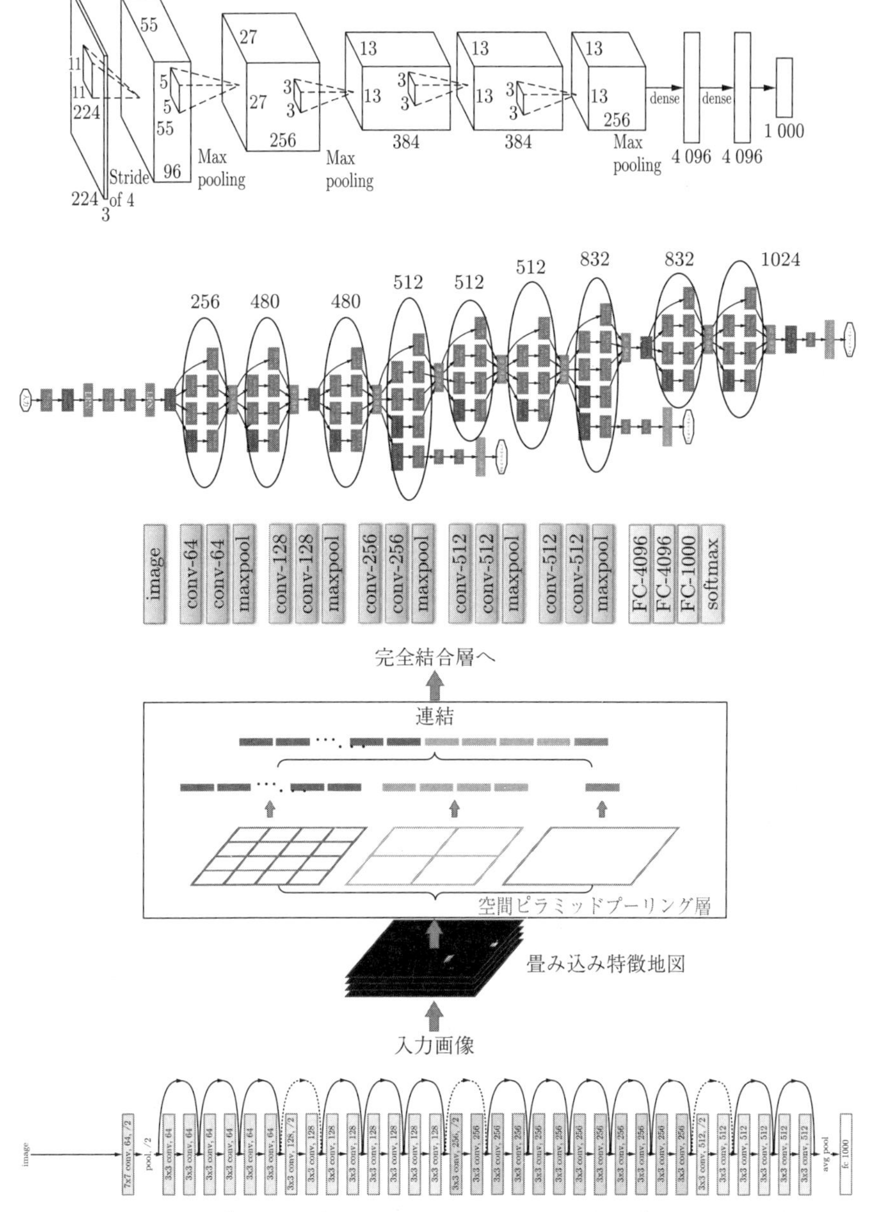

図 1.2 ILSVRC の上位チームのネットワーク，上から AlexNet (2012)，GoogLeNet (2014)，VGG (2014)，SPP (2014)，ResNet (2015)

ILSVRC2014 では出場 36 チーム中 35 チームが深層学習を採用した。採用率 97%以上である。また 20 チームが Caffe を用いた。Caffe 率 55%以上であった。2015 年の ILSVRC2015 では 69 チーム中，深層学習ではないと明言しているのは 1 チームだけである。他に深層学習を用いたか否かを記述からは判断できない 1 チームを除き，他は深層学習を用いている。2015 年度の特徴はさらに Fast R–CNN もしくは Faster R–CNN を用いたチームが多いことである。本書でも簡単に紹介した Fast R–CNN とは，画像から認識する領域を切り出すことと認識を同時に行う新しい手法である。

背景となる理由の一つには，計算資源の増大がある。日常的なオペレーティングシステムはすでに 64 ビットである。加えて GPU 使用もこの分野では常識である。しかし，本書は無料で調う環境を前提にしたため GPU については考慮しなかった。

単一演算命令，マルチデータ（SIMD）は，並列計算を安価に行うグラフィックボード（GPU）に依存するようになって久しい。行列演算のすべてを研究者が丸抱えするとソースコードの可読性が下がり，生産効率が低下する。Mathematica, Maple，MATLAB 以来，可読性のほうが重視され，重たい計算は CPU の処理能力向上に任される傾向が生まれた。

このような背景から，いまや Python と GPU を前提とした開発環境は必須といえる。すべてを一研究者が処理できる時代ではない。突き詰めれば，分野共通の言語を用いてモデルの開発を行うことになる。信頼できる開発者が書いたコードの上に，開発者独自のモデルを効率的に積み上げて開発する。現在はそのような競争となっている。Python が共通言語となり，利用されてきた（開発言語には Torch7 で用いられる Lua もあるが本書では扱わない）。結果として大量のパッケージが無償で公開され，それらのパッケージを使ってさらに論文が量産されている。この領域の研究が盛んになった理由の一つである。

2015 年を代表する言葉に技術的特異点，シンギュラリティがある。カーツワイル（R. Kartweil）のいう技術的特異点[8]とは，人工知能，あるいはその関連技術の進歩が人間を追い越し，機械が勝手に進歩し始めることである。深層学習分野の研究論文数は技術的特異点を越えている。自身もこの分野の一人であるカルパセィ（A. Karpathy）はツイッターでつぎのようにつぶやいた。

> 深層学習特異点：新しくてクールな論文が発表される速さのほうが，そんな論文を読む速さより速い[†1]

Chainer[†2]の公開も 2015 年 6 月である。グーグルの TensorFlow[†3]も 2015 年 11 月である。マクドナルド@kcimc のツイートによれば，2010 年から 2014 年までの深層学習関連の新ツールキット発表頻度は 47 日に 1 回の頻度であったが，2015 年は 22 日に 1 回である。本書ではこれらのパッケージを紹介している。

深層学習基礎技術の根幹である画像認識と関連する最近の話題について言及する。取り上げたのは以下の話題である。

1. 畳み込みニューラルネットワーク，5.1 節～5.5 節
2. LSTM，5.10 節
3. R–CNN，5.7 節
4. ニューラル画像脚注づけ，6.1 節
5. 強化学習，6.2 節

リカレントニューラルネットワークの先に自然言語処理（NLP），文法解析，機械翻訳（MT），談話理解，プログラムコード生成，数式処理といった分野が控えている。

1.2 日常の中の深層学習

アマゾン，グーグル，フェイスブック，マイクロソフト，ヤフー，百度，IBM などの企業は，広告メディアや流通チャネルを介して効率のよい推薦システムを構築している。消費者の好みに合致する製品推薦システムの運用に深層学習

[†1] 原文は “Deep Learning singularity: when new cool papers are coming out faster than you can read them.” —@karpathy

[†2] `http://chainer.org`

[†3] `http://tersonflow.org`

を使用している。

例えば，エヌ氏が商品ピーを購入したとしよう。上述の企業はエヌ氏の属性と商品ピーの特徴を結び付ける関係に興味がある。購買パターンの予測は企業にとって死活問題となる。類似した属性をもつ消費者，類似した特徴の商品，エヌ氏の過去の購買履歴，トレンドからエヌ氏が将来なにを購入するのか，精度の高い予測ができれば，詳細で綿密な対応が可能となる[†1]。

ところが深層学習はエヌ氏と商品ピーとの真の関係を知らない。深層学習にとって関係が抽象的に抽出可能か否かが問題なだけである。現在の深層学習は，深層学習が最終的に成功するか失敗するかを判断できるほどの性能をもっていない。しかし，多くの企業が最適化しようとしている商品推薦システムには有効なようだ。

深層学習とは，実際の脳に存在する神経細胞ニューロンが第一次感覚野から高次の認識野に至る情報の流れのコンピュータ上での模倣である。具体的には深層学習とは分類と近似を行う手順の集まりである。データ集合を与えると深層学習はデータから特徴を抽出する。すなわちデータの抽象化を行う[†2]。入力情報が数値表現であれば他に特別な条件は必要ない。光，圧力，力，濃度などが数値化されて入力信号となる。画像は各画素の値になる。単語，文，書類は任意の意味をとる確率となる。また文書の意味を自動学習することも行われる。深層学習は入力情報を抽象化した表現に変換し，最終的に出力信号を通じて外部環境へ作用を及ぼす。

深層学習は入力を抽象化する能力をもっているので，特定の手掛かりに依存しない判断が可能である。このため「グーグルのネコ」と呼ばれるような認識能力を示すことができた。実際のネコは図 **1.3** のように正面方向だけを向いてはいない。同じ形で同じ場所にとどまってもいない。特定の方向や光の強度に依存しない抽象的な表現を獲得していなければ，ネコをネコとして認識できな

[†1] エヌ氏と購買した商品ピーとの対応関係発見問題は困難であるが，これを NP 困難な問題とはいわない。

[†2] 深層学習は学習アルゴリズムを，深層学習はアーキテクチャあるいはモデルを指す場合が多いが，本書では区別しない。

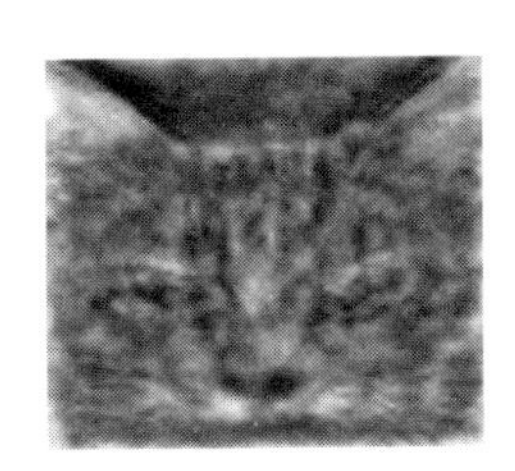

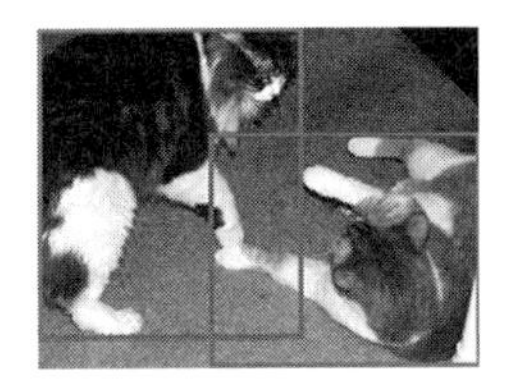

図 1.3　グーグルのネコとして話題になった画像（左）と画像認識コンテストで使われた実際の訓練画像 2 枚

い。同じ理由で一般的な認識能力には抽象化が必要となる。

データに順序関係がある場合にはその前後関係を利用する手続きが必要となる。「風が吹けば桶屋が儲かる」という因果の連鎖を予想することは，日常生活や企業のマーケティングに有益な情報であろう。この例でいえば，風が吹いても桶屋が破産する例外事象が，どのような条件下で発生するかを判断し，例外処理を発動するかどうかがポイントとなる。言い換えれば，直前の（直近の）状態に頼った状況判断では，大局を見失う可能性がある。場合によっては過去の大局的な流れから，例外処理を発現させる手続きが必要となる。4.2 節で見るように，直前の情報を利用するか捨て去るかを定めるゲートの開閉によって，因果の連鎖に従うか，大局を見る直近の情報を消去するかを決める手続きが開発された（LSTM[9),10)]）。ホッホライター（S. Hochreiter）とシュミットフーバー（J. Schmidhuber）の原論文は Long Short–Term Memory と「短」と「期」の間をハイフンでつないである。すなわち『長い「短期記憶」』の意味だと考えられる。本書では原典に沿って LSTM と表記した。深層学習によるデータの抽象化と LSTM による因果連鎖の大局視が深層学習のブレークスルーをもたらした。本書ではこの両者を扱った。

1.3 実践による理解

われわれは認識可能な対象しか認識できない。対象が認識可能であるためにはその対象に対する認識経験が必要である。本書は，この理由により認識経験を共有することを目指した。認識経験により認識可能な事象が認識できる。

環境はPythonを用いた。似た境遇でありながら深層学習あるいはニューラルネットワーク関連領域でrubyが用いられることは少ない。「なぜrubyではないのか」が話題になるのが現状である[†1]。最終的にC++やCに変換したり，GPUに計算させたり，クラウドコンピューティングを利用するなら，フロントエンドはPythonでなくともよい。しかし深層学習の研究コミュニティはPythonを選択した[†2]。

ヒントン（G. Hinton）の制限ボルツマンマシン論文[11)]のソースコードはMATLABで書かれた。したがってMATLABも命脈を保っている。しかし，昨今はPythonが多い。勝者占有（Winner takes it all）なのだと思われる。

もう一つ，勝者占有としてGPUの利用が挙げられる。GPUの利用なくしては，もはや戦えない感覚さえある。しかし本書ではGPUの使用は仮定しない。必要なのはコンピュータ1台である。OS，言語，パッケージは無料で手に入る時代である。

2015年5月の日経BPの記事[†3]によれば，代表的なパッケージは**表1.1**のとおりである。ただ話はそれほど単純ではない。というのは近年では論文の公開と同時にプロジェクトページを立ち上げ，GitHubでソースコード，データ，訓

[†1] `http://www.quora.com/Why-is-Ruby-not-used-more-for-neural-net-and-deep-learning-projects` 2015年8月閲覧。

[†2] Pythonの可読性の高さ，関連パッケージの充実，現代的な言語としての完成度，使い勝手，行儀のよさ，習得の容易さなどの理由が列挙可能である。しかし，それらはPythonでなければならない理由ではない。結局このコミュニティで皆が使用しているからという勝者占有を挙げざるを得ない。

[†3] `http://techon.nikkeibp.co.jp/article/MAG/20150501/416850/?ST=industry&P=3&rt=nocnt`

表 1.1 主要深層学習パッケージ（日経 BP の記事を改変）

ソフトウェア名	開発	対応言語
	CPU と GPU 両対応	
Caffe	UCB	C++，Python
Theano/Pylearn2	モントリオール大	Python
Torch7	Facebook など	Lua，C，C++
	GPU 専用	
cuda–convnet2	クリゼンスキー	C++，Python
cuDNN	NVIDIA	C++
	分散クラスタ型	
H2O	H2O	Java，R，Python
DL4L	Skymind	Java，Scala，Clojure など

練ずみのモデルを公開する流れである。極端な話，あるモデルを忠実に再現しようとするのであれば，公開されたコードを使うしかない。デモレベルであれば自分でプログラムを書くよりも公開されたコードで確認したほうがよい。そこである程度，どれも使えるようになっておいたほうがよいのが現状である。Caffe，Chainer，Theano，Torch7 などの競争では，勝者占有の寡占状態には至っていない。

2015 年 11 月 9 日グーグルが TensorFlow を発表した。翌日の GitHub の星の数を**図 1.4** に示した。この数字を鵜呑み（うのみ）にするわけにはいかない。グーグル関係者がコマーシャルのために回数を稼いでいる可能性があるからである。

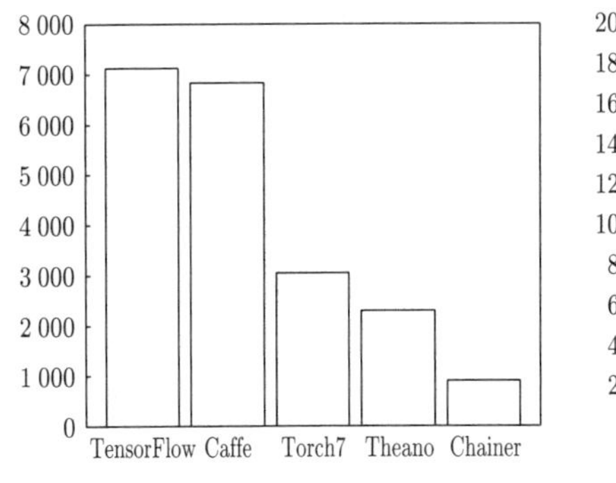

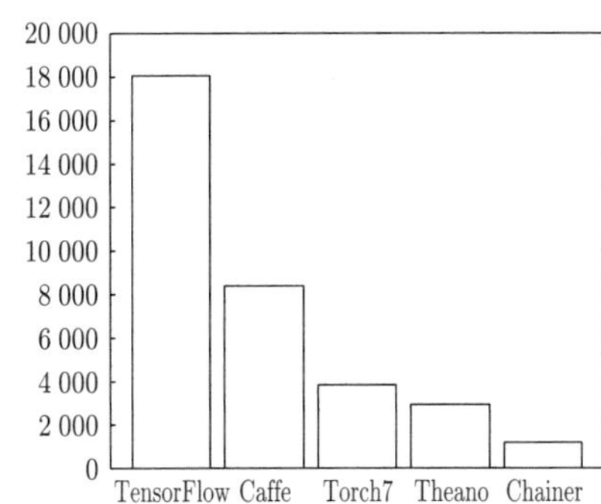

図 1.4 2015 年 11 月 10 日（左）と 2016 年 2 月 13 日（右）の星の数

1.4　本書で使用した環境

OS は Ubuntu (14.04, 15.10) と Mac OS X 10.11，で動作確認した。Python のバージョンは 2.7 である。よく知られているように，Python2.7 系と 3 系とでは後方互換性が保証されない。Chainer や Theano は 2.7 系と 3 系に対応しているが，2014 年以前に発表されたソースコードには 2.7 系が多く存在する。加えて TensorFlow も発表当初は 2.7 系にしか対応しなかった。Caffe の Python ラッパーである `pycaffe` も 3 系での動作は保証されていない。ユニコードへの対応を考えれば将来 3 系に移行したほうがよいであろう。しかし，互換性への対応で時間を浪費するより，2.7 系で動作を確認するのが理解への早道であると判断した。

1.5　必要な予備知識

本書の読者対象（レベル）は理工学部大学 2 年生以上を想定している。

線形代数と統計学の基本的知識が必要である。Python のプログラミング経験もあったほうがよい。ニューラルネットワークに関する基礎知識の最低限は本書でも述べた。生理学，神経科学的知識があれば理解は促進されるが必須ではない。機械学習の知識があればより深く理解できる。とりあえずどのような感じかを体験してみたい，自分の関心領域に応用可能か否かを見極める程度には知りたい，のであればすべての知識を必要としない。手を動かして実践的に体感することも理解へ至る道程（knowing by doing）である。TOEIC のスコアが 900 点以上でなければ海外でビジネスができないかというと，必ずしもそうは断言できない。必要に応じてその都度必要な知識を身に付ける方法も初期の負担が減る利点がある。そこで本書の読み方に関しても，必要性を感じたら深く追求することにして，理解が難しい点については後回しでよいと考える。全体を俯瞰（ふかん）的に眺めることはある程度知識がないと難しいからである。

1.6 取り上げた話題

本書では，NIPS（Neural Information Processing Systems），ICML（International Conference of Machine Learning），ICLR（International Conference of Leaning Representation）などの国際会議で採択された論文のアルゴリズムを，公開されているデータリポジトリーに適用し，検討する。これらにより本邦における深層学習の理解を促進し，活発な議論を引き起こすことが期待される。

1.7 理論および技術の展開

深層学習というよりもはや人工知能の流行である。その技術的な中心の一つが深層学習である。リカレントニューラルネットワークと結び付いて近年の発展がある。NMT（ニューラルネットワーク機械翻訳，5.10.4 項 参照），自然言語処理あるいは夢を見るニューラルネットワークなどの応用である。画像，動画が言語と結び付き，影響が大きい。強化学習とも結び付き，ニューラルネットワーク研究は急速な展開を見せている。

本書では理論的観点から以下の 3 点を扱った。

(1) 畳み込みニューラルネットワーク

(2) LSTM

(3) 確率的勾配降下法

畳み込みニューラルネットワークは 3 層以上のニューラルネットワークである。深層学習と訳されることもある。LSTM[9),10)] や BRNN[12)] は，単純再帰型ニューラルネットワークの初期モデルであるジョーダン（M. Jordan）[13)] やエルマン（J. Elman）[14)] の発展形であり，リカレントニューラルネットワークを拡張した。文章理解，生成，談話など，自然言語処理，ニューラル言語モデル，NMT の理論的，応用的，実用的研究が発表されている。

ボットーの確率的勾配降下法[15),16)]は，勾配降下法の枠組みでありながら収束が早く[†]，学習の高速化が不可欠なビッグデータには欠かせない。

これらの技術が相まってニューラルネットワークは性能が向上した。加えて複数枚の GPU が利用可能になったことで，実用的な問題を解くことが可能となった。**図 1.5** では AlexNet（4.1.3 項）の収束に要する時間が縦軸に示されている。最左は 16 コアの Xeon で高速な CPU である。一方最右は最新の GPU を使った場合の収束に要する時間である。

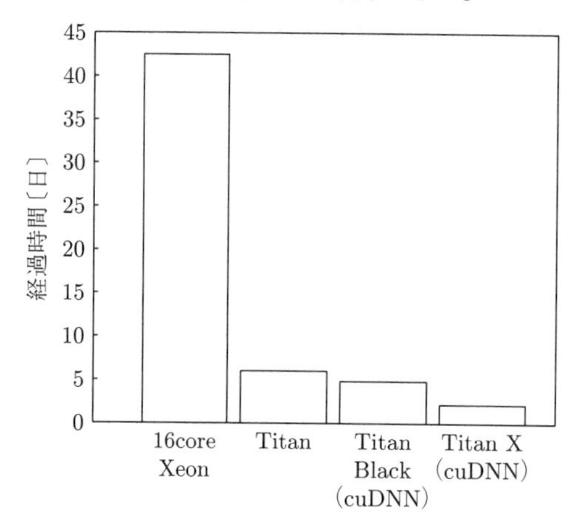

図 1.5 GPU の性能比較

この図は `http://blogs.nvidia.com/blog/2015/03/17/digits-devbox/` を基に作成した。後述する AlexNet で学習した結果であるから，入力画像データは 143 万枚以上ある。40 日以上を要していた学習が 3 日以内で収束するのであれば，試す気にもなる。畳み込みニューラルネットワークにおいては層内のユニットの計算は直下層にのみ依存し，隣接ユニットの影響は受けない。したがって，層内の各ユニットは並列計算可能である。単純に行列の積 $X = AB$ を計算するためには 3 重ループ $x_{ij} = \sum_i \sum_j \sum_k a_{ik} b_{kj}$ が必要である。ところが

† 高速化のためには，従来から 2 階微分であるヘッセ行列（Hessian matrix）を用いるなどのニュートン法と，その亜種を用いる方法が提案されてきた。しかし近年，ヘッセ行列を用いない高速化であるヘシアンフリーな手法が提案されてきた。本書ではヘシアンフリーな高速化手法，Adam，AdaDelta，AdaGrad，Nesterov，RMSprop を紹介した。

行列 X の i 行 j 列目の要素を計算する際に，行列の他の要素の計算結果の影響を受けないので，並列計算が可能である。さらに k に関する総和を分割し，後で結果を足し合わせてもよい。したがって，行列の行数，列数以上の加算器があれば行列の各要素を並列，高速に計算できる。

文献としては 17)〜20) が相次いで出版され，日本語の文献が調っている。

1.8 本書で用いた処理系，ツール，パッケージ

本書における動作確認は Ubuntu 14.04, 15.10 と Mac OS X 10.11.1 で行った。Windows でも動作するが完全には確認できていない。

知られているように Python は 2.7.x 系と 3.x 系で後方互換性を保証していない。新たに習得するなら 3.x 系でよい。ただし，現時点で Caffe は 2.7 系でしか動作しない。

Caffe，Chainer，TensorFlow，Theano は，それぞれ本家のページが 1 次情報である（**表 1.2**）。なお，アルファベット順に並べたので Caffe が最初だが，順番にそれ以上の意味はない。

表 1.2 Caffe，Theano，Torch7 のホームページ

パッケージ	URL
Caffe	`http://caffe.berkeleyvision.org/`
Chainer	`https://chainer.org`
TensorFlow	`http://www.tensorflow.org/`
Theano	`http://deeplearning.net/software/theano/index.html`

VGG，SPP，ネットワーク・イン・ネットワークは Caffe ベースである。一方，Karpathy や Zaremba のリカレントニューラルネットワーク実演を試すなら Torch7 が必要となる。

1.8.1 Caffe

Caffe は深層学習のフレームワークである[†]。ILSVRC エントリーチーム名は

† `http://caffe.berkeleyvision.org/`

スーパービジョン（supervision），カリフォルニア大学バークリー校視覚学習センター（Berkley Vision Learning Center，BVLC）のメンバーによる[21)]。

1.8.2 Chainer

Chainer はプリファードネットワークス社（PFN），プリファードインフラストラクチャー社（PFI）によるフレームワークである[†1]。Python2.7 系と 3 系で動作する。ソースコードの可読性に優れる。

1.8.3 TensorFlow

TensorFlow は 2015 年 11 月にグーグルによって開発された[†2]。Windows 系では動作しない。ソースコードからコンパイルするにはグーグルの開発ツールである `Bazel`[†3]を必要とする。`Bazel` がサポートするプラットフォームは Ubuntu Linux（14.04，15.10）と Mac OS X である。

1.8.4 Theano

Theano は LISA（MILA（Montreal Institute of Learning Algorithm）[†4]プロジェクト）から生まれた。Blocks，Keras，Nolearn，Lasagne，Pylearn2 も Theano ベースである。

1.9 本 書 の 構 成

本書では畳み込みニューラルネットワークとリカレントニューラルネットワークとの組合せの発展を追いかけた。3 章は古来伝承の歴史である。したがって既知の場合には読む必要はない。バックプロパゲーション，単純再帰型ニューラルネットワークなど第二世代のニューラルネットワークを背景知識として取

---

†1 `http://chainer.org/`
†2 `http://www.tensorflow.org/`
†3 `http://bazel.io/`
†4 `http://www.mila.umontreal.ca/`

り上げた。3章はこの10年内外の核となる考えを記述した。畳み込みニューラルネットワーク，LSTM，確率的勾配降下法の三つの話題である。他分野の人と話してみると話が通じないことを体験したので記すこととした。それ以降が本題である。5章は画像認識，5.6節は画像からの領域切り出し，5.10節は言語情報処理，6.1節は画像の脚注自動生成，6.5節は顔情報処理，6.2節は強化学習との組合せである。

1.10 数 学 表 記

情報学，神経科学，統計学などの重なる領域であるため，それぞれの分野で表記や訳語に通例が存在する。元論文の表記を尊重する方針も必要だが，一貫性維持のため，変更した箇所もある。

指数は exp と表記し e の肩に乗せることをしなかった。肩に乗せると文字が小さくなる。そこに上下の添字，添字のべき乗が付くと理解を妨げると考えた。ベクトルの表記に，記号の上に矢印を乗せる流儀もあるが，記号の上に乗った矢印は双方向リカレントニューラルネットワークモデルで時間的に順方向に流れる場合を $\overrightarrow{h}$，逆方向に流れる場合を $\overleftarrow{h}$ と表記するためだけに用いた。実数全体を $\mathbb{R}$ と表記した。$\sum$ は総和記号として用いた。唯一の例外が行列の特異値分解で，1箇所だけ Σ を固有値を対角要素としてもつ行列の意味で用いた。同文字の小文字 σ は悩ましい。空間尺度，標準偏差，シグモイド関数の意味で用いられる。しかし，表記を変更するとかえって混乱を招く恐れがあるので，伝統に従ってそのまま用いた。$\sigma(x)$ と表記してあれば x を引数とするシグモイド関数であり，σ 単体なら正規分布（ガウシアン分布）の標準偏差の意味である。ガウス関数の累積密度関数はS字曲線であるし，シグモイド関数を微分すると $d\sigma(x)/dx = \sigma(x)(1-\sigma(x))$ となって釣鐘（つりがね）型の曲線になる（図 **1.6** 参照）。

図1.6に $G(0,1^2)$ すなわち平均0，標準偏差1の基準正規分布をシグモイド関数によって近似した例を示した。厳密ではないが，縮尺と $x=0$ における接線の傾きを定めるパラメータ a を調節することで，ガウス関数（正規分布の確

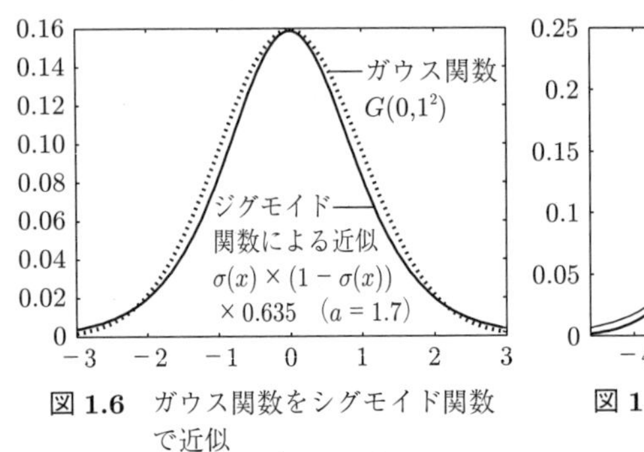

図 **1.6**　ガウス関数をシグモイド関数で近似

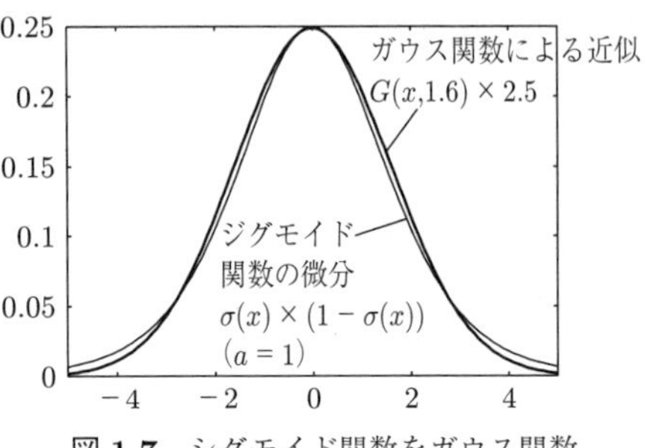

図 **1.7**　シグモイド関数をガウス関数で近似

率密度曲線）とほぼ重ねることができる。同様にして図 **1.7** は $a=1$ のシグモイド関数の微分を正規分布で近似した。

章 末 問 題

【1】 図 1.4 に挙げたそれぞれのフレームワークで GitHub の現在の星の数を調べよ。

【2】 NVIDIA 社の GPU，例えば Titan X の現在の実売価格を調べよ。

【3】 現時点で ILSVRC の画像認識データセットで最高性能のモデルはなにか。

【4】 リカレントニューラルネットワークを用いる評価用のデータセットにはどのようなものが知られているか調べよ。

Python

本章ではPythonコーディングにおけるポイントについて解説する。Python特有の特徴を際立たせることを意図し，他の資料には取り上げられることが少ない点について解説する。Pythonの全体像を把握しておく作業が別途必要になる可能性があるが，必要に応じて補っていただきたい。効率よく概念を習得するためには，他のプログラミング言語，コンピュータ科学の基礎，初等線形代数，Web上の資料の効率的検索方法，基礎コマンドやシェルなどの知識，使い慣れたテキストエディタをもつことなどが求められる。内容は，(1) PythonとNumPyに関する注意事項，(2) Theano，(3) Chainer，(4) TensorFlowを理解する上でのポイントと特徴である。

Pythonとはイギリスのテレビコメディ，モンティ・パイソンの空飛ぶサーカス（Monty Python's flying circus）から命名された高級汎用言語で，1980年代後半にヴァンロッサム（G. van Rossum）が開発を始めた†。インタープリタでありsed，AWK，Perlのようなスクリプト言語として，またIDLEを介して対話型環境としても利用可能である。

深層学習関連のパッケージとしては，アルファベット順にCaffe，Chainer，TensorFlow，Theano，Torch7などがある。いずれも無料である。Caffeはpycaffeとして Pythonから呼び出せる。ChainerからCaffeのcaffemodelを利用することもできる。Chainer，TensorFlow，TheanoはPythonで書かれている。

これらパッケージ，フレームワークを動作させるためには，それぞれが依存

† www.python.org

するライブラリーなどの対応バージョンを確認する必要がある。競争の激しい分野であり，情報の更新は頻繁である。そのため，正しい方法，あるいはどうすべきであるかという定番は存在しない。存在してもすぐに陳腐化してしまう。

したがって，個々のパッケージを個別にインストールしてもよいが，パッケージ管理ソフトを用いたり，統合環境を採用することを考慮に入れてよい。そうすればライブラリーなどの依存関係を気にすることなく用いることが，ある程度までは可能となる。

必須ではないが，Jupyter（IPython）を用いると Python の実行環境をブラウザ上で確認できる†。総合パッケージに付属している場合もある。

2.1 動作環境

ここで取り上げた個々のパッケージ，フレームワークのバージョン情報は以下のとおりである。コマンドライン上からの操作例として示してある。

```
>>> import numpy, sklearn, theano, chainer, tensorflow
>>> for m in [numpy, sklearn, theano, chainer, tensorflow]:
...     print m.__name__, m.__version__
...
numpy 1.10.4
sklearn 0.17
theano 0.7.0
chainer 1.6.1
tensorflow 0.6.0
```

Caffe だけは`__version__`が表示されなかったので省略したが，同様に `import` できる。

2.2 Python2 か Python3 か

Python3 (3.5.2) が 2016 年 6 月現在の最新版である。既知のとおり Python2

† `http://ipython.org/install.html` から入手可能。

系とPython3系とでは互換性がない。相違がいくつか存在するがPython3系は`print`を関数としてしか認めない。したがって`print "Hello, World"`であればPython2系のコードであり，`print("Hello, World")`であればPython3系のコードである。Python3がアナウンスされてから時間が経過したが，Python2系のコードは多い。新たにPythonを始めるのであれば3系でよい。しかし，Python2系のコードは残っている。過去の資産という意味ではPython2系も無視できない。本書ではこのような事情からPython2系を前提に記述した。もっともコードの先頭付近で

```
from __future__ import print_function
```

と書いてあれば，Python2系でも`print()`という書式が許される。Python2系ではタプルを印刷することとなる。また，

```
import six
```

として`six`というパッケージを読み込んでいれば，Python2系でもPython3系でも動作するコードを書くことが可能である。$2 \times 3 = six$ である。

総合パッケージ

Pythonをパッケージも含めて統合的に管理することを考えるのであれば，Anaconda[†1]，Canopy[†2]，あるいはPython(x,y)[†3]のような総合Python環境を考えてもよい。本書での動作確認はAnacondaを用いた。

2.3 参 考 情 報

以下に，本書の内容を理解したり実践したりするのに有用と思われるWebサイトを紹介する。

---

†1 https://www.continuum.io/downloads

†2 https://store.enthought.com/downloads/#default

†3 http://python-xy.github.io/downloads.html

(1) 機械学習と Python との出会い：神嶌によるナイーブベイズを用いた Python 解説[†1]。

(2) Theano 入門：Theano で制限ボルツマンマシンを実装した日本語解説[†2]。

(3) Python, NumPy チュートリアル：スタンフォード大学のチュートリアル[†3]。

(4) Caffe をはじめよう：オライリー・ジャパンから出版されている Caffe の解説[22)]。

2.4 コーディングスタイル

可読性を高め，保守を容易にするために一貫したコーディングスタイルと文書を残すことには価値がある。以下に参照となる URL を示す。

(1) PEP 8：PEP とはパイソン拡張提案（Python enhancement proposal）の頭文字。パイソンコミュニティでの情報提供を目的とした文書を指す[†4]。

(2) Theano コーディングガイドライン[†5]

(3) グーグル Python スタイルガイド[†6]

(4) オープンスタックガイドライン[†7]

Python はインデンテーション（字下げ）に意味があるので，他言語に比してコードの見た目がプログラマ間で類似する傾向がある。Python コミュニティには，可読性（readability）改善のために，コードには可読性と一貫性（consistency）が必要であるとの慣例的な考え方がある。

---

†1 http://www.kamishima.net/mlmpyja/
†2 http://www.chino-js.com/ja/tech/theano-rbm/
†3 http://cs231n.github.io/python-numpy-tutorial/
†4 https://www.python.org/dev/peps/pep-0008/
†5 http://deeplearning.net/software/pylearn2/internal/api_coding_style.html
†6 https://google.github.io/styleguide/pyguide.html
†7 http://docs.openstack.org/developer/hacking/

他の言語の作法との重複もあるが，特徴を列挙する。

(1) 字下げには 4 字分の空白を使いタブは使わない。
(2) 1 行が 79 文字を越えないように折り返す。
(3) 空行で関数，クラス定義を分ける。
(4) docstrings を使う。docstrings とは 3 連のダブルクォート`"""`で囲まれた文字列である。
(5) 演算子の前後とカンマの後に空白を入れる。カッコの始まりには空白を入れない。`hidden = tanh(w * x + b)`
(6) クラスと関数の命名規則には一貫性をもたせる。クラス名には語頭のみ大文字（`ConvolLayer`），関数名はアンダースコア_でつなぐ（`relu_with_dropout()`）。クラスの第 1 引数はつねに `self` にする。

2.5 Python と NumPy 略説

以降では Python のコマンドラインプロンプトを`>>>`と表記してある。コマンドラインでの実行には行番号を付さず。エディタで作成するコードには行番号を付した。

Python のコードは強力なアイデアを数行で表現できる。例えば古典的なクイックソート（quick sort）アルゴリズムは Python では以下のように表現される†。

```
>>> def quicksort(arr):
>>>     if len(arr) <= 1:
>>>         return arr
>>>     pivot = arr[int(len(arr) / 2)]
>>>     left = [x for x in arr if x < pivot]
>>>     middle = [x for x in arr if x == pivot]
>>>     right = [x for x in arr if x > pivot]
>>>     return quicksort(left) + middle + quicksort(right)
>>>
>>> print(quicksort([3,6,8,10,1,2,1]))
```

† http://cs231n.github.io/python-numpy-tutorial/

1行目はクイックソート関数を宣言している。Pythonの関数宣言は`def`で始まり，かっこ内に引数を並べた後コロン：で終える。つづく2行目から，字下げ（インデント）が行われて関数の記述がある。Pythonはインデントが意味をもつので，関数の範囲が終了するまで，同じ深さのインデントがつづく。最終行の`print`文だけは関数の外側である。`print`文で上のクイックソート関数を呼び出している。その際，引数には並べ替えする数字列を伴っている。

古典的なプログラミング言語と同様，上記クイックソートではピボットによってソート対象を`left`，`middle`，`right`に分割し，再帰呼び出しにより並べ替えが実現されている。

現在Pythonは2種類のバージョンが並走している。Python2.7系と3系である。概述したがPython3以降，後方互換性が廃棄された。2.7系と3系ではたがいに交換可能ではない。本書では2.7系を仮定した。

2.5.1 基本データ型

他の多くの言語と同じく，Pythonには整数型，浮動小数点型，ブール（真偽）型，文字列型という基本データ型が存在する。他言語と異なり，Pythonには増分`x++`，減分`x--`を行う単項演算子はない。しかし，Pythonには倍精度整数，複素数型が標準実装されている。

2.5.2 コンテナ

Pythonにはリスト，辞書，集合，タプルというコンテナが標準実装されている。データ構造はPythonの要となる概念である†。複数の項目をコンテナを用いて一つにまとめる際，タプルは通常のかっこ`()`，リストはかぎかっこ`[]`，辞書と集合はブレースかっこ`{}`である。集合と辞書の区別は各項目がキーと属性値の対がコロン`:`で構成されていれば辞書である。項目単体では集合となる。空の要素をもつそれぞれのコンテナ宣言の例を以下に示した。

† `https://docs.python.org/2/tutorial/datastructures.html#more-on-lists`。

```
>>> a = (); b = []; c = {}; d = {''}; e = {'':''}
>>> print type(a), type(b), type(c), type(d), type(e)
<type 'tuple'> <type 'list'> <type 'dict'> <type 'set'> <type
     'dict'>
>>> print isinstance(a,tuple), isinstance(b,list),
    isinstance(c,dict)
True True True
>>> print isinstance(d,set), isinstance(e,dict)
True True True
>>> print len(a), len(b), len(c), len(d), len(e)
0 0 0 1 1
```

この例のようにそれぞれ a はタプル，b はリスト，d は辞書，e は集合である。{} だとデフォルトでは辞書になる c の例。明示的にキーと属性のペアではないことを指示する d では辞書となる。最下 2 行のように d は要素がなにもない空集合ではなく，なにもない要素が一つある集合となる。要素がなにもない空集合を宣言する場合には set() を用いる。

```
>>> f=set()
>>> print type(f), len(f)
<type 'set'> 0
```

〔1〕 リ ス ト　　リストは配列の Python 実装である。サイズ可変，かつ異なる要素をもつことが可能である。リストにはさまざまな参照法が用意されており，Python の可読性向上に貢献している。例えば，下位リストへのアクセスを容易にする記法に，スライスがある。

```
>>> xarray = list(xrange(5))
>>> xarray
[0, 1, 2, 3, 4]
>>> xarray[2:]
[2, 3, 4]
>>> xarray[:]
[0, 1, 2, 3, 4]
>>> xarray[:-1]
[0, 1, 2, 3]
>>> xarray[2:3]=['a', 'b', 'c']
>>> xarray
[0, 1, 'a', 'b', 'c', 3, 4]
```

上例では xrange は組み込み関数であり†，整数を 0 から 4 までの五つを順次生成する。生成された整数系列をリスト（list）化している。スライスの表記にコロン:を用いることで範囲を指定する。範囲の指定には負値を用いることもできる。

以下のようにリストの要素を繰り返すことができる。

```
>>> original = ['monty', 'python', 'magic', 'circus']
>>> for w in original:
...     print w
...
monty
python
magic
circus
```

ある型のデータを別の型へ変換する必要が生じた場合に内包表記（comprehension）によりコードが簡便になる。リスト内包表記の例を以下に示す。

```
>>> squares = [ x**2 for x in xrange(8) ]
>>> print squares
[0, 1, 4, 9, 16, 25, 36, 49]
```

〔2〕 辞　　書　Python の辞書はキーと属性値との組合せである。コロンの記号:を用いてキー値と属性値との対を作成する。Java の Map や Javascript のオブジェクトと同等のことが可能である。

```
>>> aidict = {'CNN':'LeCun', 'RBM':'Hinton',
    'LSTM':'Schmidhuber'}
>>> print aidict['RBM']
Hinton
>>> print 'LSTM' in aidict
True
>>> print aidict.get('RNN','N/A')
N/A
>>> print aidict['CNN','N/A']
Traceback (most recent call last):
  File "<stdin>", line 1, in <module>
KeyError: ('CNN', 'N/A')
```

† Python3 系では range。

```
>>> print aidict['CNN']
Le Cun
>>> del aidict['RBM']
>>> print aidict.get('RBM')
None
```

辞書の各項目に対応する値を取り出すには iteritems メソッドを用いる。

```
>>> cnndict = {'conv': 1, 'max pooling': 2, 'ReLU': 3}
>>> for proc, ord in cnndict.iteritems():
...     print 'Order %s is %d' % (proc, ord)
...
Order max pooling is 2
Order ReLU is 3
Order conv is 1
```

上記のとおり辞書（集合も同様）では順序性が保証されない。リスト内包表記

コーヒーブレイク

Lisp 由来のラムダ式（lambda expression）は任意の関数をその場でつくり出す。原語のとおり，ラムダ式は通常の式ではなく表現である。したがって，評価されるときに変数型が定まる。したがって，あらかじめ変数型を決められない場合などに用いられる。Theano における theano.scan 関数はラムダ式を多用する。theano.scan(lambda y_i,x: T.grad(y_i,x),sequences=y, non_sequences=x) ではラムダ式で表現しないと y_i, x が未定義変数でエラーとなる。変数 y_i と変数 x との積を自動微分（grad）し，系列 y に従って繰り返し評価する。ラムダ式と内包表記とを組み合わせて簡潔な繰り返し表現を得ることができる。

ラムダ式は実行時に評価される点に注意が必要である。以下の二例は異なる結果を得る。

```
>>> f = lambda x: x**x
>>> [f(x) for x in range(10)]
```

```
>>> [lambda x: x**x for x in range(10)]
```

下の例は実行時にその都度ラムダ式が評価されるため，その都度異なる関数の実体となるからである。

と同様，辞書にも内包表記が可能である items はタプルを返すが，iteritems はイテレータ（iterator）である。

```
>>> models={'GoogLeNet':2014, 'ResNet':2015, 'Faster
    R-CNN':2015}
>>> models
{'Faster R-CNN': 2015, 'ResNet': 2015, 'GoogLeNet': 2014}
>>> for model, year in models.iteritems():
...     print 'The %s was proposed at %d' % (model, year)
...
The Faster R-CNN was proposed at 2015
The ResNet was proposed at 2015
The GoogLeNet was proposed at 2014
>>> type(models.items())
<type 'list'>
>>> type(models.iteritems())
<type 'dictionary-itemiterator'>
```

この例のように for 文の繰り返しでは同じように動作するが，下記の例のように iteritems で要素を指定するとエラーになる。以下は上の例につづけてタイプしたと仮定している。

```
>>> models.items()[1]
('ResNet', 2015)
>>> models.iteritems()[1]
Traceback (most recent call last):
  File "<stdin>", line 1, in <module>
TypeError: 'dictionary-itemiterator' object has no attribute
    '__getitem__'
```

〔**3**〕 **集　　合**　　集合とは異なる要素をもつデータの集まりである。すなわち要素間に順序性は存在しない。要素の重複もない。

```
>>> trainings = {'adadelta', 'adagrad'}
>>> print 'adadelta' in trainings
True
>>> trainings.add('adam')
>>> print 'adam' in trainings
True
>>> print len(trainings), type(trainings)
3 <type 'set'>
>>> trainings.add('adam')
```

```
>>> print len(trainings)
3
>>> trainings.add('rmsprop')
>>> print len(trainings)
4
>>> print 'sgd' in trainings
False
>>> trainings.remove('rmsprop')
>>> print len(trainings), trainings
3 set(['adagrad', 'adam', 'adadelta'])
```

集合にも簡易記法が適用可能である。

〔4〕 タ プ ル　タプル（tuple）とは値の変更不能なリストである。変数や実体の順番に意味がある場合にはタプルが頻用される。反対に名前付き引数や辞書などは順番に意味がない。タプルは順序が問題となる場合に使用される。

タプルはリストに類似しているが，辞書のキーとして用いることが可能である。リストにはこの性質はない。タプル型のオブジェクトを生成するためにはかっこ () でくくってオブジェクトをカンマ , で区切る。オブジェクトが一つだけで構成されているタプルであってもカンマが必要となる。

```
>>> t = ('layer',)
>>> type (t)
<type 'tuple'>
>>> t
('layer',)
```

以下の例では辞書に append で要素を追加しているが，文法的に正しい。しかし，結果が異なる。

```
>>> a=[]; b=[]]
>>> a=append((2,)); b.append((2.))
>>> print a, b
[(2,)] [2.0]
```

a はカンマがあるためにタプルを一つ追加したことになる。一方，b では浮動小数点であることを明示するためにピリオドが用いられた結果，2.0 が追加された。

Python2.7 系と 3 系との顕著な相違の一つに，Python3 では print が関数となったことが挙げられる。Python2.7 系では print(1, 2, 3) はタプルを印字するという意味になるので出力は (1, 2, 3) となる。一方，Python3 系では引数と解釈されるので出力は 1 2 3 となる。

2.5.3 関　　数

Python の関数はキーワード def を用いて定義される。以下のようにキーワード付きオプションの定義が可能である。

```
>>> def convolution(x, W, b=None, stride=1, pad=0):
>>> """convolution function.
>>> """
>>>
>>>
>>> if b is None:
>>>     return ConvWithoutBias(x, W, stride=stride, pad=pad)
>>> else:
>>>     return ConvWithBias(x, W, b, stride=stride, pad=pad)
```

Python の関数呼び出しには，キーワード付き引数（keyword arguments，名前付き引数ともいう）とキーワードを付与しない（すなわち引数の順番で判断される）引数との混在が許される。名前付き引数は省略可能で，省略された場合にはデフォルト値が用いられる。ニューラルネットワーク実装では推定すべきパラメータを引数とし，ハイパーパラメータを名前付き引数とする流儀がある。上例ではその習慣に従っている。

ニューラルネットワークの関数を呼び出す場合，ハイパーパラメータを指定しなければデフォルトの値が使用され，明示的にハイパーパラメータを指定した場合は，その値が有効となる実装が多い。引数をすべて列挙する手間の代わりに，可変長引数によって，このようなハイパーパラメータを指定する場合に有効な記法である。ハイパーパラメータが複数あった場合には，名前付き引数として，望むハイパーパラメータだけ指定することが可能である。Python では名前付き引数を使って表現される。

Python では可変長引数に対処するため，アスタリスクを二つ重ねた引数が用意されている。名前付き引数以外の残余すべてに合致する辞書であり，可変長引数を実装している。アスタリスク二つの引数**kwarg は，それ以外の通常引数の後に置かれる。あるニューロンの動作を定義した関数をオプション付きで呼び出すことを考える。このとき以下のように書くことができる。

```
>>> def rnn_with_args(inp, **hyperparams):
...     print inp
...     for name, value in hyperparams.items():
...         print '{0}. {1}'.format(name, value)
...
>>> rnn_with_args([0,1], grad_clip=1, gate_bias=2)
[0, 1]
grad_clip. 1
gate_bias. 2
```

関数 rnn_wiht_args() を呼び出すとき，変数 inp は必要だが，**hyperparams は必要に応じて付け加える。上例では grad_clip と gate_bias を付けて呼び出している。

2.5.4 ク　ラ　ス

他の言語のクラス定義と同じく Python もコンストラクタやメソッドが定義される。インスタンスの生成には__init__():を用いる。例えば 3 層多層パーセプトロンクラス定義は以下のように書ける。

```
1  import numpy
2  class MLP(object):
3      def __init__(self, nin, nhid, nout):
4          super(MLP, self).__init__(
5              layer1=numpy.ndarray(nin, nhid),
6              layer2=numpy.ndarray(nhid, nhid),
7              layer3=numpy.ndarray(nhid, nout)
8          )
9
10     def __call__(self, x):
11         h1 = 1 / ( 1 + numpy.exp(-self.layer1(x)))
12         h2 = numpy.tanh(self.layer2(h1))
13         return self.layer3(h2)
```

コンストラクタ__init__によってインスタンスが生成される。このクラス内に必要となるメソッドを書くことになる[†]。

2.5.5 NumPy

NumPy は Python における科学技術計算の核となるライブラリーである。多次元配列オブジェクトと配列処理用ツールから構成されている。後に述べるとおり，柔軟な配列の操作が畳み込みニューラルネットワークの処理には欠かせない。NumPy が提供するオブジェクトとツールはコードの可読性を高め，保守を容易にする。以下では NumPy の使用方法を略述する。

〔1〕配　　列　Python の配列はオブジェクトを要素とする入れ子になったリストであり，かぎかっこ [ ]を用いて宣言する。一方 NumPy の配列は全要素の値が同じデータ型であり，非負整数のタプルで指定する。Python, NumPy 用語で shape とは配列の各次元の要素数を指すタプルである。このタプル引数を shape と呼ぶ。配列を使用する際に，要素数の並びにその配列の意味が生じるので，shape はタプルである必要がある。

numpy.ndarray を宣言する際，第 1 引数あるいは shape 引数で指定する。紛らわしいが，a = numpy.array((2,3)) は 2 行 3 列の配列（この場合，行列となる）を定義したことになる。一方，a = numpy.ndarray(2,3) は第 2 引数が dtype と解釈されるためエラーとなる。

a = numpy.ndarray((2,3)) であれば第 1 引数としてタプルを指定したことになるので 2 行 3 列の配列宣言である。かぎかっこ [] で表記すれば a = numpy.ndarray([2,3]) となる。

しかし，以下のとおり array と ndarray とで若干異なる。

```
>>> import numpy
>>> a = numpy.array([[1,0,0],[0,1,0],[0,0,1]])
>>> a = numpy.ndarray([[1,0,0],[0,1,0],[0,0,1]])
Traceback (most recent call last):
  File "<stdin>", line 1, in <module>
```

† https://docs.python.org/2/tutorial/classes.html

```
  TypeError: an integer is required
```

この例で関数 ndarray() がエラーとなるのは，各次元の要素数を引数として呼び出すことが仮定されているからである。そこに具体的な配列を直接書いたためにエラーとなっている。

また下の例のように numpy.ndim(a) は 3 行 3 列の行列であるから ndim の戻り値は 2 となる（行列とは 2 次元の配列である）。線形代数において，この行列 a の次数は 3 次元であるので，numpy.linalg.matrix_rand(a) は 3 を返す。

```
>>> a = numpy.array([[1,0,0],[0,1,0],[0,0,1]])
>>> a
array([[1, 0, 0],
       [0, 1, 0],
       [0, 0, 1]])
>>> numpy.ndim(a)
2
>>> numpy.linalg.matrix_rank(a)
3
```

NumPy の用語と数学用語とは異なる。例えば，$[1,2,3]$ は配列であるが，三つの要素からなる行ベクトルである。NumPy ではこれを 1 次元の配列で三つの要素をもつと表現する。この配列の長さ，すなわち要素数，長さは 3 である。数学のベクトルと考えれば 3 次元ベクトルであるが，NumPy では 1 次元配列の要素数が 3 である。

オブジェクト numpy.ndarray で定義ずみの関数を以下にまとめる。

ndarray.ndim：配列の軸数（次元数）

ndarray.shape：軸数を表すタプル

ndarray.size：shape の全要素の積。行列式の値と同じこともあれば異なることもある。

ndarray.dtype：配列の要素を記述するオブジェクト float32 であれば 32 ビット浮動小数点である。

ndarray.itemsize：要素のバイト長。float32 であれば $32/8 = 4$

ndarray.data：全データ

NumPy では配列の軸数を次元（ndim）あるいはランク（rank）と呼ぶ。線形代数における行列のランクとは異なる。配列 $[1, 2, 3]$ はランク 1（すなわち 1 次元の配列）であり長さが 3（すわなち要素が三つ）である。ランクが 2 であれば通常の行列を意味する。

```
>>> import numpy
>>> x = numpy.array([1, 2, 3])
>>> x.ndim
1
>>> y = np.zeros((2, 3, 4))
>>> y.ndim
3
```

`numpy.sum` は配列の全要素の総和を返す。各軸に沿って，すなわち列和，行和をとるなら，`axis` オプションで指定する必要がある。

```
>>> import numpy
>>> a = numpy.array([[0, 1], [0, 2]])
>>> a
array([[0, 1],
       [0, 2]])
>>> numpy.sum(a,axis=0,keepdims=True)
array([[0, 3]])
>>> numpy.sum(a,axis=1,keepdims=True)
array([[1],
       [2]])
```

一方，形状（shape）とは各次元の要素数である `ndarray.shape` 配列の各軸の要素数をタプルとして返す。`ndarray.size` は要素数，すなわち配列の形状（shape）で返されるタプルの要素をすべて乗じた値となる。

例えば N 枚の訓練画像があり，画像の縦横ピクセル数を W，H とし，R，G，B の 3 色で表現されているとすれば，$[N, 3, W, H]$ はランクが 4 の配列である。

NumPy には配列を生成する関数が複数用意されている。

```
>>> import numpy as np
>>> a = np.zeros((2,3))
>>> b = np.ones((2,3))
>>> a
array([[ 0.,  0.,  0.],
```

```
       [ 0.,  0.,  0.]])
>>> b
array([[ 1.,  1.,  1.],
       [ 1.,  1.,  1.]])
>>> c = np.full((3, 3), 5, dtype=float)
>>> c
array([[ 5.,  5.,  5.],
       [ 5.,  5.,  5.],
       [ 5.,  5.,  5.]])
>>> d = np.eye(3)
>>> d
array([[ 1.,  0.,  0.],
       [ 0.,  1.,  0.],
       [ 0.,  0.,  1.]])
>>> e = np.random.random((2,2))
>>> e
array([[ 0.12675482,  0.47867905],
       [ 0.17165428,  0.74247309]])
```

数学で列ベクトルと行ベクトルは明確に異なるが，NumPy では対応する演算の次数に矛盾がない場合は区別されない。同様にベクトル，行列，テンソルで演算に矛盾がなければ実行可能となる。加えてニューラルネットワークの変換，演算，処理にはテンソルの形状変換が必要になる。例えば縦横の 2 次元で表現される画素値や画像上の小領域をベクトルに変換し，処理した結果を画像に復元するために再度行列に復元する。このとき `numpy.reshape()` が頻用される。一般化行列積（GEMM）と呼ばれるこれらの処理は，深層学習の諸演算を理解する要点でもある。一般化行列積は 4.1.2 項で詳説する。

〔**2**〕 **配列指定子**　NumPy の配列指定子にはリストやスライス（slice）が利用可能である。また，スライスを用いて部分行列が指定可能である。配列の各次元ごとにスライスを指定できる。ただしスライスは元行列への参照であり，スライスへの変更は元データに影響を及ぼす。

```
>>> import numpy as np
>>> a = np.array([[1,2,3], [4, 5,6]])
>>> print a
[[1 2 3]
 [4 5 6]]
>>> b = a[:2,1:2]
```

```
>>> b[0, 0] = 7
>>> print a
[[1 7 3]
 [4 5 6]]
```

整数指定子とスライス指定子を混在させることも可能である。MATLAB における行列スライスとは異なることに注意が必要である。スライスと整数の混在は階数の低下をもたらすが，スライスのみを使用した場合には元行列の次元低減は発生しない。すなわち MATLAB ではスライスの使用で必ず複製を作成する。一方 NumPy では参照のみの場合作成されない†。以下に行列の中央行へのアクセスを 2 種類示す。

```
>>> import numpy as np
>>> a = np.array([[1,2,3,4],[5,6,7,8],[9,10,11,12]])
>>> row1 = a[1,:]
>>> row2 = a[1:2,:]
>>> row1
array([5, 6, 7, 8])
>>> row2
array([[5, 6, 7, 8]])
>>> row1.shape
(4,)
>>> row2.shape
(1, 4)
>>> col1 = a[:,1]
>>> col2 = a[:,1:2]
>>> col1
array([ 2,  6, 10])
>>> col2
array([[ 2],
       [ 6],
       [10]])
>>> col1.shape
(3,)
>>> col2.shape
(3, 1)
```

配列に対してスライスを実行すると，結果は元行列の部分配列となる。これに対して，配列の要素を整数で指定してスライスを実行すれば，新たな配列が作

† https://docs.scipy.org/doc/numpy-dev/user/numpy-for-matlab-users.html

成される。

配列の要素を整数で指定する方法としては以下のようなことが可能である。

```
>>> import numpy as np
>>> a = np.array([[1, 2], [3, 4], [5, 6]])
>>> a.shape
(3, 2)
>>> a
array([[1, 2],
       [3, 4],
       [5, 6]])
>>> a[[0, 1, 2], [0, 1, 0]]
array([1, 4, 5])
>>> a[[0, 1, 2], [0, 1, 0]].shape
(3,)
>>> a[[0, 1],[1, 0]]
array([2, 3])
>>> a[[0, 1],[1, 0]].ndim
1
>>> a[[0, 1],[1, 0]].shape
(2,)
```

9 行目の意味は配列 a の 0，1，2 行目の行ベクトルから，それぞれ 0 番目，1 番目，2 番目の要素を指定している。得られる結果は 3 要素からなる配列となる。その要素は 1，4，5 で構成される。一方，上の例の下 6 行目以降は，配列 a の 0 列目の 1 番目の要素（NumPy の配列はつねに 0 から始まるので数えると 2 番目）と 1 列目の 0 番目の要素からなる配列を返す。したがって，戻り値は 2, 3 からなる 1 次元（.ndim）の配列である。その要素数（.shape）は 2 となる。

〔**3**〕 **ブール型配列指定子**　　ブール（2 値）型配列指定子を用いて配列から任意の要素を取り出すことができる。

```
>>> import numpy as np
>>> a = np.array([[1,2,], [3, 4], [5, 6]])
>>> boodidx = ( a > 2 )
>>> boodidx
array([[False, False],
       [ True,  True],
       [ True,  True]], dtype=bool)
>>> type(boodidx)
<type 'numpy.ndarray'>
```

```
>>> a[boodidx]
array([3, 4, 5, 6])
>>> a[ a > 2 ]
array([3, 4, 5, 6])
>>> a[ a > 2 ].shape
(4,)
>>> type(a[ a > 2 ])
<type 'numpy.ndarray'>
```

上記のように boodidx という真偽値からなる配列 a と同 shape の配列を作成し，条件に基づいて真偽値を格納する行列が指定できる。

〔4〕 **数学的配列**　基本的数学関数の操作は配列の要素ごとの演算である。NumPy モジュールの関数として演算子を上書き可能である。

MATLAB と異なり，*は要素積（アダマール積）であり，行列積ではない。ベクトルの内積，ベクトルと行列の積，行列積には dot を用いる。dot は NumPy モジュールと配列オブジェクトのメソッドインスタンスに適用可能である。

```
import numpy as np
>>> a = np.array([[1, 2], [3, 4]])
>>> b = np.array([[1, 0], [0, 1]])
>>> a * b
array([[1, 0],
       [0, 4]])
>>> a.dot(b)
array([[1, 2],
       [3, 4]])
```

NumPy は行列操作遂行に有益な関数を数多く提供している。以下の例では sum の axis オプションを用いて行和，列和を求めている。

```
>>> import numpy as np
>>> x = np.array([[1,2],[3,4]])
>>> np.sum(x,axis=0)
array([4, 6])
>>> np.sum(x,axis=1)
array([3, 7])
>>> x
array([[1, 2],
       [3, 4]])
```

配列を用いた数学関数の計算だけでなく，配列の reshape や他のデータ操作が多数必要となる。行列の転置には T を用いる。

〔5〕 **ブロードキャスト**　ブロードキャストは算術的操作を行う際, NumPy が異なる shape の配列に柔軟な処理機構を行うことを可能にする。行列の各行に対して定数ベクトルを加える場合を以下に示す。

```
>>> import numpy as np
>>> weight = np.array([[1,2,3],[2,3,4],[3,4,5]])
>>> bias = np.array([1,0,1])
>>> weight2 = np.empty_like(weight)
>>> for i in xrange(len(weight)):
...     weight2[i,:] = w[i,:] + bias
...
>>> weight2
array([[2, 2, 4],
       [3, 3, 5],
       [4, 4, 6]])
>>> weight2.shape
(3, 3)
```

NumPy のブロードキャスト機能により簡潔な表記となる。

```
>>> import numpy as np
>>> weight = np.array([[1,2,3],[2,3,4],[3,4,5]])
>>> bias = np.array([1,0,1])
>>> weight2 = weight + bias
>>> weight2
array([[2, 2, 4],
       [3, 3, 5],
       [4, 4, 6]])
>>> weight
array([[1, 2, 3],
       [2, 3, 4],
       [3, 4, 5]])
>>> bias
array([1, 0, 1])
```

`weight2 = weight + bias` において $weight$ は次数（shape）(3,3) の 2 次元配列，すなわち行列であり，$bias$ の次数は (3,) であるから 3 次元ベクトルである。数学の意味では和を定義できない。NumPy ではブロードキャスト機能により計算される。bias が次数 (3,3) であるように作用する。各行は bias のコピーであり各要素の和が計算される。不慣れだと混乱するところでもある。

二つの行列をブロードキャストする場合以下の規則に従う。

1. もし二つの行列のある次元が異なる次数であれば，次数の低い行列の次数を拡張して次数の大きい行列と等しくなるようにする。
2. もし二つの行列のある次元が一致していれば，一致していない次元の配列の次数を拡張して同じ次数の行列にする。
3. もし二つの行列の次元をそろえることが可能であれば，相互に拡張されてたがいに等しい次元の行列となる。これをブロードキャストという。
4. ブロードキャスト後は，二つの行列は，すべての次元の次数が等しい行列として振る舞う。
5. 一方の配列のある次元の次数が 1 であり，他方の配列の対応する次元が 1 より大きい場合，最初の配列の要素を繰り返しコピーして次数は拡張される。

ブロードキャスト可能な関数をユニバーサル関数 (ufunc)[†]と呼ぶ。ブロードキャストを用いてベクトルの外積を得る例を示す。

```
>>> import numpy as np
>>> a = np.array([1,2,3])
>>> b = np.array([4,5])
>>> np.reshape(a, (3,1)) * b
array([[ 4,  5],
       [ 8, 10],
       [12, 15]])
>>>
>>> x = np.array([[1,2,3],[2,3,4]])
>>> y = np.array([4,5])
>>> x.T + y.T
array([[5, 7],
       [6, 8],
       [7, 9]])
>>> (x.T + y.T).T
array([[5, 6, 7],
```

† http://docs.scipy.org/doc/numpy/reference/ufuncs.html#available-ufuncs

```
        [7, 8, 9]])
>>> x + y
Traceback (most recent call last):
  File "<stdin>", line 1, in <module>
ValueError: operands could not be broadcast together with
    shapes (2,3) (2,)
```

最下行はあえてエラーとなるように操作した。後述するように，高次元配列を効率的に reshape することで多層化ニューラルネットワークの演算の見通しがよくなる。ブロードキャストによりコードは簡潔になり，高速化する。

2.6 Python による深層学習フレームワーク

ここでは Python による深層学習パッケージ，フレームワークとして，(1) Caffe，(2) Theano，(3) Chainer，(4) TensorFlow，(5) scikit–learn，を取り上げる。

Caffe は Theano と共に歴史があり，情報の蓄積がある。Chainer は日本の Preferred Networks，Preferred Infrastructure が開発したフレームワークである。2015 年 6 月 9 日に公開された[†1]。

TensorFlow はグーグルの開発した深層学習および機械学習のフレームワークである。2015 年 11 月 10 日に発表された[†2]。

共有する特徴は以下のとおりである。

(1) Python>= 2.7 に対応。バージョン番号が数字以上に対応している場合，以降このように表記する。

(2) NumPy を仮定。

(3) 計算グラフとしてニューラルネットワークモデルを表現。

(4) GPU 対応。NumPy と同じ文法で GPU に対応した cupy を開発。

(5) 畳み込みニューラルネットワーク，リカレントニューラルネットワーク

---

†1 公式サイト：http://chainer.org/，GitHub：https://github.com/pfnet/chainer，ドキュメント：http://docs.chainer.org/en/stable/。

†2 https://tensorflow.org

に対応。

(6) 確率的勾配降下法, Adam, AdaDelta, AdaGrad, Nesterov, RMSprop の訓練方法高速化に対応（**表 2.1**）。

表 2.1　各パッケージの対応関係

フレームワーク	データ	層結合	学習
Caffe	ブロブ (blob)	レイヤ (layer)	ソルバ (solver)
Chainer	変数 `Variable`	チェイン，リンク `Cahin, Link`	オプティマイザ `optimizer`
TensorFlow	プレースホルダ，変数 `placeholer, Variable`	`nn`	訓練 `train.Optimizer`
Theano	変数 `Variable`	共有変数を用いて ユーザが定義	スキャン（`scan`）， アップデート（`updates`）

2.6.1　Caffe

Caffe は C++，CUDA で書かれた深層学習の処理系である[21)]。コマンドラインから利用する場合にはプログラムを作成する必要はない†。コマンドラインの他には，Python，C++，および MATLAB から利用可能である。日本語の解説については石橋[22)] による文献がある。インストール，基本的な操作方法，`pycaffe` を用いた Python インタフェースが説明されている。R–CNN を使う方法にもふれられている。ここでは Caffe の要点のみを述べるにとどめる。

Caffe は訓練ずみモデルを提供しており，Caffe のコミュニティで訓練ずみのパラメータファイルを動物園モデル（model zoo）と呼び共有している。AlexNet[23)]，GoogLeNet[3)]，VGG[4)]，SPP[5)] をはじめとする学習ずみモデルが利用可能である。動物園モデルの中で BVLC モデルは無制限ライセンスであり，GitHub から Caffe 一式をもって来ると動物園モデルのいくつかが含まれている。BVLC とは，開発元であるカリフォルニア大学バークリー校（UCB）のバークリー校視覚学習センター（Berkley Vison and Learning Center）の頭文字である。学習ずみの caffemodel（動物園モデルのファイル名の拡張子は

† 一次情報：`http://caffe.berkeleyvision.org/`。GitHub：`https://github.com/BVLC/caffe`。

.caffemodel である）を用いれば深層学習の成果を試すことができる[†1]。

本書に関連した注意点としては，GPU を仮定しないので，Makefile.config に CPU := 1 を設定し，さらに Python から Caffe を利用する pycaffe のために WITH_PYTHON_LAYER :=1 も記述する。加えて設定ファイルである .prototxt 内に solver_mode: CPU を記す必要がある。

〔1〕 操 作 手 順　Caffe の操作手順はおおよそ以下のとおりである。

1) データを収集する。
2) データの平均を計算し保存する（leveldb もしくは lmdb として保存）。
3) 後述するプロトバッファ形式の設定ファイルを作成する。
4) caffe train コマンドで訓練する。
5) ./build/examples/cpp_classification/classification.bin で画像の分類を行う。
6) 学習経過を見るなら，tools/extra/plot_training_log.py.example などを参考にして作成する。

〔2〕 唯一の前処理：平均　他の画像情報処理のモデル，あるいはコンピュータビジョンのモデルと異なり，畳み込みニューラルネットワークでは複雑な前処理を必要としない。ほとんど唯一といえる前処理が画像から平均値を引く操作である。AlexNet では前処理よりもデータ数が重要だと考えられた。原画像を少し変形して似た画像を数多く用意する。これをデータ拡張（data augmentation）という。図 4.21 で入力画像の縦横画素数が 224 であるのは，256×256 の原画像を変形して用いたためである。Caffe では ./build/tools/comput_image_mean コマンドで唯一の前処理である平均を計算し，lmdb 形式[†2]あるいは leveldb 形式[†3]で保存する。build/tools/conver_imageset を用いれば，ディレクトリーを指定して内部の画像ファイルをすべてデータベースに変換できる。

Python からは lmdb，plyvel，h5py を import して操作することになる。

---

†1 https://github.com/BVLC/caffe/wiki/Model-Zoo
†2 http://symas.com/mdb/
†3 https://lmdb.readthedocs.org/en/release/

Python コードの冒頭部分は以下のようになるだろう。

```
from numpy import *
import lmdb
import h5py
import plyvel

import sys
caffe_root = <where your caffe installation is>
sys.path.insert(0, caffe_root + 'python');

import caffe
```

〔**3**〕 **レイヤとブロブ**　　レイヤ（layer）とは，畳み込みニューラルネットワークにおける層内の操作を記述する単位である。ブロブ（blob）とは，畳み込みニューラルネットワークにおける実データを格納するデータ構造であり，レイヤ内に記述される。lenet_train_test.prototxt の一部を以下に示した。このプロトバッファファイルにはレイヤが定義されている。最初のレイヤが入力データである。2番目のレイヤとの違いは訓練時の定義（TRAIN）か，検証時（TEST）時の定義かの相違である。

```
name: "LeNet"
layer {
  name: "mnist"
  type: "Data"
  top: "data"
  top: "label"
  include {
    phase: TRAIN
  }
  transform_param {
    scale: 0.00390625
  }
  data_param {
    source: "examples/mnist/mnist_train_lmdb"
    batch_size: 64
    backend: LMDB
  }
}
layer {
  name: "mnist"
```

```
21    type: "Data"
22    top: "data"
23    top: "label"
24    include {
25      phase: TEST
26    }
27    transform_param {
28      scale: 0.00390625
29    }
30    data_param {
```

レイヤの定義には四つのエントリーが必要である。name，(bottom)，top，および type である。また，必要に応じて他のオプションが加わる。Caffe ではレイヤごとに定義を記述する。ネットワークは下位層から上位層へ向かって記述される。データの流れと勾配計算の流れは逆行する。データの流れを順方向（forward），誤差の流れを逆方向（backward）と呼ぶ。Caffe はデータをブロブ（blob はかたまりの意味）と呼ぶ情報の単位として記憶し，処理する。ネットワークはレイヤの連結として表現され，ブロブには情報の処理方法の詳細が記述される。

レイヤと対応する勾配の関係，逆伝播（でんぱ）の方向を図 **2.1** に示した。ブロブとは数学的には n 次元配列である。Caffe はデータをブロブとして扱う。ブロブの扱うデータには，画像，モデルのパラメータ，学習に必要な微分情報が含まれる。

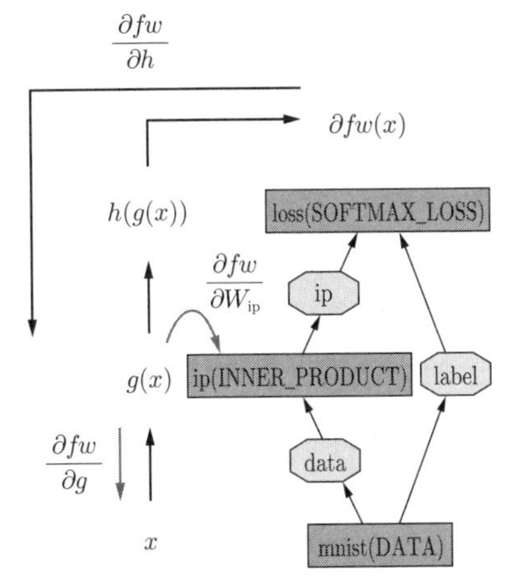

図 **2.1**　レイヤ，ブロブと微分計算

入力信号のブロブ表現は，ミニバッチを構成する N 枚の画像，K 個のカーネル（あるいは特徴），縦画素数 H，横画素数 W の 4 次元であり，4 次元空間上の一点 (n, k, h, w) として表現される。コンピュータの実メモリ上でのアドレスは $((n \times K + K) \times H + h) \times W + w$ となる。ここで N はバッチサイズ，K は特徴次元であり，入力画像の場合には三原色を意味するので $K = 3$ である。

〔**4**〕 **プロトバッファ**　プロトバッファの param 引数は順番に意味がある。下の例は lenet_trian_test.prototxt の一部である。5 行目，8 行目に param がある。5 行目の param は結合係数行列の学習係数へのパラメータである。一方，8 行目の param はバイアスについての記述である。

```
1  layer {
2    name: ''conv1''
3    type: ''Convolution''
4    bottom: ''data''
5    top: ''conv1''
6    param {
7      lr_mult: 1
8    }
9    param {
10    lr_mult: 2
11   }
12   convolution_param {
13     num_output: 20
14     kernel_size: 5
15     stride: 1
16     weight_filler {
17       type: ''xavier''
18     }
19     bias_filler {
20       type: ''constant''
21     }
22   }
23 }
```

17 行目は，結合係数行列の初期化にザビエルフィラー（xavier，ザビエルイニシャライザ，ザビエル初期化とも呼ぶ）を指定する。これは，以下の式のように，ユニット数の和の逆数を 6 倍して開平した範囲の一様乱数を用いており，これを提案した論文の第一著者の名前にちなんで名づけられている[24)]。

$$\boldsymbol{W} \equiv \boldsymbol{U}\left[-\sqrt{\frac{6}{n_j+n_{j+1}}}, \sqrt{\frac{6}{n_j+n_{j+1}}}\right] \tag{2.1}$$

`.prototxt`はプロトコルバッファ（protocol buffers）で定義されたファイルである。プロトコルバッファはグーグルが開発したデータフォーマットである†。

インストール手順の概略を述べておくと以下のようになる。

1) Caffeの依存ライブラリのインストール
2) `Makefile.config`の修正（`CPU_ONLY := 1`，`WITH_PYTHON_LAYER := 1`）。
3) Caffeのインストール。以下では`-jX`の`X`をCPUのコア数と置き換える。

```
$ make all -jX
$ make test
$ make runtest
$ make pycaffe
$ make distribute
```

Caffeの配布には`setup.py`が含まれていないため，CaffeをPythonから呼び出すために`PYTHONPATH`を設定するか，Pythonのライブラリーに`distribute/python/caffe`をコピーする。

```
$ export PAYTHOPATH=$PYTHOPATH:'pwd'/distribute/python
$ /bin/cp -rp ./distribute/python/caffe
    PAYTHON/lib/python2.7/site-packages
```

上記はいずれか一方を実行すればよい。吉田の文献22)には上の方法が紹介されている。

Caffeの動作確認には，コマンドラインから`./buld/tool/caffe`を`time`引数付きで起動し，ベンチマークを走らせる。

```
$ ./build/tools/caffe time -model
    ./examples/mnist/lenet_train_test.prototxt
```

† `https://developers.google.com/protocol-buffers/`

forward-backward を 50 回繰り返して LeNet に要した平均時間が出力される。

```
$ ./build/tools/caffe time
    --model=models/bvlc_alexnet/deploy.prototxt
$ ./build/tools/caffe time
    --model=models/bvlc_alexnet/deploy.prototxt --gpu=0
```

でベンチマークの結果が見れる。上が CPU で下が GPU である。

ソルバとはニューラルネットワークの学習を行う関数群で adadelta, adagrad, adam, nesterov, rmsprop, sgd_solver.cpp というファイルが存在する（**表 2.2**）。

表 2.2　Caffe の処理

操作	データ	コマンド	結　果
前処理	元画像	convert_imageset	LMDB, LevelDB
学習	LMDB,LevelDB	caffe train	.caffemodel .solverstate
検証	LMDB,LevelDB train_val.prototxt	caffe test	train_val.prototxt
配布	LMDB,LevelDB .caffemodel deply.prototxt	*_classification	.caffemodel deply.prototxt

ImageNet を試してみるには下準備が必要である。

```
$ ./data/ilsvrc12/get_ilsvrc_aux.sh
$ ./scripts/download_model_binary.py
    models/bvlc_reference_caffenet
$  python ./examples/finetune_flickr_style/assemble_data.py
    --workers=-1 \
   --images=2000 --seed=1701 --label=5
```

Python から Caffe を呼び出した例を以下に示した。

```
98  def nonlinear_net(hdf5, batch_size):
99      # one small nonlinearity, one leap for model kind
100     n = caffe.NetSpec()
101     n.data, n.label = L.HDF5Data(batch_size=batch_size,
        source=hdf5, ntop=2)
102     # define a hidden layer of dimension 40
103     n.ip1 = L.InnerProduct(n.data, num_output=40,
        weight_filler=dict(type='xavier'))
```

```
104        # transform the output through the ReLU (rectified
           linear) non-linearity
105        n.relu1 = L.ReLU(n.ip1, in_place=True)
106        # score the (now non-linear) features
107        n.ip2 = L.InnerProduct(n.ip1, num_output=2,
           weight_filler=dict(type='xavier'))
108        # same accuracy and loss as before
109        n.accuracy = L.Accuracy(n.ip2, n.label)
110        n.loss = L.SoftmaxWithLoss(n.ip2, n.label)
111        return n.to_proto()
112
113    with open('examples/hdf5_classification/
           nonlinear_auto_train.prototxt', 'w') as f:
114        f.write(str(nonlinear_net('examples/
           hdf5_classification/data/train.txt', 10)))
115
116    with open('examples/hdf5_classification/
           nonlinear_auto_test.prototxt', 'w') as f:
117        f.write(str(nonlinear_net('examples/
           hdf5_classification/data/test.txt', 10)))
118
119    caffe.set_mode_cpu()
120    solver = caffe.get_solver('examples/hdf5_classification/
           nonlinear_solver.prototxt')
121    solver.solve()
122
123    accuracy = 0
124    batch_size = solver.test_nets[0].blobs['data'].num
125    test_iters = int(len(Xt) / batch_size)
126    for i in range(test_iters):
127        solver.test_nets[0].forward()
128        accuracy += solver.test_nets[0].blobs['accuracy'].data
129    accuracy /= test_iters
130
131    print("Accuracy: {:.3f}".format(accuracy))
```

〔5〕 Caffe のリカレントニューラルネットワーク拡張　Caffe は，畳み込みニューラルネットワークばかりでなく，リカレントニューラルネットワークにも対応する[25]。**表 2.3** のように考え，入力と対応する次単語を出力（教師信号）とすれば，入出力関係に畳み込みニューラルネットワークを用いることで，画像認識と自然言語処理は同一の枠組みとなる。

表 2.3　時系列データの例

時刻	入力	出力
0	<BOS>	sigmoid
2	sigmoid	functions
2	functions	should
3	should	be
4	be	replaced
5	replaced	by
7	by	ReLU
8	ReLU	<EOS>

2.6.2　Theano

本項では，Theano†1のコードを理解する上でのポイントを概説する[26),27)†2]。

Theano 上に構築されたパッケージとして Blocks，deepy，Keras，Lasagne，Nolern，Pylearn2 などがある。

極論すれば，Theano の理解には `theano.function`，`updates`，`theano.scan`，`theano.grad` の四点を把握する必要がある。

(1) `theano.function` は Theano の核となる関数である。

(2) `udaptes` は `function` の第 3 引数として用いられる。使い方に特徴があるため，本項で解説する。

(3) `theano.grad` は第 1 引数を第 2 引数で微分した関数を返す。

(4) `theano.scan` は繰り返しの抽象表現である。

〔1〕 Theano 処理手順

1) Theano の共有変数（`theano.shared`）として結合係数行列を定義する。

2) 各層の変換関数を記述する（`theano.nnet` など）。

3) 自動微分機能などで勾配を定義する（`theano.grad`）。

4) `theano.function` で各変数の依存関係を表現する。

---

†1 Theano 開発の総元締的存在であるベンジオ（J. Bengio）の発音をカタカナ表記するとテアノに近いが，日本ではセアノあるいはシアノとも呼ばれるようだ。Theano とはギリシャの数学者，哲学者ピタゴラス（Pythagoras：570BC–495BC）の細君の名前である。

†2 `http://http://deeplearning.net/software/theano/`，GitHub：`https://github.com/Theano`

5) Pythonの繰り返しを用いて学習を行う。

〔**2**〕 **テンソル変数**　最初にTheanoで用いられるテンソル変数`tensor`について概説する。テンソルとは，階数0（スカラ），1（ベクトル），2（行列）からn次配列への一般化である。Theanoで定義されたテンソルの実装である`theano.tensor`には，16ビット整数から128ビット複素数まで存在する。ここではTheanoにおける`theano.tensor`をテンソル変数と表記する。テンソル変数の階数は4次まで定義されている。画像処理を考えれば，1枚の画像は3次元配列（縦横のピクセル2次元画像と色チャネルで3次）となる。画像認識には複数枚の訓練画像が必要となる。この場合に用いられる画像数を1次元として考慮すれば，4次元配列が必要となる。深層学習における層間の処理とは4次元配列を各層で変換し，最終的な認識を得ることに相当する。画像処理における変換はTheano，あるいはPythonで定義された関数が担う。したがって，深層学習における各層の流れはテンソル変数を各層ごとに処理することである，と極言することができる。このような理由から，グーグルは自らの機械学習パッケージをTensorFlow†と名づけたのであろう。

このとき，同一の画像を各層（関数，インスタンス，など）で処理するのであるから，各処理において，そのパラメータや変数などを共有しておく必要が生じる。Theanoにおける`shared`型変数とは，複数の関数間で共有される変数を指す。これらの関数はNumPyの`numpy.ndarray`を返す場合が多い。すなわち，NumPyにおいては`ndarray`と表記されるn次元配列を，Theanoではテンソル変数（`theano.tensor`）と呼ぶ。したがってTheanoにおける`tensor`は，NumPyで定義された`shape`，`dim`の概念を継承する。

Theanoコードは，数学記号表現であるプレースホルダ（placeholder）のグラフとして表現される。ニューラルネットワークはグラフ表現可能であり，プレースホルダなどから計算グラフを作成するという考え方は，Theano，Chainer，およびTensorFlowで共通している。

〔**3**〕 **関数`theano.function`**　`theano.function`すなわちTheanoにお

† `https://www.tensorflow.org`

ける関数とは，古典的言語における関数とは異なる。例えば，畳み込み演算，シグモイド関数，カテゴリカルクロスエントロピーなど，頻用される関数はTheanoにも用意されている。theano.tensor.nnet.conv2d，theano.tensor.nnet.sigmoidなどである。

これらの関数とtheano.functionは異なる。theano.functionとは，定義ずみの変数やグラフ連結関係から第1引数で指定される入力変数と，第2引数で指定される出力変数との関係をコンパイルする演算を指す。プロトタイプを以下に示す。

```
theano.function(inputs, outputs=None, mode=None,
                updates=None, givens=None,
                no_default_updates=False,
                accept_inplace=False,
                name=None,
                rebuild_strict=True,
                allow_input_downcast=None,
                profile=None,
                on_unused_input=None)
```

第1引数inputsは入力変数または入力パラメータのインスタンスである。

第2引数outputsは出力変数もしくはパラメータの出力表現である。

以下はオプション引数である。

updatesは後述する。

givensはイテラブルな変数，リスト，タプル，辞書の対である。

no_default_updatesは真偽値（ブール型変数）もしくは変数のリストをとる。この値が真（デフォルト）であれば，変数を自動更新する。そうでなければ自動更新は行われない（後述）。theano.functionが評価されるとtheano.functionの実行にやや遅延が感じられる。これはTheanoがtheano.functionの命令をCのコードに変換してコンパイルを行うからである。Theanoはホームディレクトリー直下に.theanoディレクトリーを作成して，このディレクトリー内でCのソースコードを展開しコンパイルを行う。したがって，環境を変更してTheanoの動作がおかしくなった場合 /.theanoを削除してからPythonコードを実行し直すとうまくいく場合がある[†1]。

以下では関数の自動微分である theano.grad を用いて theano.function を概説する[†2]。

〔4〕 **自動微分 theano.grad**　　theano.grad は記号表現である引数の自動微分を与える。プロトタイプは以下のとおり。

```
theano.gradient.grad(cost,
    wrt,
    consider_constant=None,
    disconnected_inputs='raise',
    add_names=True,
    known_grads=None,
    return_disconnected='zero')
```

最初の二つの引数 cost, wrt は必須である。残りの引数 consider_constant, disconnected_input, add_names, known_grads, return_disconnected は名前付き引数である[†3]。theano.grad は一つ以上のテンソル変数を返す。引数 cost はテンソル変数であり，引数 wrt で指定された変数で微分された値を返す。簡単な例を示す。

```
>>> import theano
>>> x = theano.tensor.dscalar()
>>> y = x ** 2
>>> dy = theano.tensor.grad(y, x)
>>> f = theano.function([x],dy)
>>> f(4)
array(8.0)
```

この例では $y = x^2$ を定義し，[x] を y に結び付ける theano.function を用いた。x はスカラとして定義したため配列にするためにカッコ [ ] が必要である。これにより自動微分が行われ，$f(4)$ を評価することで 8.0 を得る。

---

†1　Theano 0.7 マニュアル 29 ページ。

†2　Theano はワーキングディレクトリーに C++のコードを書き出す。通常は /.theano である。theano.function が呼び出されるとワーキングディレクトリー内の共有変数を比較して，変更があれば再コンパイルを行う。

†3　Python には通常の引数，デフォルト引数，可変長引数（アスタリスク*），名前付き引数，名前付き可変長引数（アスタリスク二つ**）などがある。

引数 wrt もテンソル変数である。この引数で指定された変数（英語で表記すれば with respect to の頭文字）について微分した値を返す。consider_constant は変数のリストであり，後方伝播されない変数を指定するために用いる。

grad の戻り値は，cost を wrt の各項で微分した記号表現である。wrt の要素で微分できない場合には 0 を返す。戻り値の型は wrt と同じリスト，またはタプルとなる。

同様に，theano.gradient.subgraph_grad(wrt, end, start=None, cost=None, details=False) も，サブグラフに関する勾配を計算する。この場合，連結のないグラフノード間での勾配は計算されない。これは多層ニューラルネットワーク（MLP）で勾配降下法を実行する場合に有効である。以下に例を示した。

```
1  import theano
2  x, t = theano.tensor.fvector('x'),
       theano.tensor.fvector('t')
3  w1 = theano.shared(np.random.randn(3,4))
4  w2 = theano.shared(np.random.randn(4,2))
5  o1 = theano.tensor.tanh(theano.tensor.dot(x,w1))
6  o2 = theano.tensor.tanh(theano.tensor.dot(o1,w2))
7  cost2 = theano.tensor.sqr(o2 - t).sum()
8  cost2 += theano.tensor.sqr(w2.sum())
9  cost1 = theano.tensor.sqr(w1.sum())
10 params = [[w2],[w1]]
11 costs = [cost2,cost1]
12 grad_ends = [[o1], [x]]
13 next_grad = None
14 param_grads = []
15 for i in xrange(2):
16     param_grad, next_grad = theano.subgraph_grad(
17         wrt=params[i], end=grad_ends[i],
18         start=next_grad, cost=costs[i]
19     )
```

この例は 2 層パーセプトロンである。2 行目では，入力 x に対して教師信号 t を定義し，3 行目で第 1 層の結合係数行列 $w1$ を，4 行目で第 2 層に対する結合係数 $w2$ を定義し乱数で初期化している。つづく 5, 6 行目では，対応する各層の出力 $o1$，$o2$ を，テンソル変数の内積を tanh を用いて非線形化した値としている†。さらにコスト関数として出力と教師信号の差の開平和を求め（7行目），次行で第2層の二乗開平和を cost2 に加えている。これは正則化項として L2 正則化を行ったことに相当する。さらに cost1 として第1層目の結合係数行列の二乗開平和を求め，最終 for 文において theano.subgraph_grad を用いて全コストの微分を計算している。この theano.subgraph_grad はネットワークの各層ごとに部分的に勾配を求めるために用いられる。

〔5〕 多層パーセプトロン　実装方法は数多考えられるが以下に一例を示す。

```
1   import numpy as np
2   from sharedvalue import shared
3   import theano
4   import theano.tensor as T
5
6   class NN(object):
7       def __init__(self,
8                    input = T.dvector('input'),
9                    target = T.dvector('target'),
10                   n_input=1, n_hidden=1, n_output=1,
                     lr=1e-3, **kw):
11      super(NN, self).__init__(**kw)
12      self.input = input
13      self.target = target
14      self.lr = shared(lr, 'learning_rate')
15      self.w1 = shared(np.zeros((n_hidden, n_input)), 'w1')
16      self.w2 = shared(np.zeros((n_output, n_hidden)), 'w2')
17      self.hidden = T.nnet.sigmoid(T.dot(self.w1,
                                          self.input))
18      self.output = T.dot(self.w2, self.hidden)
19      self.cost = T.sum((self.output - self.target)**2)
20
21      self.compute_output = theano.function(
            [self.input], self.output)
22      self.output_from_hidden = theano.function(
            [self.hidden], self.output)
23      self.hidden_from_input = theano.function(
            [self.input], self.hidden)
24
```

† ロジスティック関数でもよいが，ルカンの論文[28]に従って tanh を用いている。最近では，整流線形ユニットの例が多い

```
25        self.sgd_updates = {
26            self.w1: self.w1 - self.lr * T.grad(self.cost,
                                                  self.w1),
27            self.w2: self.w2 - self.lr * T.grad(self.cost,
                                                   self.w2)
28        }
29        self.sgd_step = theano.function(
30            params = [self.input, self.target],
31            outputs = [self.output, self.cost],
32            updates = self.sgd_updates)
```

〔**6**〕 **自動更新 upates**　　functionの第3引数updatesの使い方を示す。

```
>>> inc = theano.tensor.iscalar('inc')
>>> accumulator = theano.function([inc], state,
    updates=[(state, state+inc)])
```

theno.functionは共有変数を作成する。共有変数とは，記号と非記号変数とを融合させた表現である。共有変数は記号式を用いることができる。共有変数を使用するすべてのtheano.fuction関数は，この記号的変数を保持するための値を関数定義内部に保持している。これら共有変数の値は，.get_value()によって参照，.set_value()によって変更可能である。

上例のfunction内のupdatesパラメータの更新では，共有変数と，その更新式の対が用いられている。辞書変数を用いて，辞書のキーが共有変数として用いることも可能である。いずれの場合においても，共有変数の値.valueを対応する表現の結果で置換する。上の例では値（state）を増分量で置換することに相当する。

一般にTheanoを用いずともNumPyで同等の操作が可能ではあるが，updatesは文法上簡便であり，かつ効率的である。updatesによる共有変数の更新は，同等のインプレース機構より高速である。マルチスレッドプログラミングにおいてはインプレースのほうが安全ではあるが，TheanoのGPU対応の利点のほうが上回る。

〔**7**〕 **繰り返し theano.scan**　　theano.scanはTheanoにおける繰り返し演算の基本である。scanにより関数の出力を再帰的に求めることができる。

関数が多層ニューラルネットワークにおける出力関数の一般形を指しているのであれば，系列を最終層における各ユニットとして全ユニットにわたって出力を求める。この場合，最終層の各ユニットの出力は直下層の出力に依存し，直下層の出力はさらに下層の出力を再帰的に計算することで求めることができる。このようにしてニューラルネットワークにかぎらず，複雑な依存関係をもつ関数を theano.scan 1 行で表現可能である。

theano.scan の関数プロトタイプを以下に示す。

```
theano.scan(fn, sequences=None, outputs_info=None,
    non_sequences=None, n_steps=None, truncate_gradient=-1,
    go_backwards=False, mode=None, name=None, profile=False,
    allow_gc=None, strict=False)
```

theano.scan の戻り値は二つである。一方はオプション引数 outputs_info で指定した順序をもつ出力であり，他方は各更新時の差分情報を辞書（タプルのリストである場合もある）として返す。

scan は全共有変数に関して繰り返し演算を行う。しかし引数 non_sequnces が設定されていれば，繰り返しは限定される。このときに引数 strict=Ture をセットしていれば未使用の共有変数をチェックできる。

引数 sequences は，繰り返しの系列を記述した Theano 変数か，または辞書である。引数として辞書が与えられた場合には，input と taps（整数からなるリスト）である。

引数 trancuate_gradient は BPTT において勾配計算を打ち切る時間幅を指定する。trancuate_gradient は go_backwards 引数とともに用いられ，この値が真（True）であれば時系列をさかのぼって BPTT を計算する。

BPTT のように scan で時系列を処理する場合には，以下のようになる。

1) 現時刻において，各系列の全時刻の系列情報を計算する。

2) 全過去におけるすべての系列情報を計算する。

3) 他の引数について計算する。

各系列における順番は引数 sequnces で指定する。出力系列は引数 otuputs_info で指定していなければ入力系列と同じ順序になる。

theano.scan では，任意の関数 y のパラメータ x に関するヤコビ行列を計算することができる。y の各要素 $y[i]$ を x で微分する場合を考える。

〔**8**〕 **ヤコビ行列**　theano.scanを用いてヤコビ行列を計算した例を示す。

```
>>> import theano
>>> x = theano.tensor.dvector('x')
>>> y = x ** 2
>>> J, updates = theano.scan(lambda i, y, x :
                 theano.tensor.grad(y[i], x),
                 sequences=theano.tensor.arange(y.shape[0]),
                 non_sequeces=[y, x])
>>> f = theano.function([x], J, updates=updates)
>>> f([4, 4])
array([[ 8., 0.],
       [ 0., 8.]])
```

この例では0からy.shape[0]までの繰り返しをtheano.tensor.arrageを用いて系列sequnecesを生成した。生成された系列を用いた繰り返しの各ステップにおいて，y[i] の要素における x での勾配を計算している。theano.scan は全勾配を計算した結果をヤコビ行列として返す。

しかし，y が x の関数であることが保証されない場合には，theano.scan (lambda y_i,x: theano.tensor.grad(y_i,x), sequences=y, non_sequences=x), と表現できない場合もある。

別の例を示す。

```
1  import theano
2  import numpy
3  X = theano.tensor.matrix('X')
4  W = theano.tensor.matrix('W')
5  b_sym = theano.tensor.vector('b_sym')
6  results, updates = theano.scan(lambda v:
                         theano.tensor.tanh(
7                            theano.tensor.dot(v, W)
                                     + b_sym),
                             sequences=X)
8  compute_elementwise = theano.function(inputs=[X, W,
       b_sym], outputs=[results])
9
10 # test values
```

```
11 x = numpy.eye(2, dtype=theano.config.floatX)
12 w = numpy.ones((2, 2), dtype=theano.config.floatX)
13 b = numpy.ones((2), dtype=theano.config.floatX)
14
15 b[1] = 2
16 print compute_elementwise(x, w, b)[0]
17 # comparison with numpy
18 print numpy.tanh(x.dot(w) + b)
```

この例では Theano と NumPy とで同じ演算を行った。

〔**9**〕 **リカレントニューラルネットワーク**　scanの強みは再帰的に繰り返し演算を行うことである。例えば次式で定義されるリカレントニューラルネットワークの更新を考える

$$x(n) = \tanh\Big(\boldsymbol{X}(n-1) + \boldsymbol{W}_1^{in}u(n) + \boldsymbol{W}_2^{in}u(n-4) + \boldsymbol{W}^{feedback}y(n-1)\Big) \tag{2.2}$$

$$y(n) = \boldsymbol{W}^{out}x(n-3) \tag{2.3}$$

```
1 def theanoRNNoneStep(u1, u2, x1, x2, y, W, W1, W2,
      W_feedback, W_out):
2     xt = theano.tensor.tanh(theano.dot(x1, W) + \
3     theano.dot(u1, W1) + \
4     theano.dot(u2, W2) + \
5     theano.dot(y, W_feedback))
6     yt = theano.dot(xt, W_out)
7
8     return [xt, yt]
```

この例では内部状態の時間遅延 $u1$, $u2$ に対して異なる結合係数行列を用いて現在の状態 xt を計算し，出力 y からのフィードバック結合と合算して xt, yt を出力する。

```
1 u = theano.tensor.matrix('u')
2 x0 = theano.tensor.matrix('x0')
3 y0 = theano.tensor.vector()([x_vals, y_vals], updates)
4       = theano.scan(fn=theanoRNNoneStep,
5           sequences=dict(input=u, taps=[-4,-0]),
6           outputs_info=[dict(initial=x0, taps=[-3,-1]),
                          y0],
```

```
7            non_sequences=[W, W1, W2, W_feedback, W_out])
```

ここで x_vals と y_vals は x と y とを参照する記号変数であり u によって媒介される。taps によって系列が生成される。このとき x[t-(k-1)], x[t-(k-2)], ... と明記する必要はない。

2.6.3 Chainer

Chainer[29] はソースコードの可読性に優れ，製作者の力量が高いことがわかる。またマニュアルとチュートリアルも簡潔で明瞭な記述がなされている。NumPy 互換の CUDA 用多次元配列操作ライブラリーである CuPy も特徴的である。

〔1〕 **Chainer の特徴**　Chainer で生成される Chainer 変数はすべてバックプロパゲーション可能である。chainer.Variable は numpy.ndarray か cupy.ndarray のいずれかである。Chainer 関数の出力で生成された chainer.Variable であれば，この関数の情報を保持しており，したがってバックプロパゲーション可能である。バックプロパゲーションさせないための unchain_backward() も用意されている。これにより部分結合を許すニューラルネットワークの記述が可能となる。一般に有向グラフ（DAG）を表現できる。すべての Chainer 関数はこの特徴を継承している。このようなグラフの連接関係により勾配計算を連結して計算が可能である[†1]。

〔2〕 **Chainer の処理の概要**　Chainer による全体の流れを以下に示した[†2]。

1) Link を使って Chain を定義する。
2) Optimizer に Chain を設定する。
3) forward 関数を定義する。
4) データセットを読み込み，訓練用と評価用に分ける。

[†1] Theano では theano.function() で再帰的に表現されていたニューラルネットワークの各層の関係を，Chainer では明示的に表現していると見なすことが可能であろう。

[†2] http://www.slideshare.net/unnonouno/chainer-56292907?ref=https://research.preferred.jp/2016/01/chainer-meetup-1/, 25 ページより。

5) 訓練ループを回す。

 a) 勾配をゼロ初期化。

 b) 順伝搬して，得られたロス値の `backward` メソッドを呼ぶ。

 c) `Optimizer` を update。

6) 適度な頻度で評価ループを回す。

 a) テストデータで順伝搬関数を読んで結果を記録。

したがって，標準的なニューラルネットワークの学習を素直に実装していると考えられる。

Chainer 専用の変数 `chainer.Variable` がある。Theano との比較では

```
>>> import chainer
>>> import theano
>>> import numpy as np
>>> X = np.ndarray((3, 5))
>>> x_chainer = chainer.Variable(X)
>>> x_theano = theano.tensor.dmatrix()
>>>
>>> print(x_chainer.label)
(3, 5), float32
>>> print(x_theano.type)
TensorType(float3, matrix)
```

上の例は比較のためであり，Chainer と Theano とを同時に使うことは現実的ではない。`chainer.Variable` はユーザまたは Chainer の関数によって生成される。`chainer.Varialbe` の特徴は生成者の情報をもっていること，それゆえ（自動）微分情報を所有していることである。これにより逆向き計算が可能となる。

〔**3**〕 `Link` と `Chain`　Chainer の `Link` と `Chain` とは最近のバージョンで整備されたようである。`chainer.Link` で定義された関数を `chainer.Chain` を用いてニューラルネットワークモデルとしてまとめ上げる。ニューラルネットワークモデルは Chainer では `chainer.Chain` で表現される。したがって `chanier.Chain` が学習（最適化）の対象となる。換言すれば，`chainer.Chain` を用いてニューラルネットワークの管理が可能となる。以下に例を示す。

```
1  model = Chain(embed=L.EmbedID(n_vocab, n_embd),
2                layer1=L.Linear(n_embed, n_hid),
3                layer2=L.Linear(n_hid, n_hid))
```

〔4〕 **Chainer の多層パーセプトロンモデル**　例に掲載された3層多層パーセプトロンの定義を以下に示す。

```
1  import chainer
2  import chainer.functions as F
3  import chainer.links as L
4
5  class MultiLayerPerceptron(chainer.Chain):
6      def __init__(self, n_in, n_hidden, n_out):
7          # Create and register three layers for this MLP
8          super(MultiLayerPerceptron, self).__init__(
9              layer1=L.Linear(n_in, n_hidden),
10             layer2=L.Linear(n_hidden, n_hidden),
11             layer3=L.Linear(n_hidden, n_out),
12         )
13
14     def __call__(self, x):
15         # Forward propagation
16         h1 = F.relu(self.layer1(x))
17         h2 = F.relu(self.layer2(h1))
18         return self.layer3(h2)
```

上例では`n_in`個の入力ニューロンで構成される第1層（`layer1`）から`n_hidden`個のニューロンで構成される第2層（`layer2`）への結合が完全結合（`L.Linear`）である。第1層（`laye1`）からの出力関数（活性化関数）としては`__call__(self, x)`内で定義されているように整流線形ユニットである（`F.relu(self.layer1(x))`）。加えて`chainer.Link`はパラメータ管理，系列化の機能もある。

〔5〕 **Chainer の学習**　学習を指定するには`optimizers`である。学習させるニューラルネットワークモデルを引数として`setup`メソッドを呼び出すことで訓練方法が登録される。

```
19 opt = optimizers.SGD()
20 opt.setup(model)
21 opt.add_hook(optimizer.WeightDecay())
```

Chainer の学習 `optimizers` には，AdaDelta，AdaGrad，Adam，Nesterov，RMSprop，確率的勾配降下法，momentum_SGD，RMSprop_graves が用意されている。上の例のように `optimizer` の `hook` 関数として正則化を指定する `WeightDecay` は重み減衰法[30)]，あるいは重み崩壊法と呼ばれる手法である。

学習の実行には

1) 勾配の初期化（`zerograds()`）
2) 順伝播，逆伝播を実行
3) `update` を呼び出す

を繰り返すことになる。

〔6〕 **Chainer のリニア（linear）** 上述のとおり定義上，明確に区別される概念であるが，名前が同じであるので挙げておくと `chainer.functions.linear` と `chainer.links.linear` は異なる。前者は線形変換 $\boldsymbol{Y} = \boldsymbol{X}\boldsymbol{W}^T + \boldsymbol{b}$ に従う出力関数の意味であり，後者は完全結合（fully connected）の意味である。英単語 “linear” が元来両者の意味をもつため，このようになったと推察される。

2.6.4 LSTM とゲート付き再帰ユニット

Chainer は自然言語処理にも注力しているようで，言語モデルを記述するリカレントニューラルネットワーク言語モデルの例として，LSTM を用いた PTB データセットの例がサンプルコードとして付属している†。モデルの構造を図 **2.2** に示した。

図 2.2 では，入力層の 10 000 次元のワンホットベクトル（one hot vector）から 650 次元の単語埋込み層を経て，2 層の LSTM 層から次単語を予測するように学習が行われる。用いるデータは PTB（ペンツリーバンク）と呼ばれる標準的なデータセットである。`train_ptb.py` を実行するときにダウンロードされる。このデータセットはミコロフでも用いられたもので，ミコロフの得た結果との比較が可能である。ミコロフによってあらかじめ低頻度語が`<unk>`と変換されている。PTB データセットによるリカレントニューラルネットワーク言

† `chainer/example/ptb/train_ptb.py,net.py`

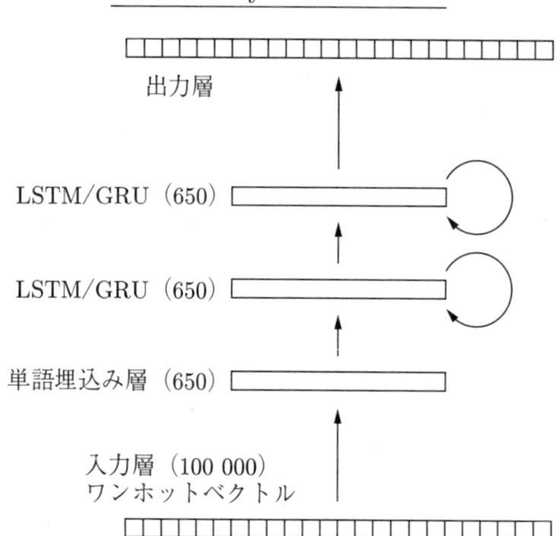

図 **2.2**　Chainer サンプルコードのリカレントニューラルネットワーク言語モデル

語モデルは，TensorFlow でもサンプルコードが付属する。以下のように両者を比較することが容易である。

主要なモデル部分だけ抜き出して示せば以下のとおりである。

```
1  class RNNLM(chainer.Chain):
2      """Recurrent neural net languabe model for penn tree
       bank corpus.
3
4      This is an example of deep LSTM network for infinite
       length input.
5
6      """
7      def __init__(self, n_vocab, n_units, train=True):
8          super(RNNLM, self).__init__(
9              embed=L.EmbedID(n_vocab, n_units),
10             l1=L.LSTM(n_units, n_units),
11             l2=L.LSTM(n_units, n_units),
12             l3=L.Linear(n_units, n_vocab),
13         )
```

定義は def 文のつぎの 1 行である。LSTM が定義されているので，宣言すればよい。ゲート付き再帰ユニットも定義されているので，比較のためソースコードを書き換えた差分を示す（4.2.3 項 参照）。

```
c6
< class RNNLM(chainer.Chain):
```

```
---
> class RNNLMGRU(chainer.Chain):
10c10
<     This is an example of deep LSTM network for infinite
    length input.
---
>     This is an example of deep GRU network for infinite
    length input.
14c14
<         super(RNNLM, self).__init__(
---
>         super(RNNLMGRU, self).__init__(
16,17c16,17
<             l1=L.LSTM(n_units, n_units),
<             l2=L.LSTM(n_units, n_units),
---
>             l1=L.StatefulGRU(n_units, n_units),
>             l2=L.StatefulGRU(n_units, n_units),
```

ゲート付き再帰ユニットには状態変数あり（ステートフルゲート付き再帰ユニット）と状態変数なし（ゲート付き再帰ユニット）とがあるが，Chainer で定義されたゲート付き再帰ユニットを呼び出すには第 3 引数として状態変数を渡す必要があるため，引数の数が同じである `StatefulGRU` の例を示した。ゲート付き再帰ユニットを呼び出すには LSTM をゲート付き再帰ユニットに書き換えるだけで動作する。

単語埋込み層への結合係数行列をあらかじ訓練する場合もある。ヴィンヤルス（O. Vinyals）らは，構文解析課題において，単語埋込み層の事前学習に `word2vec`[31),32)] を用いた[33)]。

2.6.5 TensorFlow

ポイントはセッション管理（チェックポイントなど）とテンソルボード（tensorboard）である。テンソル変数，自動微分，有向グラフ（DAG）としての計算モデルの表現は Caffe，Theano，Chainer と共通している。したがって，付属する MNIST のコード例を読み解くことに困難は少ないであろう。

簡単な線形回帰を扱う TensorFlow の例がスライドシェア（slideshare）にあ

るので URL を示した†。

TensorFlow ではニューラルネットワークが推定すべき記憶範囲を変数 (tensorflow.Variable)，推定する必要がない記憶範囲をプレースホルダ (tensorflow.placeholder) と呼ぶ。したがって，入力画像はプレースホルダである。一方，結合係数(行列)やバイアス(ベクトル)は変数となる。Theano のマニュアルではプレースホルダと変数とを区別せずに用いられていた。Variable を定義して管理するのは Theano や Chainer と共通する。

スケーラビリティを確保するため TensorFlow ではセッション概念が導入されている。したがって，Python コードで散見されるコードの最下部に

```
1  if __name__ == '__main__':
2      train_my_neuralnetworkmodels(params)
```

のような記述に代わり，以下のような記述となる。

```
1  def main(_):
2    if FLAGS.self_test:
3      self_test()
4    elif FLAGS.decode:
5      decode()
6    else:
7      train()
8
9  if __name__ == "__main__":
10   tf.app.run()
```

ニューラルネットワークの各層は独自の名前空間 (tensorflow.name_scope) 内で管理される。例えば“中間層 1”内に“結合係数行列”と“バイアス”を定義する。

Chainer ではリンクやチェインとして記述されていたグラフの連結が，TensorFlow では陽に表現される。命令型言語での変数宣言とその用法に類似している。

† 機械学習技術の現在＋ TensolFlow White Paper。
http://www.slideshare.net/maruyama097/tensolflow-white-paper?related=1
Neural Network ＋ Tensorflow 入門講座。
http://www.slideshare.net/maruyama097/neural-network-tensorflow

```
1 with tf.name_scope('hidden1') as scope:
2     weights = tf.Variable(tf.truncated_normal(
3         [IMAGE_PIXELS, hidden1_units],
4         stddev=1.0 / math.sqrt(float(IMAGE_PIXELS))),
5                                   name='weights')
6     biases = tf.Variable(tf.zeros([hidden1_units]),
7                                   name='biases')
```

上記のような定義から，ニューラルネットワークの1層を以下のように定義する。

```
hidden = tf.nn.relu(tf.matmul(hidden1,weights)+biases)
```

TensorFlow にはブラウザ上で視覚化可能なインタフェース tensorboard が付属している。ネットワーク構成や訓練時の損失関数の変化が表示可能である。

〔**1**〕 **translate.py**　Theano，Chainer，および TensorFlow は，開発陣に自然言語処理の研究者がいるので，畳み込みニューラルネットワークだけでなくリカレントニューラルネットワークに関しても充実している。中でもスツスキーバ（I. Sutskever）らによるシーケンス2シーケンス（論文のタイトルは Sequence to Sequence Learning with Neural Networks だがここでは S2S と略記する）がその一つである。S2S 英仏翻訳を扱ったニューラルネットワークによる翻訳モデル（NMT）である。WMT'14 データセットで BLEU スコアが 34.81 であった[†1]。S2S の概説は 5.10.5 項で取り上げる。S2S の特徴は二つある。1点目は，入力文が終わるまで出力は行わず，入力が文末を表す <eos>（エンドオブセンテンスの意）を受け取ると出力が開始される点で，2点目は入力文字列を反転させていることである。例えば，“LSTM is easy to understand.” のような文章を入力すると，“understand to easy is LSTM.” となる。

〔**2**〕 **translate.py 実行時のメモリ不足**　サンプルコード translate.py を実行するにはメモリが不足する場合がある。同様のモデルの Theano 実装も存在する[†2]

---

†1 BLEU については付録参照。
†2 https://github.com/mila-udem/blocks，https://github.com/mila-udem/blocks-examples

メモリ不足の解消方法はオンラインマニュアルに記述がある。引数を指定して，語彙数を少なくすれば実行可能である。しかし，語彙数やニューラルネットワークの層数を少なくするとモデルの意味が薄れる。原著論文の結果も再現できない。

Ubuntu の標準インストールでは，実装しているメモリ容量に対してディスクスワップ領域が少ない傾向にあるようだ。新たに Linux をインストールする場合は，スワップ領域を十分に確保しておくほうがよい。対処としては Unix 系のオペレーティングシステムならば，`mkswap` コマンドなどでハードディスク上にスワップメモリを作成する方法がある。ディスクスワップの作成例を以下に示した。

```
$ sudo fallocate 32G /swapfile
$ sudo chmod 600 /swapfile
$ sudo mkswap /swapfile
$ sudo swapon /swapfile
$ sudo swapon -s
$ df -h
```

`translate.py` を動作させるためには 20 GB 以上のメモリが必要である。ただし動作は極端に遅くなる†。

2.7 scikit–learn

本書で取り上げた他のフレームワークとは異なるが，機械学習の Python 実装として scikit–learn がある。scikit–learn にも多層パーセプトロンが用意されるようだ。ただし，多層パーセプトロンの導入は scikit–learn バージョン 0.18 である。2016 年 2 月現在安定版である 0.17 には含まれていない。確率的勾配降下法，Adam の確率的最適化法が選択可能である。多層化可能であり，活性化関数としてロジスティック関数，tanh，整流線形ユニットを選ぶことができ

† チェックポイントファイルがあれば中断，再開が可能である。しかしディスクスワップを使った場合の結果を得るための時間単位は週ではなく月であろう。

る。中間層のユニット数も hidden_layer_sizes としてタプルで指摘できる。初期化はグロート（X. Glorot）の方法を使うので，Caffe における xavier を指定した場合と同様になる。ドロップアウトには対応していない。

scikit–learn で分類課題を各種手法で比較する例では以下の選択が可能である。

```
names = ["Nearest Neighbors", "Linear SVM", "RBF SVM",
         "Gaussian Process", "Decision Tree",
         "Random Forest", "Neural Net", "AdaBoost",
         "Naive Bayes", "QDA"]
```

この中で Neural Net とは単純パーセプトロンの意味である。

scikit–learn を用いれば，ニューラルネットワークにかぎらず機械学習の既存のアルゴリズムとの比較が容易になる。自作のアルゴリズムを scikit–learn から利用可能なアルゴリズムと比較するためには，fit(X, y) と predict(X) を自作する必要がある。前者の引数は入出力データの組である。後者の引数は予測のためなので出力データを必要としない。

scikit–learn のアルゴリズム基準は提案されてから 3 年以上経過し，引用数が 200 以上存在するもの，となっている。この基準であれば，word2vec[31),32),34)] は 2016 年以降に取り込まれることになるだろう。

章　末　問　題

【１】 手書き数字認識データセット MNIST を解くサンプルコードが Caffe, Theano, Chainer，TensorFlow で提供されている。それぞれのサンプルコードの違いを調べよ。

【２】 【１】で調べた違いを基にすべてのフレームワークで条件をそろえて実行してみよ。

【３】 リカレントニューラルネットワーク用の PTB データセットは Theano, Chainer, TensorFlow で共通である。三者のコードから訓練データ，検証データ，テストデータの作成方法の違いを調べよ。

【４】 PTB データセットを用いて，条件を統一して各フレームワークの実行速度を測定せよ。

3 ニューラルネットワークの基盤となる考え方

本章では前提となる基礎事項である，深層学習と浅い学習との違いを説明する。最初にニューラルネットワークを構成するための基礎概念であるニューロンのモデルを解説し，次いで従来の浅い学習を略説して深層学習との違いを確認する。

3.1 ニューロンモデル

ニューロンはスパイク電位と呼ばれる電気信号を授受して情報を交換している。ニューロンの発火の有無，頻度，タイミングによって情報を符号化し，情報処理がなされる。還元論に立つならば，人間の心的活動はすべてニューロンのスパイク電位が引き起こす。外的刺激と内的状態の変化とによってニューロンの活動が生じ，その活動がニューロン間の結合，シナプス荷重が変容する。本書ではシナプス荷重の変化を学習と同一視する。

ニューラルネットワークモデルは，脳の情報処理の最小単位である神経細胞ニューロンを模した基本単位で構成されている。個々のニューロンを扱う場合を生物学的ニューロンモデル（3.1.1 項 参照）と呼び，ニューロン集団を扱うモデルを抽象化した場合は，人工ニューロンモデル（artificial neuron models）と呼ぶ。

ニューラルネットワークの結合状態をニューラルネットワークのトポロジー（topology），あるいはアーキテクチャ（architecture）という。トポロジーは数学における位相幾何学の意味はない。ニューラルネットワークのトポロジーは階層型と非階層型とに大別される。第1次視覚野（V1），第2次視覚野（V2）から，色情報処理に関連が深い第4次視覚野（V4）や，動きや両眼視差と関連するとされる第5次視覚野（V5あるいはMT野）へと情報が伝播する。おおまかにいって二つの大きな視覚情報処理の流れ，下側頭葉へと向かう腹側経路（dorsal stream）と頭頂葉へ向かう背側経路（ventral stream）とが存在する。しばしばwhat経路とwhere経路と呼ばれる視覚情報処理の流れは階層的（layered）ニューラルネットワークモデルの根拠となっている。階層的ニューラルネットワークモデルにおいては，入力情報は入力層と呼ばれる一群の処理単位に与えられ，情報処理過程は最終的な出力表現を計算する出力層へと向かって順次行われる。一方，層間の上下関係を仮定せず，情報処理単位間の相互の情報交換を考える場合を非階層型（non–layered）モデルと呼ぶ。

階層型モデルのうち信号が入力層から出力層へと一方向に流れるモデルをフィードフォワード型（feed forward），帰還信号（feed back）を含むものを再帰型（recurrent）ネットワークと呼ぶ。帰還信号の中には自分自身へのフィードバック（self feedback）も含む。ニューラルネットワークモデルに対して明示的な答えが提示されるモデルを教師あり学習（supervised learning）と呼び，そのような答えが与えられない場合を教師なし学習（unsupervised learning）と呼ぶ。

3.1.1 生物学的ニューロンモデル

生物学的ニューロンモデル（biological neuron modeling），あるいはスパイキングニューロンモデル（spiking neuron modeling）とは，神経細胞の動作特性の数学的記述である。これらは，ニューロンの生物学的過程を記述する目的で構築されたモデル一般を指す。

最初に，積分発火（integrate–and–fire）モデルを概説する。積分発火モデルは，シナプス結合荷重ベクトルと出力を決定するための伝達関数とで構成される。これを形式ニューロンモデルという（図**3.1**）。本書は図3.1を例外として，情報は右から左へと流れるように描いた。式(3.1)と対応させるためである。本

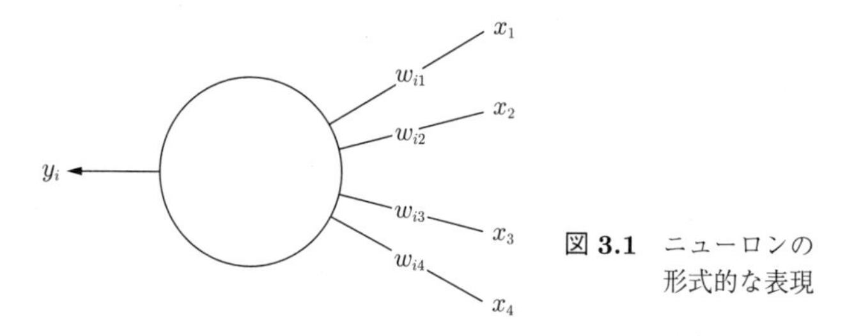

図 3.1　ニューロンの形式的な表現

書中の他の図では順方向の情報処理は左から右へ，または下から上へと進行する。なおフィードバック信号は逆方法となり，人工ニューロンを用いたニューラルネットワークで多用される形式である（式 (3.1)）。

$$y_i = \phi\left(\sum_j w_{ij}x_j\right), \tag{3.1}$$

ここで y_i は i 番目のニューロンの出力，x_j は j 番目のニューロンの出力，w_{ij} はニューロン i と j との間のシナプス結合荷重である。ϕ は活性化関数と呼ばれる。

生物学的ニューロンをモデル化する場合には，ニューロンへの入力は，神経伝達物質が細胞内のイオンチャネルの活性化を引き起こすときに生じる細胞膜を通るイオン電流によって記述される。物理的な時間依存の電流 $I(t)$ によってこれを記述する。神経細胞自体は，静電容量 C_m を決定する帯電した膜電位をもつ。ニューロンは，電圧の変化すなわち細胞の内外との間の電気的ポテンシャルエネルギー差を有するような信号に応答するとき，活動電位と呼ばれる電圧スパイクが発生することが観察される。その際電位は V_m で記述される。

〔**1**〕 **ラピッチモデル**　最古（1907 年）のモデルであるラピッチ（L. Lapicque）モデル[35]によれば，時刻 t におけるニューロンの活動は次式，

$$I(t) = C_m \frac{dV_m}{dt}, \tag{3.2}$$

で表される。式 (3.2) は静電容量の法則 $Q = CV$ の時間微分である。入力電流が印加されると，時間と共に膜電位が上昇する。電位が一定のしきい値 V_{th} に達すると，デルタ関数によるスパイクが発生する。モデルの発火頻度は，入力電流が増

加するにつれて直線的に増加する。ここで電圧と電流の関係式 $I(t) = C\dfrac{dV(t)}{dt}$ を用いて電位の時間変動をモデル化することができる。このモデルは一度発火すると，直後には発火できなくなる不応期 V_{ref} をもつ。フーリエ変換を含むいくつかの計算を経て，モデルは

$$f(I) = \frac{I}{C_m V_{\mathrm{th}} + t_{\mathrm{ref}} I}. \tag{3.3}$$

のようになる。このモデルの欠点は，それが時間依存性のメモリを実装していないことである。いくつかの時点で，しきい値以下の信号を受信した場合，それが再び起動されるまでモデルは永遠にその電圧を保持している。この特性は，観察された神経細胞の挙動とは異なるものである。

図 3.2(a) は等価な電子回路である。膜電子容量 C，抵抗 R，膜電位 V，Rest は静止膜電位を表す。図 (b) はモデルの電位軌道を表す。図 (c) はモデルの時間変動であり下が入力（電流），上が出力（電位）である。

コーヒーブレイク

デルタ関数はイギリスの理論物理学者ディラック（P. A. M. Dirac）にちなんで名づけられた超関数である。定義域は $(-\infty, +\infty)$ であるが 0 以外のいたるところで 0 である（$\delta(x) = 0, (x \neq 0)$）。ただ一点 $x = 0$ のときだけ $\delta(0) = \infty$ となり，その面積は 1 である。すなわち全域にわたって積分すると 1 となる $\displaystyle\int_{x=-\infty}^{+\infty} \delta(x)dx = 1$。デルタ関数の一つの描像として正規分布の極限を考えることができる。正規分布は釣鐘型ベルカーブをしているが，分散をかぎりなく 0 に近づけていくとこのときの平均の密度関数の値は際限なく大きくなる。$\lim \mu \to 0$ の極限では $\displaystyle\lim_{\sigma \to 0} N(0, \sigma^2) = \infty$ であり，かつ確率密度関数であるから，全域にわたって積分すれば 1 を得る $\displaystyle\int_{x=-\infty}^{+\infty} N(x|0, \sigma^2)dx = 1$。ディラックのデルタ関数は通常の意味での積分は定義できない。工学的には畳み込み（convolution）を演算子的にとらえて，関数 f の $x = t$ における値を取り出す作用を記述するために使われる $\displaystyle\int f(\tau)\delta(t-\tau)d\tau$。畳み込み演算を $\star$ で表せば $y(t) = h(t) \star \delta(t)$ は $h(t)$ の値そのものになる。

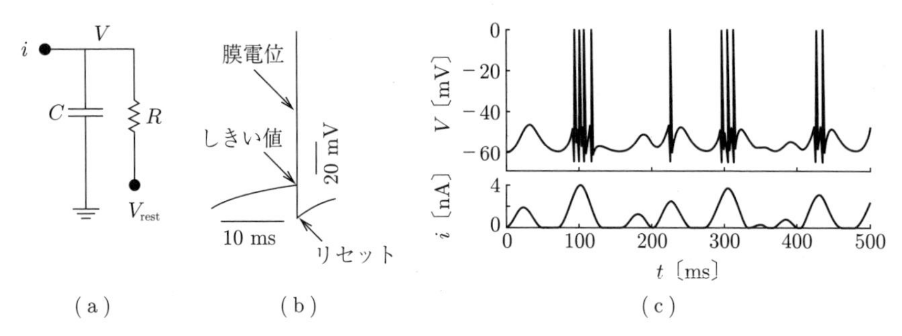

図 3.2　ラピッチのインテグレート・アンド・ファイアモデル（アボットの文献 35) の図 1 を改変）

〔**2**〕 **ホジキン・ハックスリーモデル**　　ニューロンモデルの中で広く使われるモデルにホジキン（A. L. Hodgkin）とハックスリー（A. F. Huxley）によって 1952 年に提案されたモデルがある[36)]。このモデルはイカの巨大軸索データに基づき，マルコフ過程として記述されている。

$$C_m \frac{dV(t)}{dt} = -\sum_i I_i(t, V). \tag{3.4}$$

各電流は以下のオームの法則に従う $I(t,V) = g(t,V) \cdot (V - V_{\text{eq}})$。ここで $g(t,V)$ はイオンが利用可能な膜チャネルを通って流れることができる方法を決定し，それぞれの平均定数 $\bar{G}$，および活性 m および不活性 h を時間で展開した $g(t,V) = \bar{g} \cdot m(t,V)^p \cdot h(t,V)^q$ の形をとる。よって一次導関数

$$\frac{d\, m(t,v)}{dt} = \frac{m_\infty - m(t,v)}{\tau_m(V)} = \alpha_m(V) \cdot (1-m) - \beta_m(V) \cdot m, \tag{3.5}$$

を得る。ここで，τ, m_∞, α および β はゲートを決める定数である。ホジキン・ハックスリーモデルに従う膜電位の時間変化を図 **3.3** に示した。

〔**3**〕 **イジケビッチモデル**　　イジケビッチ（E. Izhikevich）の提案したモデルは，前述のホジキン・ハックスリーモデルとインテグレート・アンド・ファイアモデルを結び付けたモデルである[37)]。式 (3.6) の常微分方程式として表現される。

$$\frac{dv}{dt} = 0.04v^2 + 5v + 140 - u + I \qquad \frac{du}{dt} = a(bv - u) \tag{3.6}$$

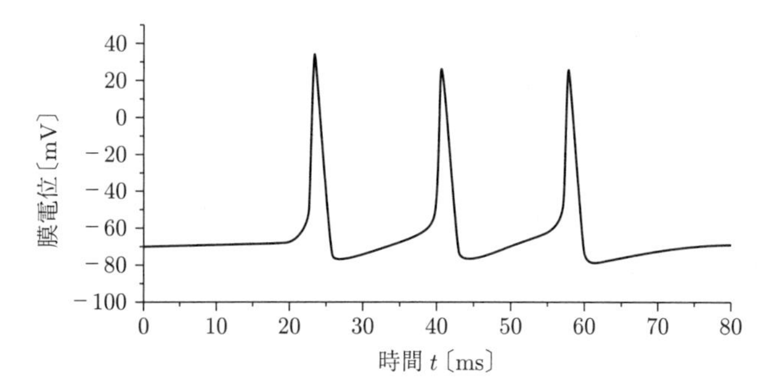

図 3.3　ホジキン・ハックスリーモデルによる膜電位の変化（シミュレータ GENESIS の出力結果）

ただしスパイク発火後は $v \leftarrow c$, $u \leftarrow u + d$ に初期化される。パラメータ a は回復変数 u の時間スケールパラメータであり，小さければ回復が遅延する。b は回復変数の感度を表し，膜電位 v の下しきい値の変動に関与する。c は発火後の膜電位 v の初期値である。d は発火後の回復変数 u の増分である。$a = 0.02$, $b = 0.2$, $c = -65\,\mathrm{mV}$, $d = 2$ が用いられる。

図 3.4 にイジケビッチモデルの概要を示した。イジケビッチモデルは皮質や視床のニューロンの挙動を記述可能である。

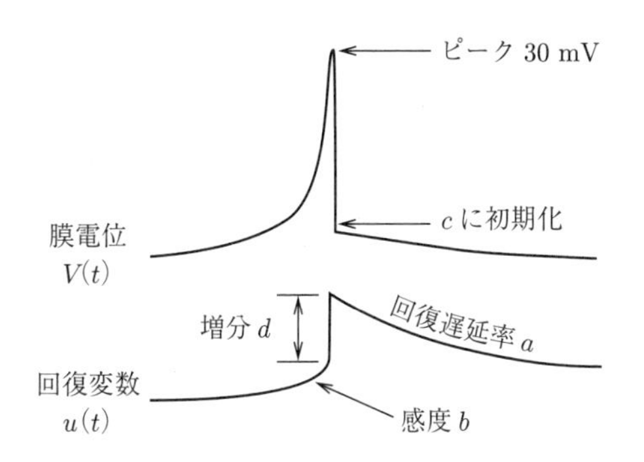

図 3.4　イジケビッチモデルの概念図（イジケビッチの文献 37) の図 2 を改変）

3.1.2　人工ニューロンのモデル

〔1〕 マッカロック・ピッツモデル　　マッカロック（W. S. McCulloch）とピッツ（W. Pitts）のモデル[38]は二つの状態 0 か 1 をとる最も簡単なモデ

ルである。ニューロン y_i に対して x_0 から x_m まで計 $m+1$ 個の入力があるものとする。x_0 は通常，つねに $+1$ を出力すると仮定し w_0 をしきい値と解釈する。出力 i 番目のニューロンの出力 u_i は次式，

$$u_i = \phi\left(\sum_{j=0}^{m} w_{ij}x_j\right) = \phi\left(\sum_{j=1}^{m} w_{ij}x_j - \theta_i\right), \tag{3.7}$$

で与えられる。ここに ϕ はつぎの式 (3.8) のようなステップ関数であり，w_{ij}, θ は実数である（$w_{ij}, \theta \in \mathbb{R}$）。

$$y = \begin{cases} 1 & \text{if} \quad \mu \geqq \theta \\ 0 & \text{if} \quad \mu < \theta \end{cases} \tag{3.8}$$

マッカロックとピッツのモデルは形式ニューロン（formal neuron models）と呼ばれる。文献によっては sgn() と書かれたり sign() と書かれていたりする。

〔**2**〕 **人工ニューロンの活性化関数**　式 (3.7) における ϕ を式 (3.8) のステップ関数ではなく，ニューロン（集団）の発火確率と考えた場合，出力は区間 $(0,1)$ の値をとる実数となる。横軸の入力値には $(-\infty, +\infty)$ の範囲を仮定する。この場合，出力値は入力値のなめらかな単調増加関数（S 字曲線）と考える。マイナスの値の場合には発火確率が抑制されると考え，入力値が 0 であれば発火確率は 0.5 となる（図 **3.5**）。

図 3.5 のような曲線はシグモイド関数と呼ばれ，式 (3.9) のような式が用いられる。

$$y = \frac{1}{1+\exp(-ax)}, \tag{3.9}$$

ここに y は出力値，x は入力値であり，式 (3.7) では $\sum w_{ij}x_i$ などと表記したものである。a（>0）はシグモイド関数の傾きを決める定数であり，a の値が大きくなればシグモイド関数の傾きが急になる。シグモイド関数とは本来 S 字型のカーブという意味である。したがって，式 (3.9) 以外にも，正規分布の累積密度関数もシグモイド関数の一つである。式 (3.9) を指す場合には，ロジスティック関数といういい方が用いられることが多い。図 3.5 では $a=1$ として

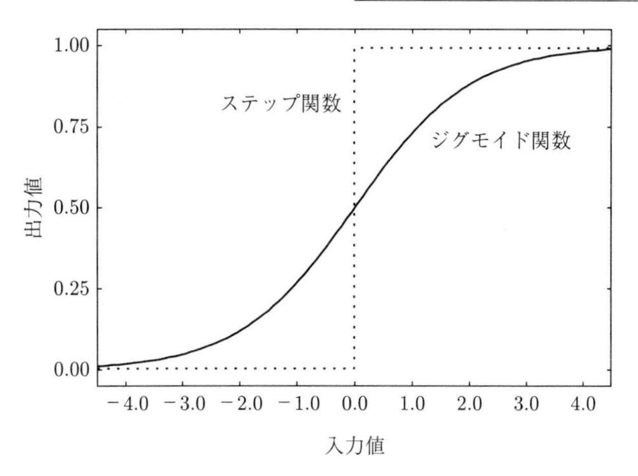

図 3.5　ステップ関数とシグモイド関数

シグモイド曲線が描かれている。$a \to \infty$ の極限では，シグモイド関数はステップ関数に一致する。図 3.5 のシグモイド関数および式 (3.9) で表現された値は，ニューロンの発火確率ととらえることもできるし，ニューロン集団の発火確率とも解釈可能である。ニューロンの膜電位の変化を記述したホジキン・ハックスリー方程式[36)] は個々のニューロンのモデルであるといえるが，シグモイド曲線で表現される数はもはや個々のニューロンの振る舞いを模したものというとらえ方に縛られない。

図 3.6 にはハイパータンジェント（tanh）関数，ロジスティック関数，整流線形ユニット，ソフトプラスが描かれている。ロジスティック関数とハイパータンジェント関数には以下の関係がある。

$$\phi(x) = \tanh(x) = \frac{\exp(x) - \exp(-x)}{\exp(x) + \exp(-x)} = 2\sigma(2x) - 1. \tag{3.10}$$

整流線形ユニットの近似関数としてソフトマックス（$y = \log(1 + \exp(x))$）も用いられる。ソフトプラスを微分するとシグモイド関数である。

$$\frac{d}{dx}\log(1 + \exp(x)) = \frac{1}{1 + \exp(-x)} \tag{3.11}$$

図 3.5 と図 3.6 とでは縦軸，横軸ともスケールが異なることに注意する必要がある。図 3.6 中の ReLU とは整流線形ユニット（<u>re</u>ctified <u>l</u>inear <u>u</u>nit）のこと

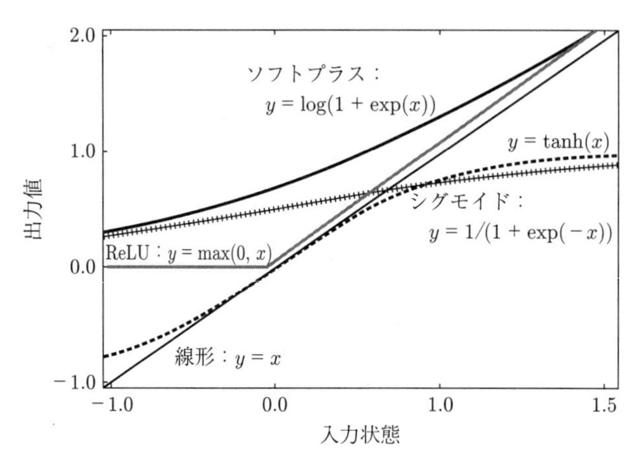

図 3.6　ハイパータンジェント，整流線形ユニット，
シグモイド，ソフトマックス

である。整流線形ユニットは入力が負であれば 0 を，そうでなければ入力の値をそのまま返す関数である $ReLU = \max(0, x)$。整流線形ユニットを導入する意味は完全には理解されていない。ネットワークの解釈に擬人化の喩（たと）えを使う意味は少ないが，実際に負の入力信号が存在しないとは，「否定証拠が存在しない」と考えることもできる。この二重否定的表現を避けるために，一律に負の信号を 0 にしてしまうのが整流線形ユニットである。これにより，結合係数の意味を人間が解釈する際にその解釈が容易になる。

3.2　パーセプトロン

上述のようなニューロン（あるいはニューロン集団である）ユニットを複数個組み合わせてニューラルネットワークが構成される。最も単純なモデルの一つはパーセプトロン（perceptron）である[39)]。パーセプトロンは，外界からの刺激を受け取る入力層のユニットと出力信号を発生する出力層ユニット，および外部入出力とは直接結び付いていない中間層ユニットとからなる 3 層の階層型フィードバック，教師あり学習モデルである。1950 年代の第一次ニューロブームではパーセプトロンの学習則が考案された。古典的な人工知能では，研究者が事前に膨大な量の知識と推論規則とを明示的にプログラムとして書き下す必要があった。パーセプトロンでは，このような事前知識を必要としない。すなわちすべてのユニット間を結ぶ結合係数（weight あるいは connection weight），または結合荷重は，乱数を用いて初期化され，学習（経験）を通して自動的に知識を獲得する。得られた知識はユニット間をつなぐ結合係数，あるいは結合荷重と呼ばれる数値によって表現される。そして学習すべき入力刺激を入力層にセットし，式 (3.7) に従って出力層の値を計算する。出力値と教師信号との誤差の二乗和を考え，この誤差を小さくするように学習が進行する。誤差が二乗和で定義されているということは，二次関数であるから，出力値 y と教師信号 t とが共に実数であるならば，その二乗和は必ず 0 以上である $(\sum(t-y)^2 \geqq 0)$。これを誤差関数 E と呼ぶ。誤差関数 E は，入出力のペアが決まっているのでユニット i と j との間の結合係数 w_{ij} の関数と見なせる。E を減らすことを考えるとき，2 次関数であるから放物線であり，必ず 1 点放物線の最小値（底）が存在する。最小値を与える w_{ij} を探すためには，この関数を微分した場合に 0 になることを利用する。2 次関数を微分すれば放物線の接線の傾きを得ることになる。出力値 y は入力値 x_j（$j=1,\ldots,m$）の荷重和（結合係数 w_j を掛けて足し合わせる）を関数 ϕ で変換した値であるから，$y=\phi\left(\sum_{j=0}^{m} w_j x_j\right)$ と表せる。最も単純な場合を考えれば $\phi(x)=x$，すなわち ϕ はなにも変えない関数であるとする（線形パーセプトロン，linear perceptron と呼ぶ）。すると $E=\left(t-\sum_{j=0}^{m} w_j x_j\right)^2$，である。この式を w_j で微分することを考える。関数 f が x だけの関数であれば，x で微分することを $\dot{f}$，f'，あるいは df/dx と表記する。

$$\frac{\partial E}{\partial w_j} = \frac{\partial}{\partial w_j}\sum\left(t-\sum_{j=0}^{m} w_j x_j\right)^2, \tag{3.12}$$

上式は，

$$\frac{\partial E}{\partial w_j} = -\frac{1}{2}(t-y)w_j = -\frac{1}{2}\delta w_j, \tag{3.13}$$

となる。ここで $(t-y)$ を δ と書き換えた。結合係数 w_j を逐次更新していく式を Δw_j と書くことにすると，

$$\Delta w_j = -\eta(t-y)w_j = -\eta\delta w_j, \tag{3.14}$$

と表現できる。ここに 1/2 は定数であるので η に含めると考えることとした。式の表記を簡単にする工夫である。この式をパーセプトロンの学習則と呼ぶ。式中の η は学習係数（learning coefficient）で定数である場合が多い。η が，小さければ徐々に学習が進行し，大きければ学習は早くなる。しかし大きすぎると，$E=0$ の点を飛び越してしまう。すべての刺激セットについて誤差が収束基準に収まれば学習終了となる。

パーセプトロンの概念図を図 **3.7** に示した。図左には，+1 と書かれたユニットが存在する。これは，つねに +1 を出力するユニットを設けて，このユニットからの結合係数をしきい値と考えると話が簡単になるからである。すでに式 (3.12) での m 個のユニットからの和を $j=1\sim m$ の m 個ではなく $j=0\sim m$ の $m+1$ 個の総和にしてあるのは，ユニット x_0 をしきい値と見なす習慣による。

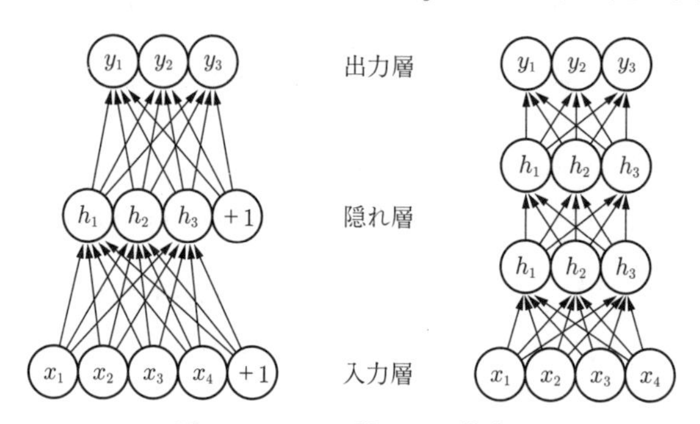

図 3.7　パーセプトロンの模式図

図 3.7 左は 3 層，右は中間層が 2 層である 4 層のモデルである。

単純化した場合には上述のとおり解を求めることができる。極端な現実の単純化は矮小（わいしょう）化であって避けるべきであるが，関心のある事象を整理し単純化した表

現をモデルと呼ぶ。簡単な話を苦労して複雑化することのほうが問題なのであって，複雑な問題を簡単な事実で説明できるのであれば，削ぎ落としてしまえという精神をオッカムのカミソリ（Occam's razor）という。パーセプトロンで説明ができる現象をより複雑なモデルで説明する必要はない。モデルが複雑であれば説明可能性は向上するが，複雑になりすぎるというコストが発生する。モデルの複雑さと説明可能性とのバランスの塩梅を決める手段は，統計的意思決定にとって問題である。なお，モデル選択基準がいくつか提案されている。例えば，赤池情報量基準（Akaike information criterion, AIC），ベイズ情報量規準（Bayesian information criterion, BIC），最小記述長（minimal descritpion length, MDL）[40~43]。また，ニューラルネットワークのために開発されたモデル選択基準（network information criterion）も提案された[44]。

ローゼンブラット（F. Rosenblatt）の時代には入力層から中間層へと至る結合についてはランダムなままであった。パーセプトロンは本質的に2層のネットワークである。多層にわたる学習ができないことがパーセプトロンの限界である。

3.3　バックプロパゲーション

バックプロパゲーション（誤差逆伝播）法はこの限界を突破するために考案された。パーセプトロンの学習則式 (3.14) は，線形パーセプトロンを仮定して微分を簡単にしたことによって導出された。しかし，学習が中間層以下に及ばない。フィードフォワードの逆をたどり中間層と入力層との間の結合係数にまで及ぶようにした方法を，一般化デルタ則（generalized delta rule）と呼ぶ。非線形関数であるシグモイド関数（式 (3.9)）を $a = 1$ として x について微分して整理すれば†，

† 式 (3.9) に出てくる自然対数の底 e について，$f(x) = e^x$ を x で微分すると $f'(x) = e^x = f(x)$ と微分しても形が変わらない。$f(x) = e^{-x}$ を x で微分すれば $f'(x) = -e^{-x}$ となる。

$$\frac{dy}{dx} = y \cdot (1 - y). \tag{3.15}$$

y は出力値であり発火確率 $0 \leqq y \leqq 1$ であるから，$y \cdot (1 - y)$ は発火確率に発火しない確率を掛けた値である。この簡単な結果を利用するためにシグモイド関数 (3.9) を採用したというのが実情である。この関係をデルタ学習則式 (3.14) に適用すれば，バックプロパゲーション則 (3.16) となる。

$$\Delta w_j = \eta(t - y)\delta(1 - \delta)w_j \tag{3.16}$$

中間層における誤差を見積もる方法については，中間層における誤差が，出力層における誤差に結合係数分だけ貢献したと考える。したがって，出力層ユニットにおける誤差に中間層ユニットとの間の結合係数を掛けてすべて足し合わせた値を誤差と見なす。パーセプトロンの学習則 (3.14) とバックプロパゲーション法の学習則 (3.16) とを比べれば，違いは $(1 - \delta)$ だけである。

認識の際，情報は図 3.7 を下から上へと流れる。x を入力ベクトル，z をユニットの内部状態，y を出力とすれば，

$$z_j = \sum_{i \in I} w_{ji} x_i \tag{3.17}$$

$$y_j = f(z_j). \tag{3.18}$$

によって中間層の状態が定まる。上位層の出力は下位層の全ユニットの出力に基づいて計算される。

$$z_j^{(h+1)} = \sum_{i \in I} w_{ji}^{(h,h+1)} x_i^{(h)} \tag{3.19}$$

$$y_j^{(h+1)} = f(z_j^{(h)}). \tag{3.20}$$

同様に最終層の出力に至る。

$$z_j^{(o)} = \sum_{i \in I} w_{ji}^{(o,o-1)} x_i^{(o-1)} \tag{3.21}$$

$$y_j^{(o)} = f(z_j^{(o)}). \tag{3.22}$$

学習の際には，信号は上から下へと逆流する。すなわち教師信号 t と出力 y との差 $y-t$ を微分することにより，

$$\frac{\partial E}{\partial y} = y - t \tag{3.23}$$

$$\frac{\partial E}{\partial z} = \frac{\partial E}{\partial y}\frac{\partial y}{\partial z} \tag{3.24}$$

出力層直下の中間層の誤差は出力層の誤差と結合係数とから

$$\frac{\partial E}{\partial y_j} = \sum_{k \in O} w_{kj}\frac{\partial E}{\partial z_k}, \tag{3.25}$$

と計算される。合成関数の微分公式から

$$\frac{\partial E}{\partial z} = \frac{\partial E}{\partial y}\frac{\partial y}{\partial z} \tag{3.26}$$

誤差を集めて微分することを下位層まで伝播させるため，バックプロパゲーション法と呼ばれる。

3.3.1 バックプロパゲーションの問題点

バックプロパゲーションは3層以上の多層化が難しい。理由は三つ存在する。

(1) 信用割当問題（credit assignment problem）

(2) 破滅的干渉（catastrophic interference）

(3) 勾配消失問題（gradient vanishing problem），勾配爆発問題（gradient exploding problem）

最初の二つは以下に略説した。最後の勾配消失問題，勾配爆発問題はリカレントニューラルネットワークと関連する話題でもあるので，4.2 節で取り上げた。

〔1〕 信用割当問題　信用割当問題（credit assignment problem）では，出力層の任意のユニットについての誤差が全結合している下位層の全ユニットに伝播し，全ユニットへ伝播した誤差はさらに下位層への全ユニットへと伝播するという考え方をする。これは，任意の出力ユニットの誤差に対する責任を下位層の全ユニットが分担することを意味し，この全体責任は誰も責任をとらない無責任と大差なく，下位層の任意のユニットの意味を考察する際に不都合

が生じる。これに比べて，信用割当て，あるいは責任の分担が明確なニューラルネットワークでは役割の解釈が容易である。バックプロパゲーションにおいては付加的な条件を付与しないかぎり信用割当問題を回避できない。疎性コーディング（sparse coding）は，信用割当問題への対処でもある。また，関与するニューロンが少ないことは，入力信号を送るニューロン数が疎であることを意味する。この場合，責任分担が明確になりやすい。

〔2〕 破滅的干渉　破滅的干渉（catastrophic interference），あるいは破滅的忘却（catastrophic forgetting）と呼ばれる現象は，経時的な学習に際して問題となる効果である。例えば，刺激セット A と刺激セット B との対連合学習を記憶する事態を考える。被験者は A–B 連合の刺激セットを学習した後，別の A–C 連合を学習した場合に，最初に学習した A–B 連合の刺激セットがどのくらい記銘されているのかを問う。新たに学習した A–C 連合によって A–B 連合が干渉を受けることは想像に難くない。しかし，人間は A–B 連合を完全に忘れ去ることが簡単にできるだろうか。例えば，移民や長期海外赴任などで外国に暮らした場合，どの程度母語を忘れるのだろうか。状況によっては完全に忘却する場合がありうるだろう。母語を完全に忘却するまでに要する時間と費やす労力は必要であろうことは想像に難くない。しかし，ニューラルネットワークの場合ほぼ完全に忘れるのである。これを破滅的干渉あるいは破滅的忘却と呼ぶ。

したがって，人間の記憶モデルとしてバックプロパゲーション法による学習を考えるのは無理がある。例えば最初に習得した母語である第一言語の消去は難かしい。逆に，バックプロパゲーション法の示す破滅的干渉効果は，記憶の障害，逆行性健忘（retrograde amnesia）との関連を指摘されてきた。すなわちニューラルネットワークの学習能力は強力であり，そのためにいったん学習した事項を速やかに，かつ完全に忘却する。

破滅的干渉効果はマクロスキー（M. McCloskey）とコーエン（N. Cohen）[45] が記述したとされる。さらに，ラトクリフ（R. Ratcliff）[46] の研究によって注目された。

マクロスキーとコーエンは17通りの1桁(けた)の足し算をニューラルネットワークに学習させた。つづいて，学習ずみのネットワークに別の17通りの1桁の足し算を学習させた。二つめの課題を学習し終えたネットワークに最初の課題を与えてみると，正しい答えを出力できなかった（**表 3.1**）。

表 3.1 マクロスキーとコーエンが用いた課題

課題 1		課題 2	
1 + 1 ,	1 + 2 ,	2 + 1,	1 + 2
2 + 1 ,	1 + 3 ,	2 + 2,	2 + 2
3 + 1 ,	1 + 4 ,	2 + 3,	3 + 2
4 + 1 ,	1 + 5 ,	2 + 4,	4 + 2
5 + 1 ,	1 + 6 ,	2 + 5,	5 + 2
6 + 1 ,	1 + 7 ,	2 + 6,	6 + 2
7 + 1 ,	1 + 8 ,	2 + 7,	7 + 2
8 + 1 ,	1 + 9 ,	2 + 8,	8 + 2
9 + 1 ,		2 + 9,	

つづいて，彼らは対連合学習課題をネットワークに課した。具体的にはA–Bの対リストの連合学習とA–Cの対リストの連合学習である。Aを入力としBを出力とするように訓練したネットワークに，新たにAのリストを与えるとCを出力するように訓練した。すると，リストAにある項目からリストBの項目を想起することはほとんどできなくなる。この結果は，A–Cの対連合学習がA–Bの対連合学習の結果を上書きしてしまうことを意味している。マクロウスキーとコーエンによれば，この結果は，学習係数や中間層のユニット数などを変化させても同様の結果であった。

ラトクリフは，大規模なネットワークにおいては，ABを学習させ，つづいてCDさせるほうが，AつづいてB，つぎにC，それからDと逐次学習させるよりも，ある程度，耐性があることを報告した。しかし，破滅的干渉効果は依然として大きかった。これは，新たに中間層を加えつつ学習を重ねても，同様であった。

上記の知見は，人間の学習とは相容れない矛盾した結果である。ラトクリフは，旧学習項目と新学習項目それぞれに選択的に応答するようなユニットを追加することで，この問題を解決しようと試みた。しかし，破滅的干渉効果は消えなかった。バックプロパゲーション法による学習においては，知識はすべての中間層ユニットに分散して蓄えられる。したがって，新しい事項を学習しようとすれば，過去の記憶はすべて上書きされてしまう。過去の知識を保存する機構は用意されていないからである。これは分散表象の長所でもあり，短所でもある。大規模なネットワークであれば，多少の中間層ユニットが欠落しても，結果に大きな影響を与えることはない。しかし，知識は全ユニットに分散して表象されているがために，すべてのユニットが新しい事項の学習に関与し，古い知識を破滅的に忘却することになるのである。逐次学習を行う場合には，この干渉効果は避けて通れない。

いくつかの回避策が提案されてきた。例えば，入力情報を直交化し，干渉を起こしにくくするなどによる工夫の試みである。しかし，根本的な解決ではない。加算という操作，交換法則が成り立つという代数法則を獲得可能なニューラルネットワークでなければ，すべての数について正解を得ることができないからである。例えば，ニューラルチューリングマシン（5.10.8 項）がこのよい例であり，これらアルゴリズムを獲得しているように見える。

フレンチ（R. French）[47]は，活性化しているユニットを先鋭化（sharpen）させる方法を提案している。特定のユニットだけに知識を担わせることによって，すべての知識が分散して表象されることを防ごうという考え方である。中間層ユニットの活性値につぎのようなパラメータ α を導入し，

$$h_{\mathrm{new}} = h_{\mathrm{old}} + \alpha(1 - h_{\mathrm{old}}) \quad \text{活性値の高いユニット} \tag{3.27}$$

$$h_{\mathrm{new}} = h_{\mathrm{old}} - \alpha h_{\mathrm{old}} \quad \text{それ以外のユニット} \tag{3.28}$$

とする。このようにして中間層ユニットの活性値を調整した後で，学習を行わせる。このことにより，活性値の高かったユニットだけに情報が表現される準分散（semi–distributed）ネットワークを構築することができる。先鋭化の手法は疎性コーディングの一実現とも考えられる。脳内で行われている普遍的な

処理原理の一つととらえることも可能である†1。

深層学習においては，先行学習によって内部知識の表象が形成され，最上位層の学習の結果は，下位層に拡散しない。したがって，破滅的干渉は原理的に生じない。

人間の学習を考えれば二つの学習システムが備わっている。すなわち，海馬と辺縁系からなる短期記憶の記憶システムと，新皮質による長期記憶の記憶システムである。この生物学的であり，かつ相補的な2重の記憶システムを考慮に入れた手法がある[48)]。海馬は，CA1，CA2，CA3，歯状回という部位からなることが1世紀以上前から知られている。パペッツ（Papez）の回路と呼ばれるループ構造は，海馬 → 脳弓（fornix）→ 乳頭体（mamillary body）→ 乳頭体視床路（mamillothalamic tract）→ 視床前核（anterior thalamic nucleus）→ 帯状回（cingulate gyrus）→ 海馬という経路を経る。この回路が，主に短期記憶に関与し，ここでの記憶が徐々に新皮質へと転送されて長期記憶として定着すると考えられている。海馬の役割は短期記憶の保持に限定されるものではないが，海馬の一部であるCA3はバースト現象を生じやすく，てんかん発作の発生源となることが知られている。このため，海馬とその周辺領域を除去する外科手術を受けた患者HM†2は，他の認知機能が正常に保たれているにもかかわらず短期記憶を保持することができなくなった。したがって，少なくとも海馬は記憶の固定化（memory consolidation）に関与すると考えられる。

われわれが二つの相補的な記憶システムをもち，かつ脳内ではほとんどのニューロンが活動せず，局所的な活動が観察されるというスパースコーディン

---

†1 この手法によって何個のユニットを先鋭化させればよいのかというのは，別の問題として重要である。解くべき問題の複雑さに応じて k 個の中間層ユニットを先鋭化させることを考えなければならない。$k = 1$ であれば，勝者占有（winner take all）になる。しかし複数のユニットが協調して動作しなければ解けないような複雑な問題においては，$k \gg 2$ が要求される。したがって，先鋭化すべきユニット数 k の自動調整が必要となる。

†2 神経心理学の論文にしばしば登場する HM は 2008 年まで存命であった。ゆえに実名は公表されず患者 HM として知られていた。現在では，アメリカ合衆国カリフォルニア州サンディエゴに住んでいた Henry Molaison 氏であったとされる `http://en.wikipedia.org/wiki/Henry_Molaison`。

グ仮説は，単純なバックプロパゲーション法を人間のモデルと見なすわけにはいかない，という主張につながる。計算論的な観点からだけでなく，生物学的にも了解可能なモデルが求められる。破滅的干渉効果の存在は，このことを如実に示している例であると考えることができよう。このような観点からオライリーたち[49]は，海馬系による早い直交学習と，新皮質による遅い学習とによって破滅的干渉効果を回避できる，というモデルを提案している。

3.3.2 中間層の意味

各ユニットの役割を説明しておく。最も簡単な例を取り上げる。二つの入力ユニット x_1，x_2 に一つの出力ユニット y が統合して答えを出すシステムである（図 **3.8**）。

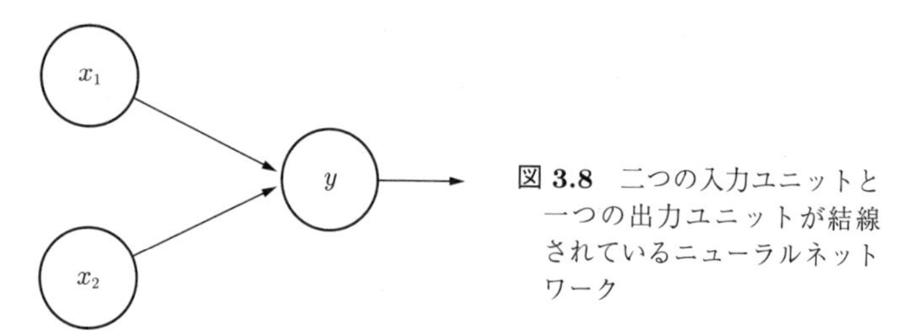

図 **3.8**　二つの入力ユニットと一つの出力ユニットが結線されているニューラルネットワーク

各ユニットは 0 または 1 の値をとる変数だとすれば，x_1 と x_2 の状態は全部で 4 通りある。

図 **3.9** に論理積（AND）の真偽表を示した。命題 x_1 の真偽，命題 x_2 の真偽

$x_1 \backslash x_2$	真 (1)	偽 (0)
真 (1)	真 (1)	偽 (0)
偽 (0)	偽 (0)	偽 (0)

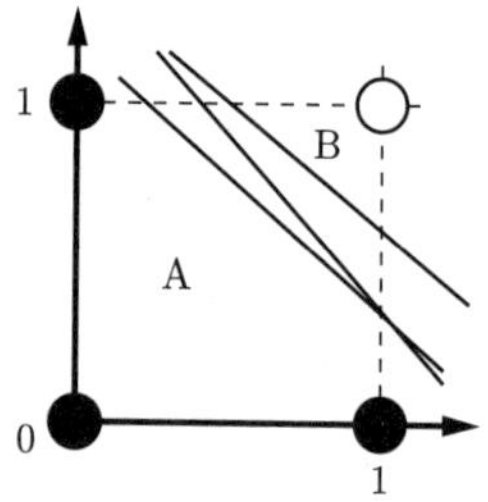

図 **3.9**　論理積（AND）の真偽表と対応するグラフ表現

の組合せで論理積は両命題が真のときのみ真となる。論理演算はブール代数であるので，真を 1，偽を 0 と見なす演算である。論理積とは $f(x_1=1, x_2=1)=1$ を出力する関数である。そこで x_1 を横軸，x_2 を縦軸にとれば，2 次元平面上に問題空間を表現できる（図 3.9）。図 3.9 では，真（$=1$）を白丸，偽（$=0$）を黒丸で表した。

図 3.9 中には 3 本の斜線が示してある。これら斜線によって，問題空間は領域 A と領域 B とに分割される。領域 B に属すれば 1 を出力し，そうでなければ 0 を出力するのが論理積（AND）問題である。黒丸は領域 A に属し，白丸は領域 B に属するから，白丸と黒丸を分けるように線を引けばよい。中学生でも知っているように 2 次元平面上の直線は $y=ax+b$ で表せる。この場合 x，y ではなく x_1 と x_2 であったわけだから，直線は $x_2=ax_1+b$ である。領域 A は不等式 $x_2<ax_1+b$ を満たし，領域 B は $x_2>ax_1+b$ を満たす。このような領域を分割する直線を表す傾き a と切片 b の組合せは無数に存在する。傾き a を結合係数 w_1 で書き換えれば，$w_1x_1+w_2x_2-b=0$ が直線を表す式である。したがって，一つのユニットによって入力空間は二つの領域に分割することができる。空間を分割することが中間層や出力層の上位層ユニットの役割である。このことを線形分離可能性（linear separability）という。

入力ユニット数が三つ以上になっても同様のことがいえる。xyz 軸で構成される 3 次元空間を分割する 2 次元平面の方程式は $a(x-x_0)+b(y-y_0)+c(z-z_0)=0$ である。ニューラルネットワーク風に書き直せば $w_1(x_1-x_{10})+w_2(x_2-x_{20})-w_3(x_3-x_{30})=0$ となる。三つの入力層ユニットによって構成される 3 次元空間を分割する $3-1=2$ 次元の平面の方程式である。(x_{10}, x_{20}, x_{30}) のことを法線ベクトルと呼ぶ。このことを一般化すると，m 個の入力層ユニットで構成される m 次元空間は，一つの出力層によって $m-1$ 次元空間で二つの領域に分割される。3 次元空間以上の多次元空間のイメージをもつのは難しいが，m 個の入力層ユニットがたがいに無関係な値をとるのであるから，m 次元空間と想定できる。想像の翼を広げて m 次元空間を考え，その空間を分割すると考える。3 次元空間は $3-1=2$ 次元空間（平面）によって 2 領域に分割される。2 次元空間は，$2-1=1$ 次元空間の 2 領域に分割される。m 次元空間は，$m-1$ 次元空間を構成する超平面によって 2 領域に分割される。このときの超平面の方程式は

$$w_1(x_1 - x_{10}) + \cdots + w_m(x_m - x_{m0}) = \sum_{i=1}^{m} w_i(x_i - w_{i0}) = 0, \tag{3.29}$$

を満たす。

以上のように，一つの上位層ユニットは問題空間を分割するという意味合いがある。したがって，パーセプトロンの能力は 1 本の直線で分割可能な場合に限られる。ところが線形分離不可能な問題が存在する。簡単な例が排他的論理和（exclusive OR，XOR）である。排他的論理和とは，命題 x_1 と命題 x_2 のどちらかが真であれば真となるが，$x_1 = x_2 = 1$ のように両命題が同時に真のときには偽 0 を出力しなければならない。

排他的論理和の真偽表と対応するグラフ表現を**図 3.10** に示した。

$x_1 \backslash x_2$	真 (1)	偽 (0)
真 (1)	偽 (0)	真 (1)
偽 (0)	真 (1)	偽 (0)

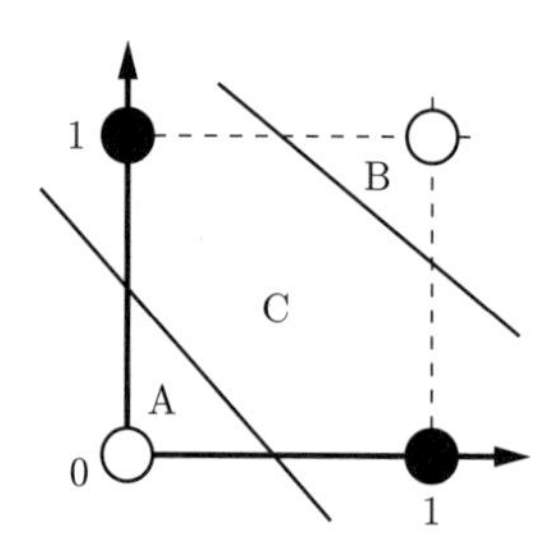

図 3.10　排他的論理和（XOR）の真偽表と対応するグラフ表現

図 3.10 のとおり，二つの白丸と黒丸とを分割する直線を引くことはできない。線形分離不可能な例である。線形パーセプトロンでは線形分離不可能な問題（排他的論理和）を解くことができないというこの事実は，ミンスキーとパパート[50)] によって指摘された。

これに対する簡単な対応策は，3 層のパーセプトロンにすることである。中間層を二つ用意し，一つは領域 A を認識させ（論理和の否定），もう一つの中間

層には領域B（論理積）を認識させる。そしてこの両ユニットの論理和（AND）を計算する一つの出力層ユニットをつくればよい。

中間層の役割を空間の分割と考えると，中間層のユニット数を十分に多くするようにすれば，どんな問題でも線形分離可能な領域に分割でき，分割された領域を出力層で統合するようにすればよいことがわかる。

3.4 多　層　化

パーセプトロンはマッカロックとピッツの形式ニューロンで構成された認識装置であった。第二世代のバックプロパゲーション法では，出力関数が微分可能な連続値をとるシグモイド関数が採用された。第三世代の深層学習では離散値に戻る。離散値にした理由は，生成モデルとして確率的挙動を導入する意味がある。確率的な挙動に対して確率的なドロップアウトは相性がよい。決定論的動作しかできない認識システムでは，局所特徴，局在化した手掛かりに依存し，適切な抽象化ができない場合がある。

さらにつぎのような特徴がある。

(1) 標準的なバックプロパゲーション法による学習と異なり，ラベルづけ情報（ワンホットベクトルあるいは1–of–k 表現）による意思決定は，最上位層における空間の分割に用いられる。下位層の特徴検出は，制限ボルツマンマシンや畳み込みニューラルネットワーク+マックスプーリング（4.1.4 項〔1〕参照）が用いられる。

(2) 層を重ねることで多層の，すなわち深いニューラルネットワークとなる。バックプロパゲーション法では多層化しても誤差が下位層の全ユニットに拡散するため，性能が向上するとはかぎらなかった。制限ボルツマンマシンや畳み込みニューラルネットワーク+マックスプーリングを積み重ねることによる多層化では，少なくとも性能が悪くはならない[51)]。変分法（variational method）を用いることで証明が可能だが，ここでは省略する。

深層学習の多層化ニューラルネットワークとそれまでの浅い（shallow）ニュー

ラルネットワークとの違いは，ニューラルネットワークのもつ抽象度の違いである。浅いニューラルネットワークでは抽象化が不十分で，選択性—不変性ジレンマ（the selectivity—invariance dilemma）[2] が解消できない。例えば「犬」画像を認識する場合にさまざまな姿勢，傾き，向きの視覚像が存在する。必ず正面を向いてくれるわけでもない。手掛かりとして特定の方位の線分や色などの局所特徴を信頼できない。視覚画像の変動によらない表象を獲得するためには，特定の画像の特定の領域に現れる特定の特徴から開放されたほうがよい。このために，浅いニューラルネットワークではなく深層学習による抽象的で一般化された学習が必要となる。抽象化の手法があらかじめわかっていれば，システムの性能向上のために抽象化の方法をつくり込むことが可能である。しかし，抽象化を多段に重ねたときになにが起こるのかを想像することは，困難な場合が多い。ポール[52] は群論による説明を試みている。

本書では畳み込みニューラルネットワークを取り上げた。ヒントン（G. Hinton）によって提案された制限ボルツマンマシンも多層化の方法であり[11),53]，理論的には一般化可能な能力をもっていて興味深いが，現時点で性能を評価するとやはり畳み込みニューラルネットワークに分がある。

3.5 リカレントニューラルネットワーク

リカレントニューラルネットワーク（recurrent neural networks, RNN）とはフィードバック結合を有するネットワークである。ネットワーク内にフィードバック結合が存在すると，事前の状態からの影響を考慮することになり因果関係や時系列情報が表現可能である（図 **3.11**）。

フィードバック結合の時間遅れを変動項と考えることで，種々の実際のニューロンの活動をモデル化可能である。リカレントニューラルネットワークは離散時間を仮定する場合と連続時間を仮定する場合とがある。連続時間モデルは力学系（dynamical systems）として記述される[55]。

ニューラルネットワークによって時系列情報を離散時間として扱う場合，

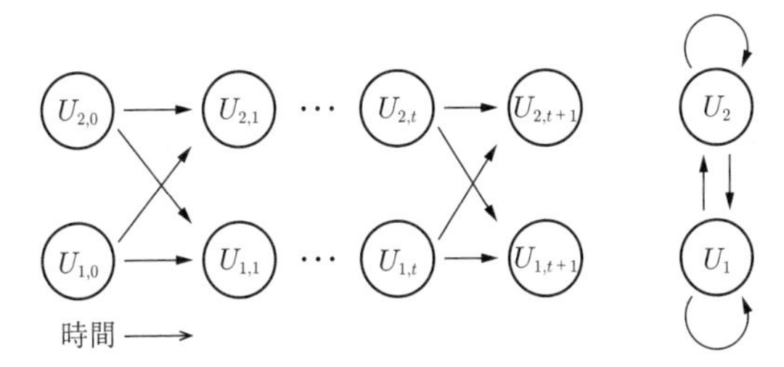

図 3.11　ニューラルネットワークの時間発展（左）と等価なリカレントニューラルネットワーク（右）（文献 54）の Fig.19 を改変）

時間窓（time bin）内の入力情報を入力層ユニットに与えるネットトーク（NETtalk）[56] のように，各時刻に入る単位時間内の入力系列を入力層に与え，再帰結合を仮定しない手法も提案されてきた。

時刻 $t+1$ におけるユニット i の出力 y_i はバイアス項を無視すれば，

$$y_i(t+1) = f_i\left(\sum_{j \in U} w_{ij} x_j(t)\right), \tag{3.30}$$

と表記できる。ここで f_i は任意の出力関数，w_{ij} は i，j 間の結合係数，$x_j(t)$ は y_i への入力信号である。

3.5.1　単純再帰型ニューラルネットワーク

図 3.12 にエルマンネットワークの模式図を示した。

エルマンネットワークは一時刻前の中間層の内容を文脈層（context layer）にコピーしておく。現時刻における入力情報と文脈層情報は中間層への入力となる。一時刻前の状態をコピーするのであるから，エルマンネットワークの中間層ユニット数と文脈層ユニット数は同数である。直前の状態をコピーしておくことから，単純再帰型ニューラルネットワーク（simple recurrent neural networks）と呼ばれる。

ある時刻における出力は入力と一時刻前の状態に依存する。しかし，一時刻前の状態はそのときの入力とさらに一時刻前の状態とに依存するので，単純再

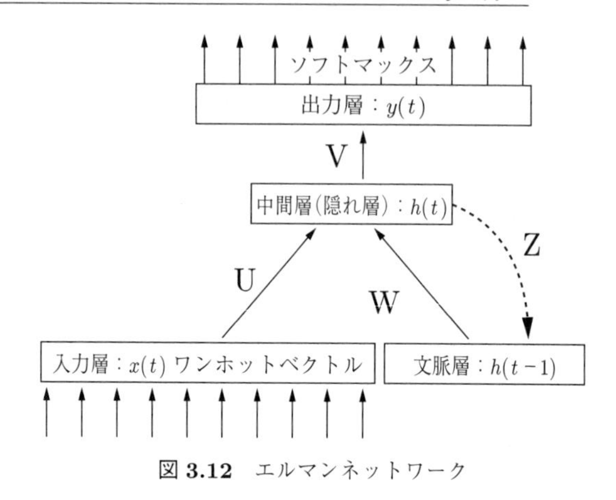

図 3.12　エルマンネットワーク

帰型ニューラルネットワークであっても長期的な過去の依存関係，系列情報，因果関係が表現可能である。

学習については，中間層から見ると入力情報が増えた以外に，通常のフィードフォワード型のニューラルネットワークの学習と違いはない。任意の目標関数を各結合係数で微分したバックプロパゲーションによる学習が行われてきた。

3.5.2　リカレントニューラルネットワークの学習

単純再帰型ニューラルネットワークではなく一般にリカレントニューラルネットワークを考えた場合，学習については系列情報をどこまで考慮するかにより BPTT と RTRL の二つのモデルが提案されてきた。BPTT と RTRL とを統一して表記することも可能である[57)]。

RTRL は実時間（real time）との命名から連続時間を考慮したモデルと誤解が生じやすい。しかし，学習時に“即時”に学習可能であるという意味であり，離散時間を仮定したモデルである。一方，通時（through time）を用いる BPTT は，状態変動および事象の因果履歴を全系列保持し，時刻を串刺し（through）にして結合係数を計算する。

BPTT は学習時に全時刻の全状態を保持する必要があるので，系列が長くなると学習に必要な記憶容量と時間が問題となる。実際には，一定の時間幅で切断したり，過去の影響を時間幅に応じて減衰させたりする実装がある。

学習時に考慮する時間幅を h とすれば，RTRL は BPTT（$h=1$）である。時刻 t における出力層ユニット k の誤差を以下のように定義する。

$$e_k = d_k(t) - y_k(t). \tag{3.31}$$

ここで $y_k(t)$ は出力信号を表す。システムの二乗誤差の総和 $J(t)$ を，

$$J(t) = -\frac{1}{2}\sum_{i\in U}[e_i(t)]^2, \tag{3.32}$$

とすれば時間幅 $(t', t]$ についての総誤差 $J^{\text{total}}(t', t)$ は以下のように表記できる。

$$J^{\text{total}}(t', t) = \sum_{\tau=t'+1}^{t} J(\tau). \tag{3.33}$$

学習則は η を学習係数として次式のように表記できる。

$$\nabla_w J^{\text{total}}(t', t) = -\sum_{\tau=t'+1}^{t} \nabla_w J(\tau), \tag{3.34}$$

$$\Delta w_{ij} = \eta\frac{\partial J^{\text{total}}(t', t)}{\partial w_{ij}}. \tag{3.35}$$

〔**1**〕 **BPTT** BPTT（back–propagation through time）では過去の状態を記憶バッファに保持し，保持された記憶状態への結合についてもバックプロパゲーション法を適用して結合係数を更新する。時刻 t における誤差 $J(t)$ の勾配を計算するために

$$\delta_i(t) = f_i'\left(\sum_{j\in U} w_{ij}x_j\right)e_i(t), \tag{3.36}$$

$$e_i(t-1) = \sum_{j\in U} w_{ji}e_i(t). \tag{3.37}$$

上式に従って時間をさかのぼり t_0+1 まで達すれば

$$\frac{\partial J(t)}{\partial w_{ij}} = \sum_{\tau=t_0+1}^{t} e(\tau)x_j(\tau-1). \tag{3.38}$$

として誤差が計算可能である。

手順としては，以下の箇条書きを全データで収束基準に達するまで繰り返す

こととなる。

1) 現在の中間層の状態と入力を履歴バッファに保存する。

2) 現在の誤差をバックプロパゲーション法によって計算する。

3) 全時刻における誤差の総和を計算する。

4) 重みを更新する。

BPTT の計算量のオーダーは $\mathcal{O}(TN^2)$ となる。ここで T は時間，N は中間層のユニット数である。BPTT は全時間について考慮するが，実際の計算においては時間幅 h を定める必要がある。これを BPTT(h) と表記すれば，RTRL は BPTT における $h = 1$ のときの特別な場合と見なしうる[57]。ジョーダンネットワークもエルマンネットワークも BPTT（$h = 1$）に相当する。

図 **3.13** 中の実線矢印は情報の流れを，破線矢印は誤差の伝播を示している。各時刻において入出力は異なるが，各時刻における状態は保持されて結合係数の更新に用いられる。図中の数字は誤差が伝播されていく順番を示している。

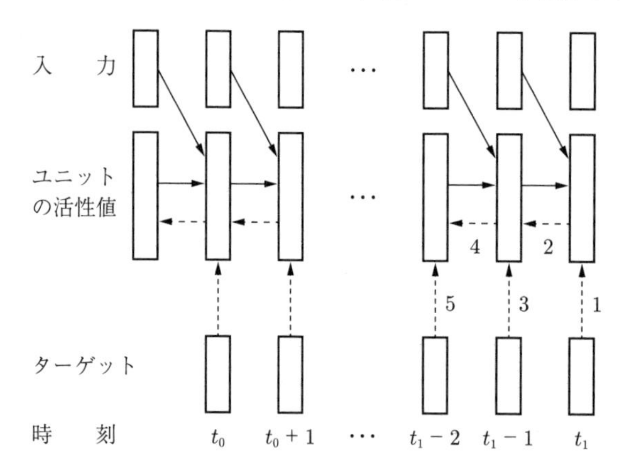

図 3.13　BPTT の概念図（文献 58）の p.448, 図 4 を改変）

〔**2**〕　**RTRL**　　BPTT では，誤差勾配の計算に誤差情報の時間に関する逆伝播を用いた。これに対し誤差勾配を順伝播させる方法が RTRL（real time recurrent learning）である。結合係数 w_{ij} に対するユニット k の影響を p_{ij}^k とすると，すべてのユニット（$i, j, k \in U$）について，

$$p_{ij}^k(t) = \frac{\partial y_k(t)}{\partial w_{ij}}, \tag{3.39}$$

を定義する。時刻 t における誤差 $J(t)$ を各結合係数で微分した量を次式に従うと仮定する。

$$\frac{\partial J(t)}{\partial w_{ij}} = \sum_{k \in U} e_k(t) p_{ij}^k(t). \tag{3.40}$$

つぎの時刻の $p_{ij}^k(t+1)$ は次式で表される。

$$p_{ij}^k(t+1) = f_k'\left(\sum(t+1)\right)\left[\sum_{l \in U} w_{kl} p_{ij}^t(t) + \delta_{ik} x_j(t)\right], \tag{3.41}$$

ここで δ_{ij} はクロネッカーのデルタである。さらに初期状態 t_0 においては，$p_{ij}^k(t_0) = \partial y_k(t_0)/\partial w_{ij} = 0$ と仮定すれば各時刻ステップにおける $p_{ij}^k(t)$ の量を計算可能である。この値と誤差と積によって誤差の勾配を求めることができる。この意味で BPTT とは異なり，RTRL は“即時”的に計算可能である。

3.5.3 系列予測と系列生成

エルマンネットワークでは，系列予測課題を用いて単純再帰型ニューラルネットワークに逐次単語を入力し，その都度つぎの単語を予測させる訓練が行われた[59]。系列予測課題とは，連続的に生起する事象を逐次入力し，つぎの事象を予測させる課題である。時刻 $t-1$ におけるシステムの内部状態を $s(t-1)$ とし，入力を $x(t)$ とすれば，つぎのような条件付き確率として表現できる。

$$P(x(t+1)|x(t), s(t-1)), \tag{3.42}$$

入出力 $(x_t, y_t)_{t \in T}$ を音素とすれば音韻予測，単語とすれば単語予測課題となる。

一方，入力系列を特定の状態に固定する場合もある。このとき，出力信号は文脈層の状態が時々刻々変動するので，その都度出力が対応して変動するからである。言い換えれば，外部環境に変動が観察されずとも，内部状態の変動に導かれて，自動的に系列が生成可能である。文脈層の遷移によって出力系列を生成する課題を系列生成課題と呼ぶ。リカレントニューラルネットワークは系列予測および生成の能力の両方を併せもつ。

図 3.14 にエルマンの用いたネットワークの模式図を示した。

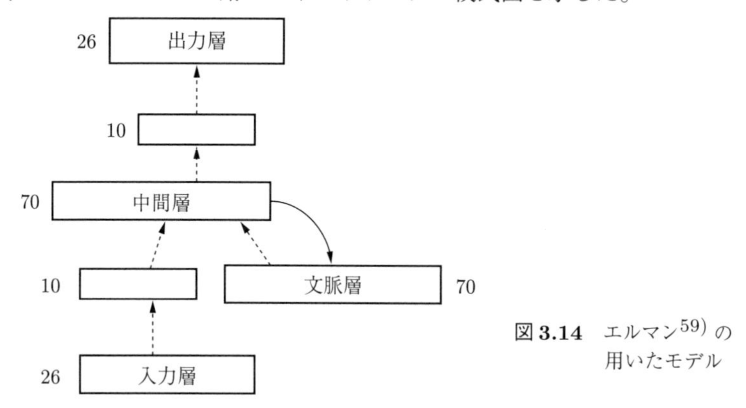

図 3.14　エルマン[59]の用いたモデル

エルマンネットでは，図 3.14 中の点線で示されているフィードフォワード結合のみ学習される。中間層から文脈層へのフィードバック結合は学習されず，フィードバック結合は単に中間層の内容をコピーするだけである。図中に実際のシミュレーションで用いられたユニット数を記した。

すなわちエルマンは，自然言語ではなく人工文法を用いて 26 単語からなる入出力系列を扱った。具体的には，一般名詞 8 単語（boy, boys, girl, girls, cat, cats, dog, dogs），固有名詞 2（John, Mary），動詞 12（chase, chases, feed, feeds, walk, walks, live, lives, see, sees, hear, hears），関係代名詞 1（who），および終端記号 EOS（ピリオド）である†。

刺激の入出力表現は，各単語に一つのユニットを割り当てる。一つのユニットのみ 1 にセットし，他のユニットはすべて 0 にセットする。この表現方法をワンホットベクトル（あるいは 1–of–k 表現）と呼ぶ。すなわち名詞の単数形と複数形は別のユニットを活性化すると仮定された。同様に，動詞については原形と三人称単数現在の s の付いた形とを区別した表現である。

† エルマンは複数の論文で同じモデルを用いているが，1991 年の論文[59] 97 ページには，名詞 8，動詞 12，関係代名詞 who およびピリオドの 23 個（これならば 22 のはずである）を使い，残り 3 個は別の目的で使ったので計 26 との記述がある。

単語予測課題 現在の単語を入力信号として与え，つぎに来る単語を教師信号として与えることを単語予測課題と呼ぶ。文法規則に従って乱数を用いて文章を生成すると，つぎのような例文が生成される。

例 3.1 dog who walks feeds cat who sees boys who walk .

単語予測課題を例文に沿って考えれば，dog が提示されたとき who を予測すれば正解である。つぎに，who が提示されたら walks を予測しなければならない。順次この手続きを繰り返す。単純再帰型ニューラルネットワークは各時刻で単語が一つ入力として与えられ，そのたびにつぎに来る単語を予測することを学習する。文章の終わりでは，文末記号ピリオドを予測しなければならない。エルマンネットワークに文章の意味は理解できないので，who のつぎの単語は chases，feeds，walks，lives，sees，hears が等確率で予測されることになる。しかし，動詞の原形を予測してはならない。

エルマンネットワークの文法獲得に時間がかかる理由の一つは，原形か三人称単数現在形かという問題は文法予測であり，同じ文法的役割をもつ単語のうちのどれかを決定論的に予測できるわけではないためである。したがって予測誤差は 0 とはならない。ただし，文法的に間違っている単語を予測する確率はほとんど 0 となる。

すなわちリカレントニューラルネットワークにおける文法学習とは，与えられた文章の構文解析木を返すという意味での文法を表すのではなく，時制，数，性の一致などの系列予測課題によって統語規則を正しく学習する，ことを指している。系列予測課題は，つぎの単語を予測することから明示的に教師信号を用意しなくてもよいので，チョムスキーの指摘した刺激の貧困（poverty of stimulus），拡大して考えればプラトン問題（Plato's problem）へのニューラルネットワークによる一つの解答だとも見なしうる。

章 末 問 題

【1】 人工ニューロンを用いることによる抽象化，単純化の長所と短所を挙げよ。

【2】 バックプロパゲーション以外の学習方法について調べよ。

【3】 リカレントニューラルネットワークは脳内でどのように実装されていると考えればよいか。

4 深層学習理論

ここでは，(1) 歴史的に意味のある 1998 年のモデル LeNet と 2012 年のAlexNet を取り上げる。さらに，(2) 時系列情報を扱う際の LSTM（long short–term memory）と，(3) 確率的勾配降下法，が加わって最近の傾向が形成されたが，これらについて大まかな描像を与える。

4.1 畳み込みニューラルネットワーク

生体の視覚情報処理[60),61)] に着想を得た畳み込みニューラルネットワーク（convolutional neural networks，CNN）の応用分野は，画像分類[62)]，情景認識[63)]，画像風情認識[64)]，物体検出[65)]，系列制御[66)]，画像領域分割[65)~67)]，視覚運動制御[68)] などである。福島のネオコグニトロン（Neocognitron）[69)] で実現された位置，回転，拡大，縮小，ノイズなどの局所的摂動に対する頑健性は，畳み込み演算としての特徴を明示的に表現している。

図 4.1 はネオコグニトロンの概略図を示している。現在に至るまでの特徴，および畳み込み演算とプーリングの考え方がすでに実現されている。

畳み込みニューラルネットワークでは，畳み込み演算とプーリングの組合せの繰り返し（多層化）である。**図 4.2** に各種処理手法と対応する形で，畳み込みニューラルネットワーク 2 層と，完全結合をもつ最終層からなる標準的な畳み込みニューラルネットワークとの関係を示した。畳み込みニューラルネットワークは，音声認識，画像認識とも領域に特化した処理が必要とされていた技法を自動的に学習し，獲得した。

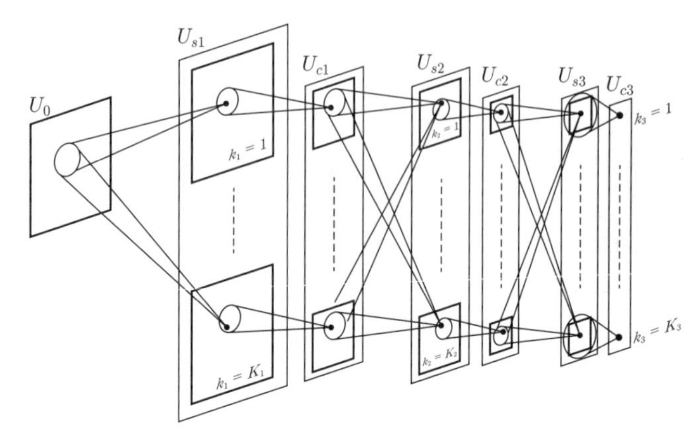

図 **4.1**　ネオコグニトロンの概略図（福島と三宅の文献69）の図を改変）

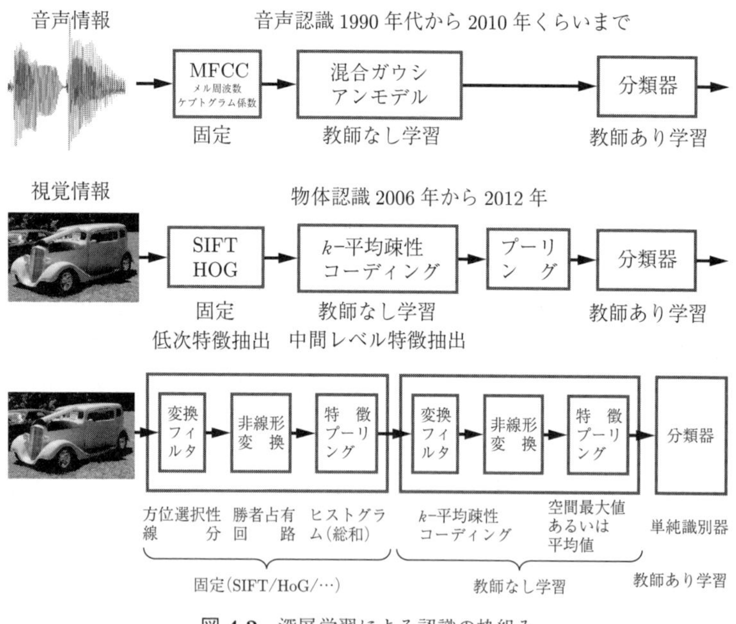

図 **4.2**　深層学習による認識の枠組み

ルカン（Y. LeCun）[70] は，画像分類において，従来の予測誤差を最小にする基準 $\min E=\sum(y-x)^2$ ではなく，観察変数 x と予測変数 y との間にエネルギー関数 $E(y,x)$ を定義することを提案した（図 **4.3**）。誤差関数であれば

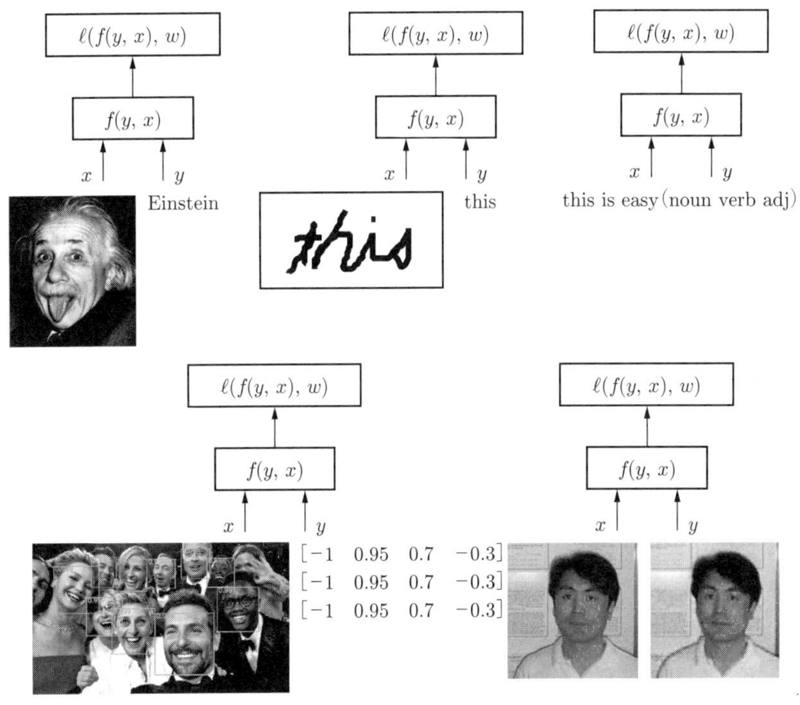

図 **4.3**　エネルギー関数と種々の課題（文献 71）の図 2 を改変）

データセットに対して最小の誤差を与える推定パラメータが最良の選択であるが，エネルギー関数には正則化項が含まれる。正則化項の影響で精度，あるいは訓練誤差が最小になる点を採択するのではなく，エネルギー関数が最小となる点を推定値として採択する。

図 4.3 に画像処理課題の例を示した。左上から，表情認識，手書き文字認識，品詞推定，表情検出とポーズ推定，画像復元である。エネルギー関数の最小化は最小化すべき目標関数である二乗誤差を言い換えただけにすぎないように見える。だが，入力 x と出力 y の組で定義される損失関数 ℓ を最小にする結合係数の集合 w を与えるエネルギー関数の最小化問題，すなわち

$$E = \ell(f(x, y), w) \tag{4.1}$$

と，とらえると一般性がある。この枠組みの変更より，バックプロパゲーショ

ンだけでなく，ボルツマンマシン[72),73)]，制限ボルツマンマシン（restricted Boltzmann machine，RBM）[74)]，オートエンコーダ[75)]，ホップフィールドモデル[76),77)]を同一の枠組みでとらえることが可能である。加えて後述する確率的勾配降下法[15),16)]への道も開かれた（4.3 節）。

エネルギー関数は誤差関数と正則化項との和で表されることが多い。入力信号と出力信号をそれぞれ x，y とし，推定すべきパラメータセットを w とすれば，エネルギー関数は以下の式 (4.2) のようになる。

$$E = \min f(w|x, y) + \lambda R(W), \tag{4.2}$$

ここで R は正則化項を表し，λ は正則化項の影響を表すハイパーパラメータである。

エネルギー関数は損失関数（loss function）とも呼ばれる。Caffe に付属するドキュメントに含まれる損失関数の考え方を**図 4.4** に，計算の流れを**図 4.5** に示した。図 4.3 と図 4.4 とを比較すれば，この考え方が用いられていることがわかる。

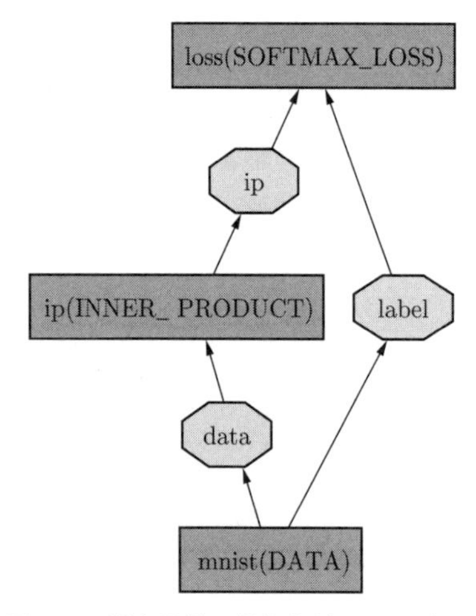

図 4.4　損失関数の考え方（Caffe に付属するドキュメントより）

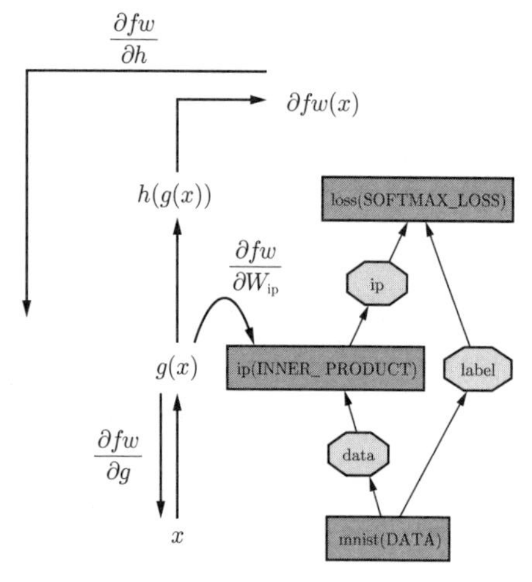

図 4.5　計算の流れ（Caffe に付属するドキュメントより）

4.1.1 LeNet

LeNet は大文字と小文字の区別をする。L と N を大文字表記するのは発案者のルカン（あるいはルキューヌ，Y. LeCun）の名前からである。日本語では大文字と小文字を訳出できないので，本書では LeNet と表記した。LeNet に敬意を表して命名された GoogLeNet も大文字と小文字を区別する。本書でも訳さず GoogLeNet と表記した。

初期の LeNet では，マックスプーリングではなくサブサンプリング法が用いられた。しかし，シェレア（D. Scherer）ら[78]によれば，近年畳み込みニューラルネットワークにおけるサブサンプリング法はマックスプーリングに置き換えられている[79]。さらに最近ではプーリングを行わず畳み込みのみのモデルもある。

畳み込みニューラルネットワーク[79]は疎性特徴検出器の多層化実装である（図 **4.6**）。各層は直下層と結合して受容野が形成される。文献 80) によれば，畳み込みニューラルネットワークの出力層次元は，課題成績の低下を招くことなく大幅に低減することが可能である。

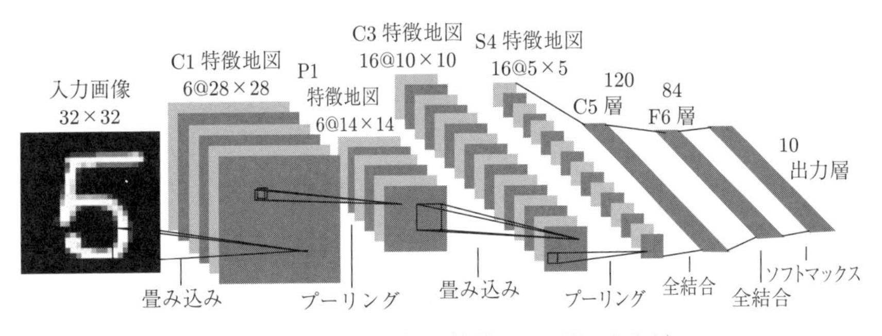

図 **4.6** LeNet の概念図（文献 70）の図 2 を改変）

図 **4.7** に概要を示した[79]。入力二値画像で長さの等しい二線分からなる。各線分は 7 画素分の長さとし，四つの方位をもつものとする。17 × 17 画素の中央 5×5 の可能位置からランダムに選ばれるものとする。入力特徴検出器は 11 × 11 の特徴地図を構成する。マックスプーリングにより最大値を出力する特徴地図の位置と値が保存される。位置不変特徴検出器により，二線分が入力画像中の

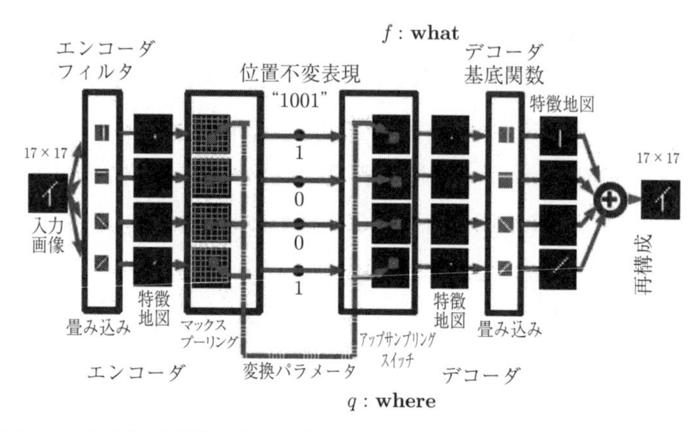

図 4.7　符号化/復号化の模式図（ランザトとルカンの文献 79) の図 2 を改変）

どこに提示されようと，マックスプーリング演算の結果，別位置，同方位の二線分は同一情報を与える。再構成はデコーダによる位置情報を適切な場所に再配置する計算過程である。この再構成過程は，デコーダの基底関数を全位置の特徴地図によって重みづけられた荷重和である。

以上を定式化すると以下のようになる。

エンコーダは二つの関数で構成される。入力ベクトルを X，エンコーダによって符号化されるベクトルを Z，U は伝達関数あるいは伝達ベクトルと呼ぶ。W_c を結合係数行列とすれば，

$$Z = Enc_Z(X; W_C) \tag{4.3}$$

$$U = Enc_U(X; W_C). \tag{4.4}$$

W_C は学習により獲得される位置不変な特徴ベクトル（核関数）である。デコーダは，

$$X^* = Dec(Z, U; W_D) \tag{4.5}$$

である。W_D も学習により獲得される結合係数行列である。再構成誤差 E_D は入力 X とのユークリッド距離

$$E_D = |X - X^*|^2 = |X - Dec(Z, U; W_D)|^2, \tag{4.6}$$

で定義される。エンコーダの出力はデコーダへ直接伝達されず，損失関数のエネルギー $E_C = |Z - Enc(Y, U; W_C)|^2$ によって予測誤差が計測される。

LeNet における学習のアルゴリズムを以下に示す。

1) エンコーダを使って初期値 $Z_0 = Enc(X, U; W_C)$ を求める。ここで X は入力，U はカーネルのパラメータ，W_C は入力層との結合係数である。
2) U を固定し，エネルギー $E_D + \alpha E_c$ を Z_0 の初期値として，Z の勾配を求めて最適値 Z^* を求める。
3) 勾配降下法によりデコーダの結合係数とデコーダのエネルギー関数 $\Delta W_D \propto -\partial|Y - Dec(Z^*, U; W_D)|^2/\partial W_D$ を 1 ステップ更新する。
4) エンコーダのエネルギー関数を Z^* で微分し，結合係数を勾配降下法により 1 ステップ更新する。このとき $\Delta W_c \propto -\partial|Z^* - Enc(Y, U; W_c)|^2$ である。

画像認識では入力は 2 次元信号（画像）であり，畳み込みニューラルネットワークに用いる核関数（特徴検出器）には種々の候補がある。例えばつぎのガボール（Gabor）関数が用いられる。ガボール基底関数，あるいはガボールウェーブレットと呼ばれることもある。本書ではガボール関数と表記した。

$$G(x, y) = \cos\left(\frac{2\pi}{\lambda}X\right)\exp\left(-\frac{(X^2 + \gamma^2 Y^2)}{2\sigma^2}\right), \tag{4.7}$$

ここで $X = x\cos\theta + y\sin\theta$，$Y = -x\sin\theta + y\cos\theta$ である。θ は方位，σ は空間解像度，λ は波長を表すパラメータである。これによって単純細胞を表現できる[81)]。

特徴検出器と入力画像との畳み込み積分（convolution）$\int_d f(x - \chi)G(\chi)d\chi$ が行われ，結果が上位層へと送られる。特徴検出器の数学表現であるガボール関数の例を**図 4.8** に示した。高次層から見て下位のニューロンの結合係数を濃淡画像で表現している。

余弦関数を用いればオン中心，オフ周辺型のニューロンとなる。正負反転でオフ中心，オン周辺型となる。正弦関数を用いれば明暗のコントラストをもつエッジ検出器となる。図 4.8 を回転すれば斜め線分検出器，三角関数を任意の

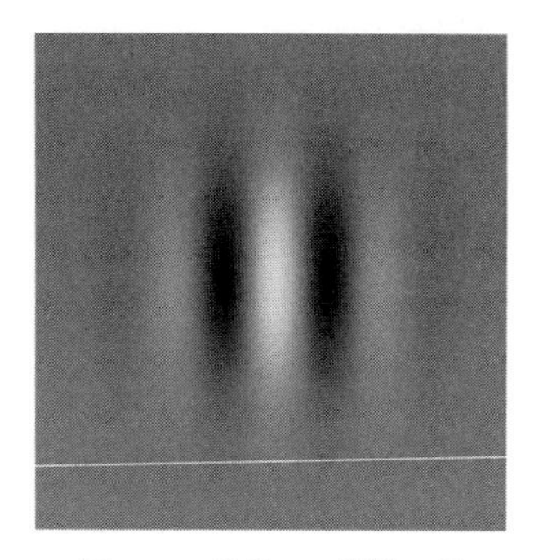

図 4.8　ガボール関数の例

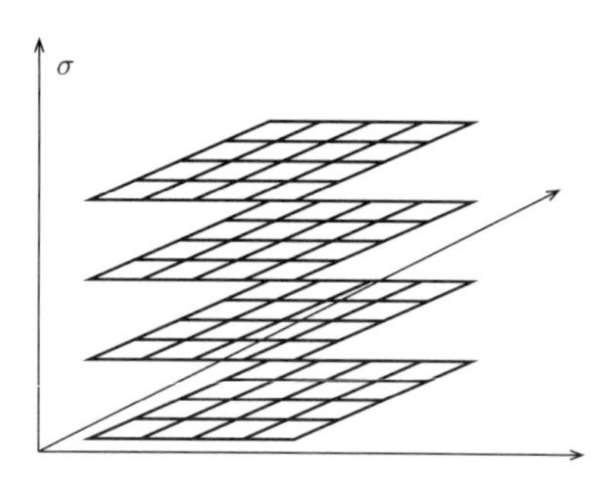

図 4.9　ガウシアンの縮尺パラメータによる解像度プラミッドの模式図

軸に対して考えなければ，すなわち空間異方性が存在しなければ，同心円状，あるいはメキシコ帽状の単純細胞に相当する特徴検出器となる。すなわち，余弦，正弦を等方性にするか，また，異方性にするならどの程度傾けるかによって，異なる方位選択性をもつ受容野となる。定数倍すれば周波数成分が変化する。さ

コーヒーブレイク

フーリエ展開と同じく，ガボール関数を用いて任意の関数がガボール展開可能である。偶関数である余弦関数と奇関数である正弦関数とを複素表現する。

$$\Psi(x; x_m, f_n) = \left(\frac{1}{2\pi\sigma^2}\right)^2 \exp\left[-\frac{(x-x_m)^2}{4\sigma^2} + 2\pi i f_n(x-x_m) + i\phi\right]. \quad (1)$$

x_m は受容野中心，σ は受容野の範囲，f_n は周波数である。任意の関数 $f(x)$ は m, n の総和で表現される。

$$f(x) = \sum_m \sum_n G_{mn}\Psi(x; x_m, f_n). \quad (2)$$

このとき G_{mn} をガボール係数と呼ぶ。G_{mn} はフーリエ係数を求める際とほぼ同じ手続きにより，

$$g(x_m, f_n) = \int_{-\infty}^{\infty} \Psi^*(x; x_m, f_n) F(x) dx, \quad (3)$$

である。空間領域で幅 σ の存在により基底が独立ではないが，$G_{mn} \simeq g(x_m, f_n)$ が成り立つ[82]。

らに，exp の引数を定数倍することで空間的な局在性が変化する。

ガボール関数は，ガウシアン関数と周期関数との積で定義される。したがって，空間領域で局在したガウシアン関数（その幅は標準偏差 σ で定義される）の包括線で制限された周期関数と解釈できる。ガボール関数による畳み込み演算は局在化した周波数解析と見なせるし，局在化した特徴地図で入力画像を解釈していると考えることができる（図 **4.9**）。

パラメータに依存する核関数（特徴）集合の種類と量とのトレードオフの問題が存在する。どのような特徴検出器の集合が最小で，かつ入力情報を十分に表現可能であるか。また，最上位層の認識のための十分な情報を提供できるかを事前に知ることは難しい。このような議論は残るが，画像認識の分野においては，畳み込みニューラルネットワークは生理学的事実に裏づけられた演算である。

最小の核関数（特徴地図）の大きさは 1 である。このときの核関数は 1 あるいは $x = f(x)$，すなわちなにもしないで下位層の出力を上位層へ転送する。後述する GoogLeNet[3)]（5.1 節）では大きさ 1 の核関数を用いた。なにもしないことで上位層へ情報を転送することは，上位層から見れば直下層の情報だけでなく，さらに下層からの情報を受け取ることを意味する。この考え方は ResNet につながっていくこととなる。

つぎに小さな核関数の大きさは 2 である。このときガボール関数の近似としては $(-1, 1)$ や $(1, -1)$ となり，そのつぎに大きな核関数の大きさは 3 であり，$(-1, 1, -1)$，$(1, -1, 1)$ などエッジを抽出するフィルタである。

$\boldsymbol{x}$ を入力画像，$\boldsymbol{w}$ を学習可能なパラメータベクトルとする。$\boldsymbol{f}$ は局所的な位置や回転に不変な特徴ベクトル（what），$\boldsymbol{q}$ を各特徴の位置を指定する変換パラメータベクトル（where）とする。畳み込みニューラルネットワーク＋マックスプーリングでは，二つの関数 $\boldsymbol{f} = f_f(\boldsymbol{x}; \boldsymbol{w}_e)$ と $\boldsymbol{q} = f_q(\boldsymbol{x}; \boldsymbol{w}_e)$ を考える。f_f は不変特徴ベクトル生成関数であり，f_q は変換パラメータベクトル生成関数である。$\boldsymbol{w}_e$ は学習すべき結合係数行列である。

同様に，復号過程では関数 $f_d(f, q; w_d)$ を基底関数への係数パラメータベクトル生成関数とする。入力信号 $\boldsymbol{x}$ と，符号・復号過程で再構成された値とのユー

クリッド距離を復号エネルギー関数として，

$$H_d = |\boldsymbol{x} - f_d(\boldsymbol{f}, \boldsymbol{q}; \boldsymbol{w}_d)|^2 \tag{4.8}$$

とする。一方，符号過程におけるエネルギー関数を

$$H_e = |\boldsymbol{f} - f_e(\boldsymbol{x}, \boldsymbol{q}; \boldsymbol{w}_e)|^2 \tag{4.9}$$

と定義する。両エネルギー関数を EM アルゴリズム[83)]のごとく交互に推定する。$\boldsymbol{f}$ は特徴ベクトルであるが推定すべき未知変数として扱う。各入力ごとに $H_d + \alpha H_e$（$\alpha > 0$）を最小にする $\boldsymbol{f}$ の推定値 $\boldsymbol{f}^*$ を求める。一般性を失うことなく $\alpha = 1$ とおける。すなわち，符号・復号過程の順・逆変換によって入力と再構成値との誤差を最小にするように学習させる。以下の手順で $\boldsymbol{w}_e$ と $\boldsymbol{w}_d$ とを推定する。

1) 入力 x を符号器と変換パラメータ q によって $f_0 = f_e(\boldsymbol{x}, \boldsymbol{q}; \boldsymbol{w}_e)$ へと変換する。$\boldsymbol{q}$ は復号器へコピーする。
2) $\boldsymbol{q}$ を固定し $\boldsymbol{f}_0$ を初期値としてエネルギー関数 $H_d + \alpha H_e$ を $\boldsymbol{f}$ で微分し，勾配降下法によって最適値 $\boldsymbol{f}^*$ を得るよう学習する。
3) 復号器のエネルギー

$$\Delta \boldsymbol{w}_d \propto -\frac{\partial |\boldsymbol{x} - f_d(\boldsymbol{f}^*, \boldsymbol{q}; \boldsymbol{w}_d)|^2}{\partial \boldsymbol{w}_d}$$

を減少させるよう，結合係数を 1 ステップ更新する。

4) 推定した $\boldsymbol{f}^*$ を目的値として，符号器のエネルギー関数を減少させるよう結合係数を 1 ステップ更新する。

$$\Delta \boldsymbol{w}_e \propto -\frac{\partial |\boldsymbol{f}^* - f_e(\boldsymbol{x}, \boldsymbol{q}; \boldsymbol{w}_e)|^2}{\partial \boldsymbol{w}_e}. \tag{4.10}$$

復号器は，入力画像から計算した推定値 $\boldsymbol{f}^*$ を用いて最適な再構成値を生成するように学習が行われる。同時に，符号器は最適な予測値を出力するように学習が行われる。学習が進行すれば，少ない繰り返しステップで $\boldsymbol{f}^*$ へ到達する。学習終了時には符号器は 1 ステップで最適値 $\boldsymbol{f}^*$ を出力し，符号空間の探索を必要としない。ただし，図 4.7 のように畳み込みニューラルネットワークのつ

ぎにマックスプーリングが入るので，単純な符号–復号の関係にはない。しかし初期の文献 70) で採用されていたサブサンプリングより性能が向上した[78),79)]（図 **4.10**）。

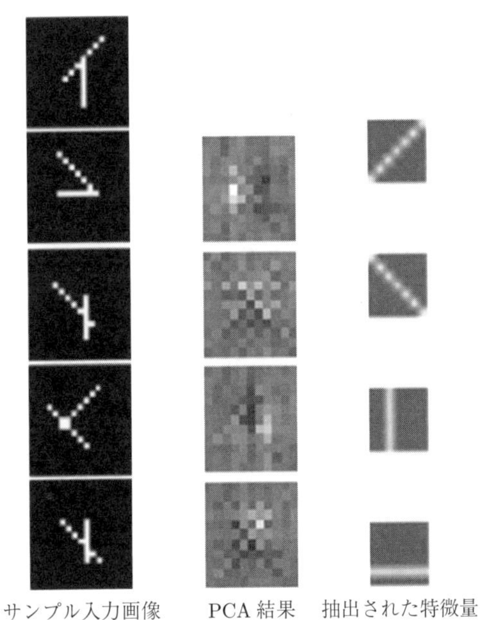

図 **4.10** ランザトとルカンの文献 79) の図 2 を改変

4.1.2 一般化行列積（GEMM）

一般化行列積（GEMM）とは，一般化した行列，すなわちテンソルデータから行列への変換操作（general matrix to matrix multiplication）の略である。一般化行列積は，畳み込みニューラルネットワークの畳み込み演算を実装する際に鍵となる概念である。本項では，一般化行列積と，それを実現するために用意されている関数である `im2col` の説明を行う。

`im2col` は MATLAB 由来の関数である†。畳み込みニューラルネットワークでは頻用されるため，ほとんどのフレームワークで実装がある。Caffe には

† `http://jp.mathworks.com/help/images/ref/im2col.html`

im2col.cpp，im2col.cu というファイルが存在する。Chainer では utils/conv.pl に im2col_cpu，im2col_gpu という関数が定義されている。Theano や Chainer にも gemm の記述がある。ウォールデン（P. Warden）のブログに一般化行列積の解説がある[†1]。

画像認識に用いられる訓練データセットは，[総画像数，色チャネル，縦ピクセル数，横ピクセル数] のように 4 次元配列，すなわちテンソルデータとして表現できる。一方，畳み込み演算で用いられる核関数[†2]についても，[カーネルの幅，ストライド，パディング，チャネル数] と考えればテンソルデータである。行列演算一般と考えれば，線形代数の基本演算を行う BLAS（basic linear algebra subprograms）に端を発する歴史がある。

畳み込みニューラルネットワークの要点が一般化行列積である。例えば，畳み込みニューラルネットワークの演算には，二つの行列を変形して一つの行列にする操作が含まれる。画像認識における AlexNet のような深層学習を考える（図 **4.11**）。図 4.11 は図 4.21 と同じものである。

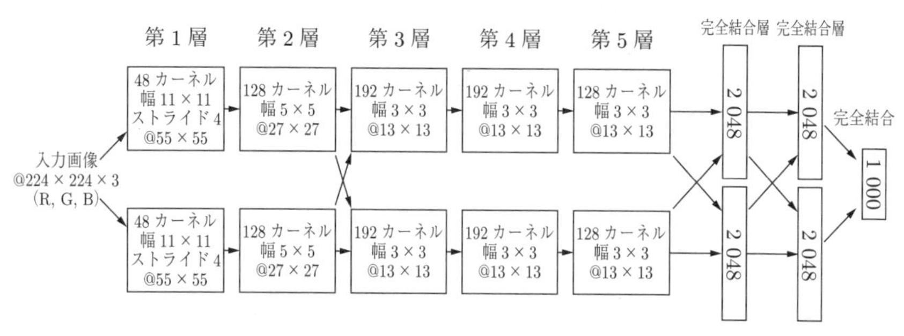

図 **4.11**　AlexNet

ある層の入力信号が縦横 256×256 画素であるとする。入力画像の強度は 256 行 256 列の行列として表現できる。この行列を畳み込み演算によって同じ画像サイズの 128 チャネル（特徴数）を計算することと考えれば，核関数のサイズを 3×3 としても，計算すべき結合係数の数は $3 \times 3 \times 256 \times 256 \times 128 = 75\,497\,472$

---

†1　http://petewarden.com/2015/10/25/an-engineers-guide-to-gemm/

†2　ここでは厳密な畳み込み演算の定義を示していない。元信号と核関数（カーネルあるいは特徴とも呼ばれる）とを掛け合わせて足し込む操作一般と理解してよい。

となる。

一般化行列積の最も簡単な例は二つの行列の積である。初等数学の復習であるが，**図 4.12** のような行列の積を考える。行列 $\boldsymbol{A}$ と行列 $\boldsymbol{B}$ との行列積が定義できるのは，$\boldsymbol{A}$ の列数と $\boldsymbol{B}$ の行数が一致している場合である。$\boldsymbol{AB} = \boldsymbol{C}$ の場合，$\boldsymbol{C}$ は $\boldsymbol{A}$ の行数と $\boldsymbol{B}$ の列数からなる行列である。

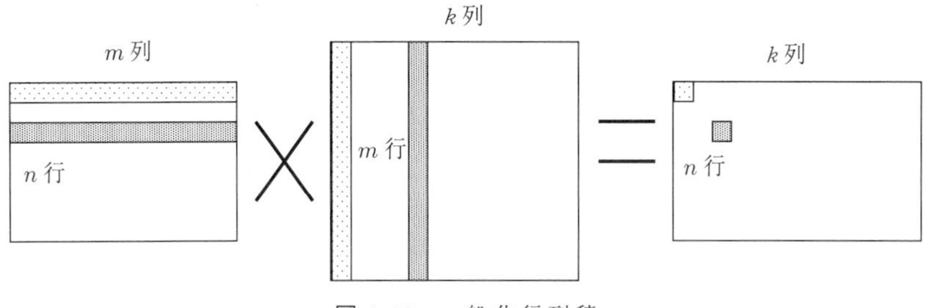

図 4.12　一般化行列積

〔1〕 **完全結合層**　　例として AlexNet を挙げる。

AlexNet[23)]（4.1.3 項）の最終 2 層のような完全結合層（FC 層，6, 7 層）は，一般化行列積の簡単な例である。入力層の各ユニットの活性値は，結合係数行列の各値で重みづけた荷重和として表現可能である。

n 個の入力ユニットと k 個の出力ユニットを有する場合，AlexNet の最終畳み込み層から第 1 FC 層への結合では $13^2 \times 2 \rightarrow 2\,048$ である。

入力信号 $\boldsymbol{x}$ と結合係数行列 $\boldsymbol{W}$ との積を考えれば，**図 4.13** のようになる。線形代数の知識とは矛盾する表記である。通常の行列の知識で考えれば，n 行 1

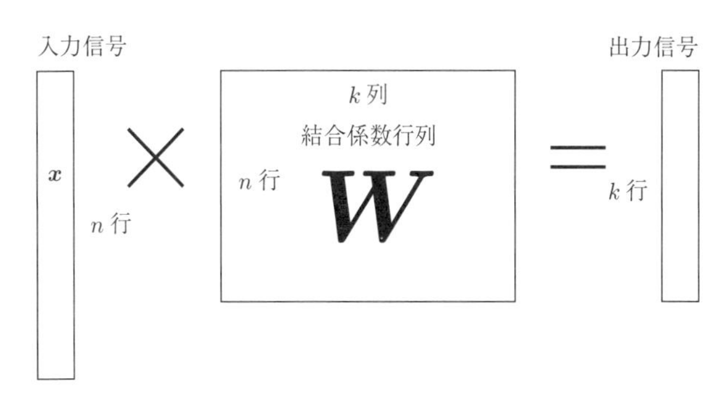

図 4.13　全結合層における入力信号と結合係数行列

列の行列 $\boldsymbol{x}$ に右から n 行 k 列の行列 $\boldsymbol{W}$ は掛けられない。通常は 1 行 n 列の行列 $\boldsymbol{x}$ に n 行 k 列の行列 $\boldsymbol{W}$ を掛けて 1 行 k 列の行列を得る。しかし図 4.13 では，情報が左から右へと伝播すると考え，また入力信号と出力信号との間に結合行列が存在すると考えて描いた。通常の行列演算とは異なるが，AlexNet との対応からこのように記した。すなわち，n 個の入力層ニューロンと k 個の出力層ニューロンに対して n 行 k 列の結合係数行列 $\boldsymbol{W}$ を考えていることになる。

〔2〕 **畳み込み層**　　畳み込みニューラルネットワークにおける畳み込み演算に一般化行列積を用いる†。畳み込み層の入力は 2 次元画像が数個のカーネルにわたっている。カーネルの数は第 1 層目の入力画像では三原色を表す 3 チャネルであるが，高次層では 100 以上になる。畳み込み演算とは，カーネル関数と結合係数行列とを用いて出力を生成することである。単一のカーネルは**図 4.14** のようになる。

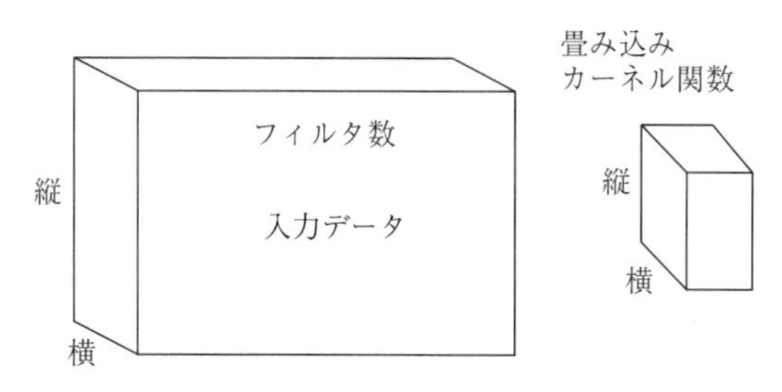

図 4.14　入力データと畳み込みカーネル関数

各カーネルは 3 次元配列（縦，横，深さ）として表現される。深さとは，カーネルの数，特徴抽出器の数である。カーネルは入力画像に対して格子状に適用される。すなわち，入力画像に対して 1 画素ごとに適用されるとはかぎらない。間隔を等しくすることも行われるので，格子状と記した。入力画像に対してカーネル関数の幅（窓とも呼ばれる）は小さい。最小のカーネル幅は 1 行 1 列である。つぎに大きいカーネルは 1 行 2 列もしくは 2 行 1 列であるが，正方行列だけを考えれば 2 行 2 列である。偶関数カーネルと奇関数カーネルとを考える

† Caffe には `im2col.cpp` というファイルが存在する。Chainer には `im2col` という関数がある。

が，中心に対して対称な奇関数だけを考えれば3行3列となる。GoogLeNet[3)]におけるインセプション（inception）モジュールは最小の奇関数カーネル三つ（1×1，3×3，5×5）が用いられた。カーネル関数の幅が広がれば広がるほど，それだけ複雑なパターンを表現することが可能である。しかし，単一層に複雑なパターンを表象するよりも，畳み込み演算を多重に重ねてカーネル関数は単純にする流儀のほうが主流である。これは計算の単純化，情報表現の縮約化にとって意味がある。一方，脳内の限られた資源（頭蓋骨の容積以上に拡散できない）の中では，複雑さと表現の簡便性のトレードオフが働いていると解釈することが可能である。

カーネルは入力画像上の格子点に適用される。格子点は縦横2次元の正方格子である。海馬の場所細胞のように三角格子であれば，隣接する6近傍のカーネルと等距離になるので，タテ・ヨコ・ナナメの格子点に対して空間異方性（anisotoropy）がないことが保証される。図**4.15**に，ラットの嗅内皮質（entorhinal cortex）から観測された三角格子状に並んだグリッド細胞の例を示した[84)]。

カーネル関数は図**4.16**のように，各入力値から結合係数行列を使って重み

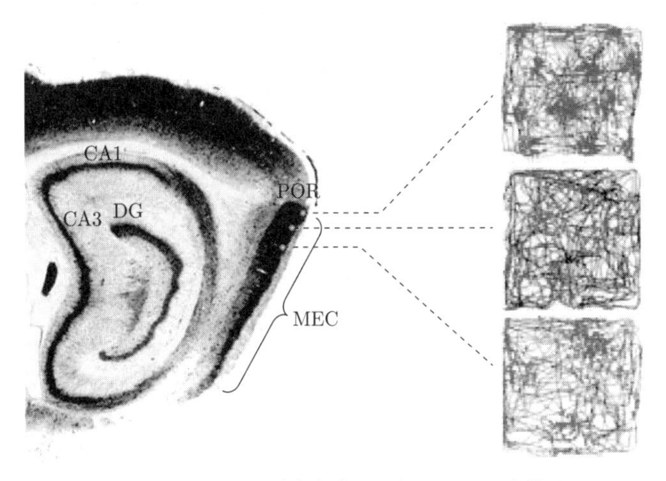

図 4.15　ラットの嗅内皮質から計測された三角格子
（マクナートンらの図 4a を改変）

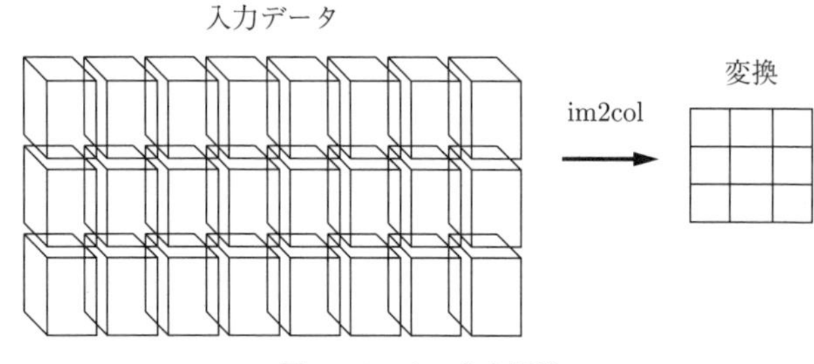

図 **4.16**　カーネル関数

付き荷重和を出力する。

学習成立後の各カーネル関数の値を図 **4.17** に示した。この図は，Caffe で配布される IPython ファイル[†1]から作成した第 1 層（`conv1`）のカーネル関数を画像化したものである。第 1 層で形成されたカーネル関数は，視覚野における特徴検出器と類似する。エヌヴィディア（NVIDIA）社のページも参照のこと[†2]。

第 1 層の入力は原画像であるから三原色からなる縦 × 横 × 3 の信号である。

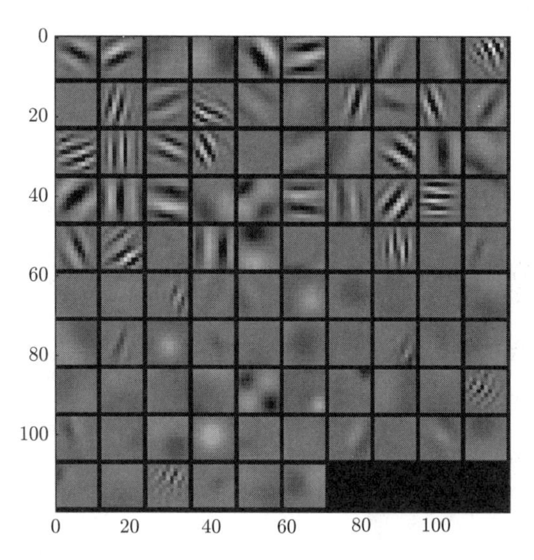

図 **4.17**　CaffeNet モデルによる第 1 畳み込み層のカーネル関数の係数行列の強度を画像化して表示

[†1] `00-classification.ipynb`

[†2] `http://devblogs.nvidia.com/parallelforall/deep-learning-computer-vision-caffe-cudnn/`

入力信号と結合係数行列の各要素とは1対1対応があるので，画像として表示できる。図4.17はそのようにして表示されたもので，ストライドごとの格子点で入力信号をサンプリングしてカーネル関数で変換した信号を，上位層へと伝達する。前述のとおり，各カーネル関数は特徴検出器と見なすことができ，入力画像上のどの位置にどのような特徴が存在するかを計測している。後述するマックスプーリングは，検出した特徴の最大値のみを保持し，他を破棄する。同じく後述するコンピュータビジョンの分野で用いられるHOGやSIFTより情報の損失が大きいとも考えられる。しかし，ある網膜座標上に照射された光刺激は，その物理的位置には同時に二つの物質が存在し得ない，という外界の物理的性質を強く反映した結果であるとも解釈可能である。この意味においてマックスプーリングが他の手法に比べて不利になると見なす必要もないだろう。

網膜位置から情報をサンプリングすると考えた場合，サンプリング定理に従って情報を過不足なく抽出することが望ましい。このためのカーネルの空間配置を定めるパラメータとして，カーネルの数（深さ depth），ストライド（stride），ゼロパディング（zero–padding）が定義される†。

深さ depth： 畳み込み層のユニット数を深さと記述する。カーネル関数の数のことである。同一層内のユニット（ニューロン）は下位層から同一の入力を受け取る。

ストライド stride： カーネル数（深さ）は，入力信号のサンプリング間隔に依存する。カーネル間の間隔をストライドと呼ぶ。空間的に隣接したカーネル間のストライドは1である。ストライドが1とはカーネルの重なりが多いことを意味する。カーネル関数の窓幅とストライド幅とによって各カーネル関数の重複領域が定まる。

ゼロパディング zero–padding： 入力信号をカーネル関数で畳み込み演算

---

† 昆虫の複眼と異なり，脊椎（せきつい）動物の視覚情報処理では，中心窩（fovea）からの離心率（eccentricity）に従ってサンプリング間隔が広がる。しかし，注視点からの距離の関数としてサンプリング間隔を考慮したり，眼球運動に伴って注視点を移動させたり，網膜の化学過程を反映して疲労効果を考慮するなどの，生体の視覚情報処理を忠実に再現するアプローチがある。

を行うとき，カーネル関数の窓幅が入力信号の範囲を越える場合（縁付近の画像領域など），存在しない部分にゼロを充填（じゅうてん）する。

入力画像の大きさを N_{in}，カーネル関数の幅（受容野の大きさ）を N_{filter}，ストライドを S，ゼロパディングの大きさを $N_{padding}$ とする。出力信号のサイズ N_{out} は

$$N_{out} = (N_{in} - N_{filter} + 2 \times N_{padding})/S + 1, \tag{4.11}$$

である[†1]。AlexNet では入力画像は [227, 227, 3]，受容野サイズは 11，ゼロパディングなし，ストライドは 4 であったから $(227 - 11)/4 + 1 = 55$ となる（図 4.11 の対応する数字を参照）。深さ（カーネル関数の数）が 96 であるから，総結合数としては $55 \times 55 \times 96 = 290\,400$ の結合係数が存在していたことになる。各結合係数を 32 ビットの浮動小数点で表現すると仮定すれば，$290\,400 \times 32 = 9\,292\,800$ であり，入力層から第 1 層への結合係数行列ではおよそ 9.3 MB 程度のメモリが必要であったことになる。

〔3〕 畳み込みにおける一般化行列積の動作　入力画像データを 3 次元配列とすれば，この入力を 2 次元配列（行列）へ変換した上で，3 次元データ（縦 × 横 × 深さ）のカーネル関数を畳み込む。演算手順としては，各画像を 1 行の縦ベクトルへと変換する作業が発生する。MATLAB 由来のこの関数は `im2col` という。入力画像（`im`）から（2）列（`col`）ベクトルへの変換を短縮した形である。

MATLAB における `im2col` 関数は `im2col(A,[m,n],block_type)` のように呼び出す。第 1 引数は一般化行列であり，m, n は変形する行列の次数である。第 3 引数として `'distinct'` もしくは `'sliding'` をとる。`'distinct'` の場合には必要に応じて行列 $\boldsymbol{A}$ の要素をゼロパディング（ゼロで埋め），行列のサイズを m 行 n 列の整数倍にする。`'sliding'` のときにはゼロパディングせず行列に詰め込むことを行う[†2]。

図 4.18 では，`im2col` により入力画像がパッチ（小領域）に分割された様子を示している。`im2col` によって画像（`im`）が 1 列（`col`）のデータ（2）へと変換

---
†1　http://cs231n.github.io/convolutional-networks/
†2　http://jp.mathworks.com/images/ref/im2col.html

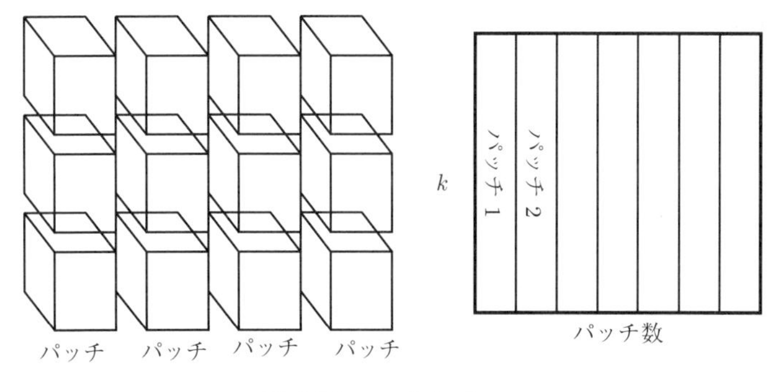

図 4.18 im2col

される。

各パッチは元画像の位置関係を保持していない列ベクトルである。im2col によって変換された行列を用いて畳み込み演算が実施される。

畳み込み演算で，カーネル関数の幅よりもストライドのほうが小さい場合には，カーネルの重複（オーバーラップ）が起こる。このとき任意の画素は異なるカーネル関数に重複して現れる。生体の視覚情報処理においても受容野が重なることを考えれば，カーネル関数の重複は冗長性の担保以上の意味があるのだろう。ヒューベル（D.H. Hubel）の図を改変して**図 4.19** に示した。受容野は網膜上では重複していることを示している。

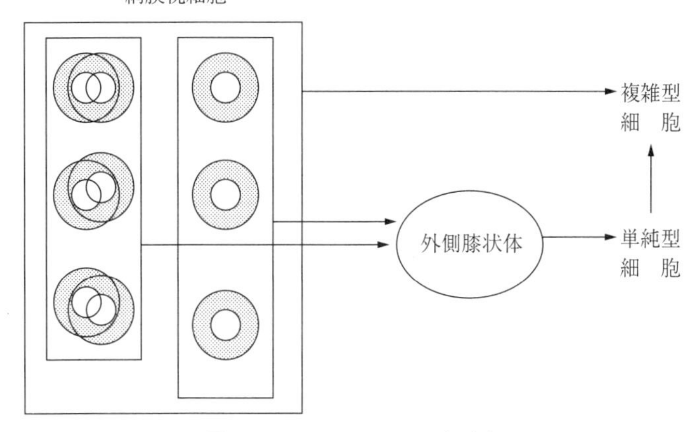

図 4.19 ヒューベルの図を改変

stackoverflow[†]によればMATLABと等価なim2colの実装は以下のとおりである。

```
1  import numpy as np
2
3  def im2col_sliding(image, block_size, skip=1):
4      rows, cols = image.shape
5      horz_blocks = cols - block_size[1] + 1
6      vert_blocks = rows - block_size[0] + 1
7
8      output_vectors = np.zeros((block_size[0] *
                                  block_size[1],
9                                 horz_blocks * vert_blocks))
10     itr = 0
11     for v_b in xrange(vert_blocks):
12         for h_b in xrange(horz_blocks):
13             output_vectors[:, itr] \
14                 = image[v_b: v_b + block_size[0],
15                         h_b: h_b + block_size[1]].ravel()
16             itr += 1
17     return output_vectors[:, ::skip]
```

カーネル関数はim2colによる変換の重みと見ることが可能である。im2colは，入力信号のテンソルデータを2次元の各列に変換する操作である（図**4.20**）。

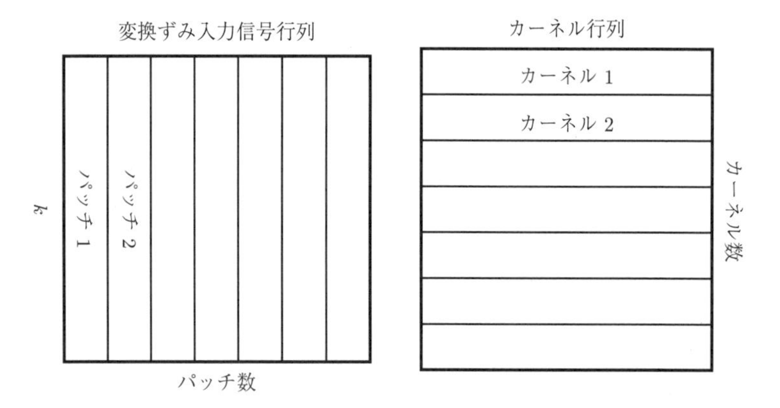

図**4.20**　im2colによるテンソルの変換

† http://stackoverflow.com/questions/30109068/implement-matlabs-im2col-sliding-in-python

`im2col` によって隣接した画素が離散することになる。しかし，隣接画素間の関係はカーネル関数のもつ結合係数行列に吸収される。画像データを3次の配列と考える。さらにデータ画像の枚数の次元を加えれば，4次のテンソルデータから一つの列ベクトルに変換することになる。全データを集めれば列ベクトルの集合であり，行列と見なすことができる。このような行列に変換すれば，FORTRAN由来の伝統的な数値計算ライブラリーが活用可能となる。

図4.20ではパッチ数とカーネル数が等しい。`im2col` の変換によって3次の配列が2次の行列へ変換され，入力信号の各要素が列ベクトルとなるように変換される。

畳み込み演算は，以下のように定義できる。

$\boldsymbol{X}$ を入力テンソルとする。$\boldsymbol{X}$ の成分は n, c, h, w とする。n を入力画像数，あるいは1ミニバッチ内の画像数である。c はチャネル数，入力画像では三原色を意味するため $c=3$ となる。h と w は1枚の画像の縦横画素数である。この訓練画像全部を表すテンソルを一般化行列積 `im2col` で行列に変換する。畳み込み演算は，この変換後の行列（分割されたパッチで構成された列からなる）とフィルタ（畳み込み積分のカーネル，あるいはそれぞれの特徴）との内積で定義される。内積演算後 `col2im` で画像に変換し，畳み込み演算ずみの画像を得る。

4.1.3 AlexNet

2010年に始まった大規模画像認識コンテスト（ILSVRC）で，2012年にサポートベクトルマシン[85]に10%以上の差をつけて優勝した深層学習がAlexNetである（**図4.21**）[23]。ILSVRC2012課題中の上位1候補のみを挙げる（すなわち正解を解答する）課題での誤判断率が26.2%，上位5候補を挙げる課題で誤認識率は15.3%であった。

AlexNetは，(1) 各ユニットの出力関数としての整流線形ユニット，(2) 局所反応正規化（LRN），(3) ドロップアウト（dropout），(4) オーバーラッププーリング，(5) GPUの複数使用，が特徴である。

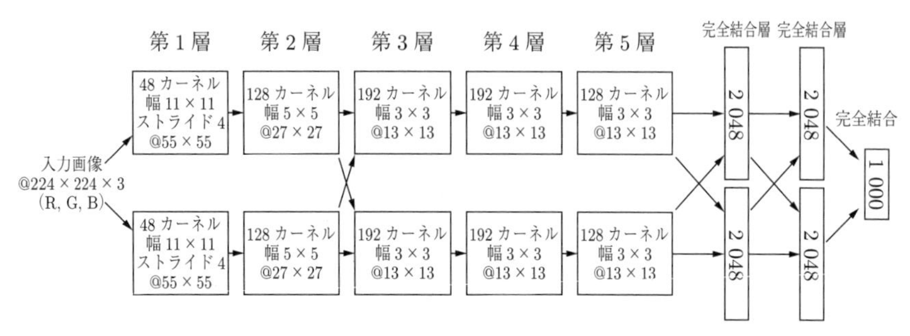

図 4.21　AlexNet の概念図（文献 23) の図 2 を改変）

出力関数には $f(x) = (1 + \exp(-x))^{-1}$ もしくは $f(x) = \tanh(x)$ が伝統的に用いられてきた。AlexNet では，整流線形ユニットの出力 a を以下のように局所的に規格化する変換が導入された。局所反応正規化（local response normalization，LRN）と呼ばれる次式を用いて，出力 a は b へ変換された。

$$b_i = \frac{a_i}{\left(\kappa + \alpha \displaystyle\sum_{j=\max(0,i-n/2)}^{\min(N-1,i+n/2)} (a_j)^2\right)^{\beta}}, \tag{4.12}$$

n は隣接核関数地図における隣接する核関数の数，N は層内の総核関数の数である。$\kappa = 2$，$n = 5$，$\alpha = 10^{-4}$，$\beta = 0.75$ はハイパーパラメータで定数であった。すなわち近傍の値を走査して二乗和し，その値を線形変換した値で規格化する。これは応答関数の値 a が過剰に大きくなる場合を抑制する効果と推察される。S 字曲線を仮定したロジスティック関数（式 (3.9)）やハイパータンジェント（式 (3.10)）は上下限値に飽和するので，局所反応正規化を用いる必要がない。

AlexNet あるいは通常の畳み込みニューラルネットワークでは，畳み込み演算の領域である窓が重複する。さらに，s 画素ごとにプーリングユニットのグリッドが構成され，各プーリングユニットは $z \times z$ の受容野をもつ。$s = z$ であれば重複しないプーリングとなる。$s < z$ であればオーバーラッププーリングとなる。AlexNet では $s = 2$，$z = 3$ であった。オーバーラッププーリングにより過学習が抑えられるとされる。オーバラッププーリングは，冗長性を担保し，認識システムを頑健にするという，生物の生存にとっても意味のある特

徴を有している。

図 4.21 では，畳み込み層までの上下二つの流れは 2 枚の GPU に対応している。第 3 層から第 4 層へは相互に情報が流れるが，第 4 層から第 5 層への通信は存在しなかった。入力次元は三原色，縦横の画素で $150\,528 = 3 \times 224 \times 224$ ニューロン，他の層のニューロン数は下層から順に 253 440, 186 624, 64 896, 64 896, 43 264, 4 096, 4 096, 1 000 であった。第 1 層の畳み込み演算は，$3 \times 244 \times 244$ の入力に対して，96 チャネルのフィルタで，フィルタのサイズは $3 \times 11 \times 11$ であった。ストライドは 4 ピクセルであった。第 1 層の出力はプーリング後，正規化され，第 2 層へと送られる。第 2 層には 256 個のカーネル（サイズ $48 \times 5 \times 5$）が存在した。第 3, 4, 5 層はそれぞれプーリング層が接続されていた。

第 3 層はサイズ $256 \times 3 \times 3$ のカーネルが 384 個，

第 4 層はサイズ $192 \times 3 \times 3$ のカーネルが 384 個，

第 5 層はサイズ $192 \times 3 \times 3$ のカーネルが 2 564 個，

であった。最終層である完全結合層は 4 096 個のニューロンを有していた。

学習時には，バッチサイズ 128 のミニバッチを用いて確率的勾配降下法が使用された。モーメント係数 $m = 0.9$，崩壊係数 $d = 0.0005$ であった。結合係数の更新式はつぎの式 (4.13)，(4.14) に従う。

$$v_{i+1} := mv_i - d\eta w_i - \eta \left\langle \frac{\partial L}{\partial w} \middle| w_i \right\rangle_{D_i} \tag{4.13}$$

$$w_{i+1} := w_i + v_{i+1}, \tag{4.14}$$

ここで i は繰り返し回数，v はモーメント変数，η は学習率である。$\left\langle \frac{\partial L}{\partial w} \middle| w_i \right\rangle_{D_i}$ は i 番目のミニバッチ D_i 内で w の期待値である。

AlexNet では，縦横の画素数が 256×256 の入力原画像ではなく，画素幅 224×224 のパッチ画像が用いられた。パッチは原画像からランダムに切り出して作成された。このパッチの左右反転画像も訓練に用いられた。このようにしてデータを増やすことをデータ拡張と呼ぶ。

以上のようにして作成され，訓練された AlexNet は，ILSVRC2012 でサポートベクトルマシンモデルの成績を凌駕した。

AlexNet の情報

(1) クリゼンスキー (A. Krizhevsky) のページ：`http://www.cs.toronto.edu/~kriz/`
(2) 論文：`http://books.nips.cc/papers/files/nips25/NIPS2012_0534.pdf`
(3) cuda–convnet2：`https://github.com/akrizhevsky/cuda-convnet`

4.1.4 畳み込みニューラルネットワークの諸技法

ここで AlexNet で用いられた技法を整理する。

〔**1**〕 **マックスプーリング**　マックスプーリング (max pooling) 層は特徴層の最大値を検出し，その値を出力した位置を保持する。値を出力した特徴検出器 (核関数) の位置は位置指標のパラメータ (where) として作用する。

マックスプーリングには，以下の二つの特徴がある。

(1) 最大値のみを取り出し，他の値を捨てることで上位層の計算量を減じることができる。マックスプーリングのこの特徴は同一空間には一つの対象物しか存在しないとする外界の拘束条件，視覚環境の制約を表現している。そして他に理由が存在しなければ，最大値を出力した検出器を信頼する機構と解釈できる。
(2) 空間的に局在した入力信号の核関数との相関を保持する。

全視野にわたって結合係数を共有する共有結合係数モデルの場合は，係数行列のサイズが小さくなって計算効率がよい。

ただしプーリング範囲内に外れ値が存在した場合，マックスプーリングではその外れ値を拾ってしまうという問題がある。性能向上に必要な情報を反映しているとはかぎらない外れ値を除外する意味では，平均値を用いるアベレージプーリングの使用も検討されている。バッチ正則化は外れ値への対処の意味があると思われる。

図 4.22 に，サイズ 5×5 の特徴地図が 2 段の畳み込みニューラルネットワー

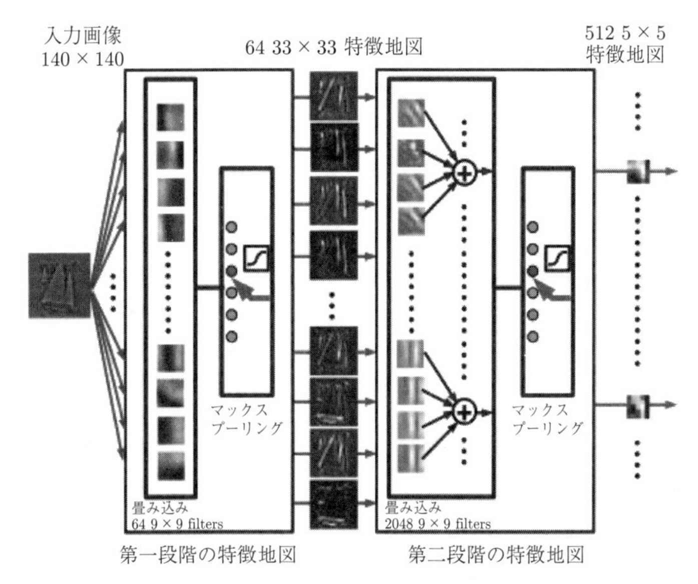

図 **4.22** 多層化（ランザトとルカンの文献 79) の図 4 より）

クで Caltech101 データセットを処理した場合の例を示した。フィルタ（特徴地図）は，紹介した EM アルゴリズムに類似した交互に最適化を行う畳み込みニューラルネットワークアルゴリズムで得られた結果である。

〔**2**〕 **ドロップアウト**　現在のドロップアウトを明確に謳（うた）った文献はヒントン（G. Hinton）の 2012 年の論文である[86)]。中途退学や落第の意味もあるので訳さずにドロップアウトと表記する。

確率的勾配降下法の発想とは逆行するが，大規模データを小規模な訓練データに学習させると過学習（overfitting あるいは over–learning）が生じる。このとき乱数を用いてユニットの半分を脱落（ドロップアウト）させると，過学習を抑制できる。下位層のユニットを乱数を用いてドロップアウトさせると，上位層ユニットは特定の下位層ユニットを決定論的な手掛かりとして使う術を失う。その結果，上位層ユニットは特定の下位層ユニットの活動に依存しない抽象的な表現を獲得するようになると考えられる。AlexNet ではドロップアウト率は 50%であった。

正則化の従来手法　媒介変数が十分に多ければ，目標関数を任意の精度で近似することが可能となるが，このことはモデルの複雑度を増し，自由度を高めるがゆえに過学習に陥る。さらに，与えられた事例だけに特化して学習させると，未学習の事例において対処できなくなる過学習が起きる。逆に，学習が不十分であれば事例に対して正解できなくなる。統計モデルにおいては，モデルの対数尤度（ゆうど）と自由パラメータ数とを用いて，AIC[42] などを使って最適なモデルを定めるような手法が考案されてきた。ベイズ推論も可能である[87)~89]。しかし，AIC にしてもベイズ推論にしても，正則化法を一つ決めればその規準内で最も適合するモデルを選択する判断材料となるだけで，その正則化法自体が正しいことを保証しない。過学習を防いで一般則を学習させるためには，以下のような方法が考案されてきた。

(1) 交差検定（cross validation），早期打ち切り（early stoping）

(2) 正則化（regularization），重み崩壊（weight decay）[30]

(3) 枝刈り（pruning）[90,91]

ドロップアウトはこれら手法の後継者と見なしうる。

畳み込みニューラルネットワークと異なり，後述する LSTM ではドロップアウトが汎化性能を向上させるとはかぎらないとされていた。しかしザレンバ（W. Zaremba）は，再帰結合はドロップアウトさせず，多層 LSTM の順方向結合のみをドロップアウトさせることで，LSTM でも汎化能力が向上することを示した[92]。ザレンバは，言語モデル，発話認識，画像からの脚注生成，機械翻訳の課題で汎化性能向上が認められたと報告している。

LSTM を含むリカレントニューラルネットワークにおいては，再帰結合（フィードバック結合）は過去の情報を処理する役割があるため，再帰結合をランダムにドロップアウトさせると LSTM セルのもつ記憶保持機構を妨害する恐れがある。順方向の結合だけを選択的にドロップアウトさせる意味がこの点にあると考えられる。

〔**3**〕 **整流線形ユニット**　整流線形ユニットは $f(x) = \max(0, x)$ である。すなわち整流線形ユニットは入力が負であれば他のユニットへなにも貢献をしない。入力が正であればその信号を出力する。したがって $x = \infty \Rightarrow f(x) = \infty$

となり飽和しない。一方，ロジスティック関数とハイパータンジェントは，入力信号が大きくなっても出力値が1.0を越えることがない。

整流線形ユニットの利点の一つは解釈容易性にある。人間にとっても機械にとっても，ユニット間の通信では，先行するユニットが不活性でかつ結合係数が負のとき，否定証拠を否定する二重否定となって解釈が困難である。このことは比喩的な意味ばかりではない。二重否定に陥りそうな場合を単純に無視できるほうが学習が容易である。

〔4〕 **活性化関数のPROS，CONS**　整流線形ユニットと活性化関数に用いられてきたシグモイド関数とハイパータンジェントの特徴を**表4.1**に示した。

表4.1　活性化関数のPROS，CONS

関　数	PROS.	CONS.
σ	入力がなくても0.5で 出力バイアスになる。	確率的解釈が可能
tanh	原点付近での挙動が入出力で 変わらない。	原点付近で正負逆転のため 意味が変化する。
整流線形ユニット	簡単	無駄死のニューロンが増える。

4.2　LSTM

LSTMはリカレントニューラルネットワークの発展形である。2010年代以降，リカレントニューラルネットワークは時系列情報処理[93]の発展として，チューリングマシン（Turing machine）との相同性[94]，擬似プログラムコード生成[95]，英仏自動翻訳[96]，画像からの脚注生成[97)~99]など応用が盛んな領域である†。時系列情報を一定の時間窓の期間保持し，時間窓内の情報についての学習アルゴリズムには，BPTT[100]，RTRL[58]が提案されている。類似した用語にリカーシブニューラルネットワーク（recursive neural networks，RNN）[101]がある。このモデルは自然言語処理に特化したモデルである（5.10.9項参照）。

† 解説：`http://colah.github.io/posts/2015-08-Understanding-LSTMs/`，`https://github.com/kjw0612/awesome-rnn`

4.2.1 CEC の 呪 い

CEC とは Constant Error Carousal の頭文字である。一時刻前の情報はゲートの存在がなければ自己結合係数，すなわち自己フィードバックが 1.0 であるので，単純再帰型ニューラルネットワークと等価である。単純再帰型ニューラルネットワークでは，CEC 制御のための機構が明示的に設定されておらず，長距離依存の関係を修得するまでに長期にわたる学習を必要とした。これは CEC の呪いと呼ばれる。長距離依存（long–term denpendency）の解決のためには，直前の情報が妨害的に働く。そこで情報を保持している中間層に対して，ゲートを設定し，ゲート制御により中間層の状態と入出力を制御することが提案されている[10)]。

4.2.2 勾配消失問題，勾配爆発問題

勾配消失問題と勾配爆発問題を明確に記述したのはベンジオ[102)]である。しかし，以前から知られていた問題でもあった[103)]。バックプロパゲーション法においては，任意の課題における特定の出力層ユニットの誤差が下位層の全ユニットに伝播する。したがって，多層化されたニューラルネットワークで，かつ活性化関数をシグモイド関数（$\sigma(x) = (1 + \exp -x)^{-1}$）とした場合，誤差関数を各結合係数で微分した値にシグモイド関数の微分が入る（式 (4.15)）

$$\frac{d\sigma(x)}{dx} = \sigma(x)(1 - \sigma(x)). \tag{4.15}$$

$0 \leqq \sigma(x) \leqq 1$ であるので，$d\sigma(x)/dx$ は微分するたび，すなわち層を下るたびに小さくなる。勾配消失問題の一因はここにもある。

一方，リカレントニューラルネットワークは系列が長くなると再帰が深くなり，伝播した勾配が発散する。最小化すべき損失関数 L をパラメータ θ で時間窓 t_w までの勾配を計算すると，つぎの式 (4.16) のようになる。

$$\frac{\partial L}{\partial \theta} = \sum_{t \in t_w} \frac{\partial L}{\partial h_{t-1}} \frac{\partial h_{t-1}}{\partial h_t} \frac{\partial h_t}{\partial \theta^{(t-1)}}, \tag{4.16}$$

ここで $\partial h_{t-1}/\partial \theta^{(t-1)}$ は中間層 h での時刻 t におけるパラメータ θ の微分であ

る。階層が深くなると，$\partial h_t/\partial h_{t-1}$ のヤコビアン（Jacobian）行列式の最大特異値に応じて拡大縮小が起こる。特異値が 1 より小さければ勾配消失問題となり，1 より大きければ勾配爆発問題となる[102)]。リカレントニューラルネットワークの学習においては式 (4.16) で再帰的に勾配を計算した場合，ヤコビアンの最大特異値に応じて指数関数的に勾配が変化することになる。このため勾配の値をある範囲に収める（クリップする）などが行われている（勾配クリップ，gradient clip)。勾配クリップとは，勾配爆発が局在した小領域でしか起こらないという仮定に基づいている。一定以上の勾配値に達した場合，強制的にその値を抑える[102)]。式 (4.17) では，しきい値 θ を設定し，求めた勾配の絶対値がしきい値以上であればしきい値以下に変換している[104)]。

$$\hat{\boldsymbol{g}} \leftarrow \frac{\theta}{|\boldsymbol{g}|}\hat{\boldsymbol{g}}, \text{ if } |\hat{\boldsymbol{g}}| \geqq \theta \tag{4.17}$$

グレイブスは $\theta = 1$ を用いた[105)]。

Chainer では `chainer.optimizer.GradientClipping(maxnorm)` で指定可能である。Theano では `theano.gradient.grad_clip(x, lower_bound, upper_bound)` である。このとき `x` は Theano 変数で `theano.function()` 関数の第 1 引数に指定する被微分変数である。

LSTM はこれを解決するために，ゲートを設定し，ゲートの開閉によって一時刻前のシステムの状態からの影響を制御する。一時刻前のシステムの状態から影響を制御することで長距離間隙，長距離依存に対処する。図 **4.23** は LSTM による長距離依存の例を示している。

図 **4.24** に LSTM の概念図を示した。図 4.24 では，情報は下から上へと流れる。図 4.24 は図 3.12 と異なり全ネットワークを示しているのではなく，一つの LSTM ユニットだけを描いてある。この LSTM ユニットを複数個用いて 1 層が構成されることとなる。図 4.24 中央の c が記憶ユニットである。丸の中に σ と書かれたゲートが三つ存在する。c の上下にそれぞれゲートが配置され，入力ゲート，出力ゲートと呼ばれる。c の自己フィードバックには忘却ゲートが配置されている。c の出力，すなわち過去の状態からの再帰結合は恒等関数

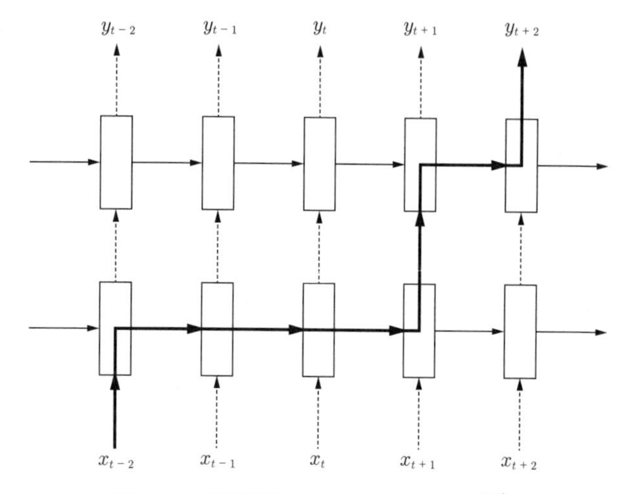

図 4.23　長距離依存の概念図（ザレンバ[92]）

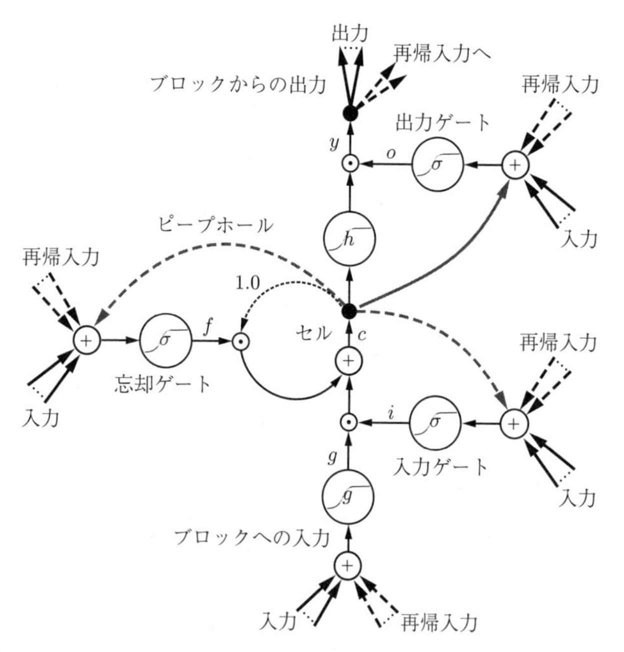

図 4.24　LSTM ブロックの概念図（グレフらの文献 106）の図 1 を改変）

$f(x) = x, \forall x$ である。図 4.24 では 1.0 と表記した。c への入力は CEC と忘却ゲートの出力との要素積（アダマール積）である。

入力ゲートと出力ゲートの役割は，入出力量をスケーリングすることでCECにどの程度の誤差を学習するかを指示するように振る舞うことである。そして，入力ゲートによるスケーリングと出力ゲートのスケーリングにより誤差を開放するか否かの情報を，記憶ユニットが学習することになる。忘却ゲートは，CECに対して，すなわち一時刻前の自身の保持している情報を利用するか否かを定めるためのゲート開閉を行う。なお，原典のLSTM[9)]においては忘却ゲートは存在せず，ゲルス（F. Gers）らによって導入された[10)]。

一つのLSTMの構成単位には，入力を受ける点が4点存在する。一つは図中の最下から入力される入力と再帰入力であり，他の三つは三つのゲートへの入力である。

さらに中央のセルから3方向へ矢印が出ている。この矢印のうち二つは点線で描かれ，もう一つは実線で描かれている。この三つの矢印はピープホール（peephole）と呼ばれる結合であり，2000年にゲルス（F. Gers）らによって導入された[10)]。ピープホールによってセルの内容が直接三つのゲートに作用するようになる。ただし，実装によってはピープホールを実現していない場合がある。ゲルス自身の作成したシミュレータではピープホールが実装されている[†1]。Theanoでは実装がないがチュートリアルにLSTMの説明がある。コードもダウンロードできる[†2]。チュートリアルページの式(2), (3), (5)はピープホールがあるように書かれている。しかし実際の`lstm.py`では明示的には書かれていない。Chainerでピープホールは実装されていないように見える[†3]。TensorFlowではデフォルトで`use_peepholes=False`である[†4]。LSTMの変種を調べたグレフ（K. Greff）ら[106)]によれば，ピープホールの有無がさほど意味のある差異を生むことはないようだ。

学習方法についてはBPTTあるいはRTRLが用いられる[58)]。ただし時間に関しての勾配計算はcセルのみで，ゲートに対する結合係数の学習については

---

†1 `http://www.felixgers.de/SourceCode_Data.html`
†2 `http://deeplearning.net/tutorial/lstm.html`
†3 `chainer/functions/activation/lstmp.py`
†4 `tensorflow/python/ops/rnn_cell.py`

BPTT，RTRL は用いられなかった。全時刻にわたるすべての勾配を計算した研究は，グレイブス（A. Graves）とシュミッドフーバー（J. Schmidhuber）による[107]。彼らは音素認識に LSTM を用い，学習に BPTT を用いた。彼らは，極端な勾配値を避けるため，一定範囲に勾配を収める勾配クリップを導入した。本書で紹介している実装では，一定の時間窓で計算を打ち切ることがあるが，全時刻にわたる BPTT を用いて実問題に適用できることが示された。

図 4.24 中の表記と対応させてそれぞれ時刻 t における入力信号を x_t，以下それぞれ入力ゲート i_t，忘却ゲート f_t，出力ゲート o_t，出力信号 y_t，記憶セル c_t とすれば，LSTM の動作は以下のように表記できる。

$$i_t = \sigma(\boldsymbol{W}_{xi}x_t + \boldsymbol{W}_{hi}y_{t-1} + b_i), \tag{4.18}$$

$$f_t = \sigma(\boldsymbol{W}_{xf}x_t + \boldsymbol{W}_{hf}y_{t-1} + b_f), \tag{4.19}$$

$$o_t = \sigma(\boldsymbol{W}_{xo}x_t + \boldsymbol{W}_{ho}y_{t-1} + b_o), \tag{4.20}$$

$$g_t = \phi(\boldsymbol{W}_{xc}x_t + \boldsymbol{W}_{hc}y_{t-1} + b_c), \tag{4.21}$$

$$c_t = f_t \odot c_{t-1} + i_t \odot g_t, \tag{4.22}$$

$$h_t = o_t \odot \phi(c_t) \tag{4.23}$$

$\boldsymbol{W}$ は関連する結合係数行列，σ はロジスティック関数（$(1+\exp(-x))^{-1}$），ϕ はハイパータンジェント（tanh）である。$\odot$ は要素積（アダマール積）である。ゲートの出力にロジスティック関数を用いているため，ゲートを通過する情報は 0 から 1 の間で調整される。

実装では，ゲートの結合係数のバイアス項を一定の値で初期化することが行われる。バイアス項が 0 近傍の値で初期化されると，ゲート半開状態で学習が開始される。負の値になればゲートが閉じた状態となるため，フィードフォワード型のネットワークと変わらない状態で学習が開始され，リカレントニューラルネットワークを導入した意味が薄れてしまう。TensorFlow ではデフォルトで 1.0 である。

式 (4.23) のとおり，LSTM は通常のリカレントニューラルネットワークに比べて4倍の結合係数行列をもつ。ピープホールを加えればさらに三つの結合係数が加わる。Python で表現すれば，Chainer の LSTM では以下のとおりである†。

```
1  class LSTM(function.Function):
2      def forward(self, inputs):
3          c_prev, x = inputs
4          a, i, f, o = _extract_gates(x)
5
6          if isinstance(x, numpy.ndarray):
7              self.a = numpy.tanh(a)
8              self.i = _sigmoid(i)
9              self.f = _sigmoid(f)
10             self.o = _sigmoid(o)
11
12             self.c = self.a * self.i + self.f * c_prev
13             h = self.o * numpy.tanh(self.c)
14     return self.c, h
```

上記コードで関数 forward() は引数として入力 input を受けている。この引数は c_prev と x とに分解される。さらに x は各ゲートを表す a, i, f, o に分解される。a はハイパータンジェントで変換されている。他の三つの変数は，入力ゲート i，忘却ゲート f，出力ゲート o であり，シグモイド関数で変換される。1行空けてメモリセル c の内容を更新し，出力 h を計算して，両者を返すのが forward 関数である。

NumPy だけを仮定したサンプルコードの一例を示す。

```
6  class LSTM:
7
8      @staticmethod
9      def init(n_inp, n_hid, forget_bias_init=3):
10         """Initialize parameters of the LSTM,
11         where we assumed both weights and biases in one
       matrix.
12         An additional argument: you can find a positive
13         forget_bias_init was to be up to 5 in some papers.
14         """
15
16         # +1 for the biases
17         W = np.random.randn(n_inp + n_hid + 1, 4 * n_hid)\
```

† chainer/functions/activation/lstm.py

```
18                                  / np.sqrt(n_inp + n_hid)
19          # initialize biases to zero
20          W[0, :] = 0
21
22          if forget_bias_init != 0:
```

この例では 4 倍の結合係数行列 W を定義して一括して扱うことを意図した。

LSTM は実用的な繰り返し回数 $\mathcal{O}(n)$（n は結合層数）で長期記憶の制御を学習できる（通常のリカレントニューラルネットワークでは $\mathcal{O}(n^3)$）。長期記憶は記憶セル $c_t^n \in \mathbb{R}$ のベクトルとして保持される。LSTM は，ネットワーク全体のアーキテクチャと活性化関数とは独立に長期記憶を保持する能力をもつ。LSTM は記憶ユニットを読み書きし，リセット，保持，検索することが可能である。

LSTM のこの能力はゲートの能力に由来する。ゲートを通過する際に，情報は要素ごとに積が行われる。ニューロンの結合を和ではなく積で表すことは，シグマパイユニット（ΣΠ ユニット）までさかのぼることができる[54]。

モデルが複雑であれば，設定すべきパラメータ空間は広がる。LSTM において，三つ存在するゲートのうち忘却ゲートは後になって追加されたように，どの機構が重要であるかは一つの解決すべき問題として残されている。グレフ（K. Greff）らは，GPU を駆使してパラメータ空間を探索し，どの機構が LSTM に有効なのかを調べている。論文のタイトルは，アーサー・C・クラークの映画，2001 年宇宙の旅，原題は A Space Odyssey になぞらえたようだ。論文名は A Search Space Odyssay である。宇宙空間とパラメータの探索空間とではどちらが広いのかは判断できない。結果は，派生モデルとオリジナル LSTM で差異が認めらない場合もあった（**図 4.25**）。

図 4.25 には LSTM9 変種の性能が箱ヒゲ図で描かれている。横軸が各モデルを表し，縦軸が TIMIT データセットの誤分類率である。最左 v（バニラ LSTM）が基本モデルある。左四つのモデル間に統計的な有意差はない。左から二つめの CIFG は入出力ゲートを対にしたモデル，左から 3 番めは完全ゲート再帰モデル，左から 4 番目はピープホールなしのモデルである。

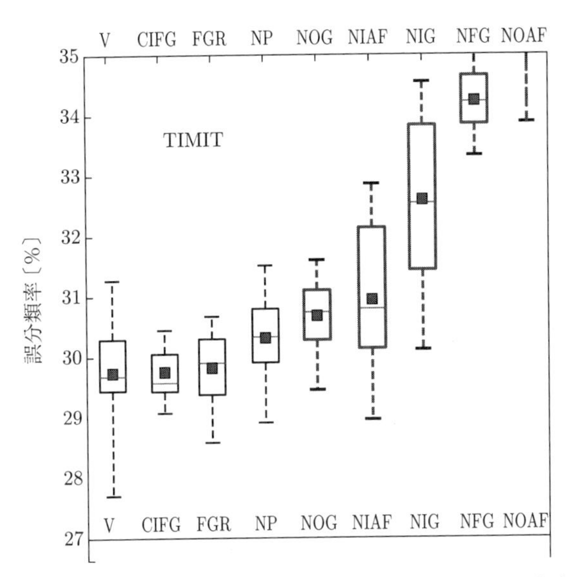

図 **4.25** LSTM 変種間の性能差（グレフらの文献 106) の図 2 を改変）

LSTM ユニットを複数個用いて 1 層が構成される。LSTM ユニットを多段に重ねることで深層 LSTM が構成される。**図 4.26** に深層 LSTM の模式図を示した。

多層化された LSTM においては異なる時間，空間尺度での情報が統合されることとなる。

LSTM は，時間変動を越えて長期に情報を記憶する能力をもつ。この長期記憶が記憶ユニット c への結合係数に蓄えられる。長期記憶は記憶ユニットの内容を書き換え可能であり，換言すれば記憶ユニットの内容を過去の情報で上書きして消去するか，一時刻前の情報を使いつづけるかを判断する。この意味で LSTM はメタ記憶情報を保持する能力を有する。LSTM ユニットはどれも同一構造をしているが，結合については，入出力の範囲をどのように定めるかに依存する。

LSTM は 3.3.1 項〔2〕で紹介した表 3.1 を解くことができる。鍵となるのは入力表現で，3.5.3 項で記した系列予測課題として訓練することである。

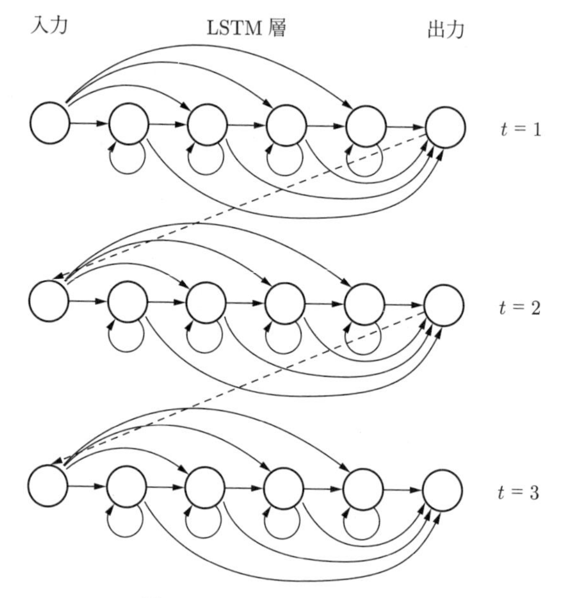

図 **4.26**　深層 LSTM の模式図

例えば $161 + 54 =$ を計算することを考える。LSTM への入力は，逐次的に '1'，'6'，'1，'+'，'5'，'4'，'=' を与える。LSTM は '2'，'1'，'9'，'ピリオド' を返す。訓練を重ねると 9 桁の加算に正解する。よって，$13\,828\,700 + 10\,188\,872 =$ に対して 24 017 572. と返す。LSTM が加算を理解したわけではないが，返した結果を見ると加算を理解しているか否かを区別できない†。

パスカヌら[108]は，入力信号と現在の状態とでネットワークを構成する場合，種々の可能性があることを指摘した（図 **4.27**）

近年，リカレントニューラルネットワーク，とりわけ LSTM の応用が盛んである。写真から脚注作成（ニューラル画像脚注づけ，6.1 節参照）では認識部分に深層学習を，出力に LSTM を用いる[98]。文献 66) は動画に，文献 92) は機械翻訳に，文献 109) は発話解析にそれぞれ LSTM を応用している。

† https://devblogs.nvidia.com/parallelforall/understanding-natural-language-deep-neural-networks-using-torch/

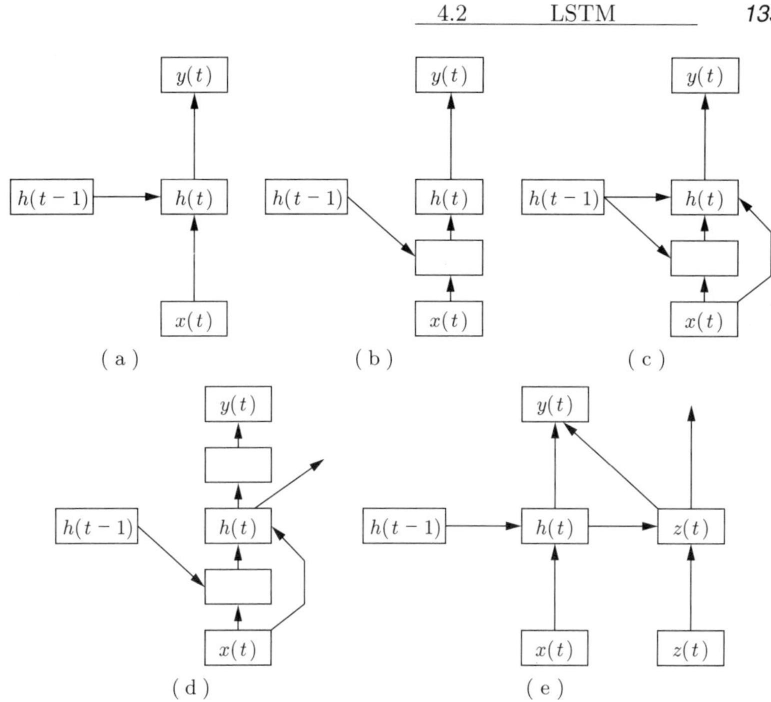

図 **4.27** パスカヌらの文献 108) の図 2 を改変

4.2.3 ゲート付き再帰ユニット

LSTMの成功によりゲートの役割が認識されるようになった。その中からゲート付き再帰ユニット（gated recurrent unit，GRU）を紹介する[110)]。ゲート付き再帰ユニットの模式図を**図 4.28** に示した。

図 4.28 中の左から右へと時刻が遷移する。中間層の状態 h をつぎの時刻の状態 $\tilde{h}$ へと変換する際に，情報の開平を行うゲートをリセットゲート（r）と

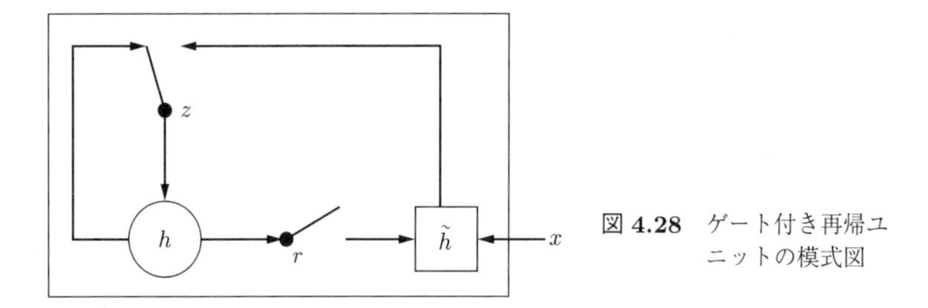

図 **4.28** ゲート付き再帰ユニットの模式図

呼ぶ。一方，同じ情報を受け取り，自身へと帰還する再帰信号の開平のためのゲートは更新ゲート（z）と呼ばれる。入力信号についての結合係数行列を，他のモデルと同じく $\boldsymbol{W}$ とし，再帰結合についての自己結合係数行列は $\boldsymbol{U}$ とした。

ゲート付き再帰ユニットは，大きさ $n \times n$ の結合係数行列が六つ存在する。式 (4.23) が通常のリカレントニューラルネットワークに比べて 4 倍であったことと比較すると，結合係数行列を $\boldsymbol{W}_r$, $\boldsymbol{W}_z$, $\boldsymbol{W}$, $\boldsymbol{U}_r$, $\boldsymbol{U}_r$, $\boldsymbol{U}$ とすれば，ゲート付き再帰ユニットは以下のとおり表記できる[111),112)]。

$$r \ = \sigma(\boldsymbol{W}_r x_t + \boldsymbol{U}_r h), \tag{4.24}$$

$$z_t = \sigma(\boldsymbol{W}_z x + \boldsymbol{U}_z h), \tag{4.25}$$

$$\bar{h} \ = \tanh(\boldsymbol{W}_x + \boldsymbol{U}(r \odot h)), \tag{4.26†}$$

$$h' = (1 - z) \odot h + z \odot \bar{h}, \tag{4.27}$$

どこまで過去の情報を保持し，どのような周期を仮定するかについては，リカレントニューラルネットワークのもつ内部構造をランダムに設計することを想定しうる周期を再現しようとするモデルに，エコーステートネットワーク（echo state network，ESN）がある。これは，たがいに疎（sparse）に結合した中間層ユニットをもつリカレントニューラルネットワークである。学習は出力ユニットについてのみ行われる[113)]

4.2.4　双方向再帰モデル：BRNN

系列データが与えられていれば，次刻の出力を予測する際に $t + \alpha$（$\alpha \geqq 1$）なる未来のデータ系列も利用可能であれば，双方向リカレントニューラルネットワーク（BRNN）[12)] を用いていることがある。**図 4.29** には原典の図 3 を改変した図を掲載した。

この図を見ると，未来のデータが現在の状態を決めるといった，因果律に違反することをしているように感じられる。しかし，時系列情報処理では系列に含まれる情報はすべて活用する，という意味でのデータの活用である。実際に

† 式 (4.26) 右辺は，文献によっては $\tanh(\boldsymbol{W}_x + r(\boldsymbol{U} \odot h))$ となっている。

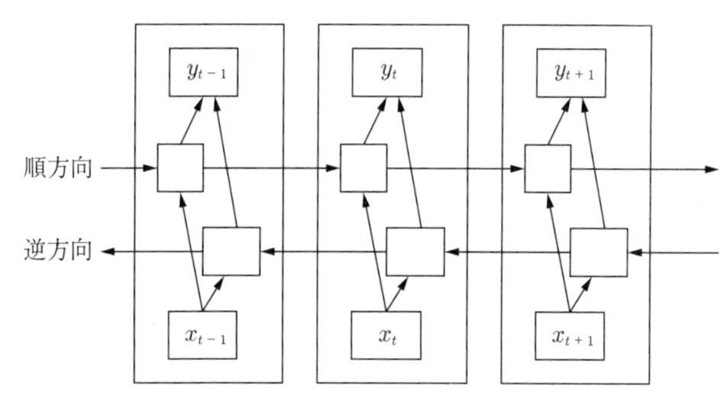

図 4.29 シュスターの文献 12) の図 2 を改変

人間の聴覚情報処理，音声認識において，音源の瞬断や信号ノイズ比の変動があっても聴覚情報処理が可能であるという心理物理学研究の報告がある。さらに，順行マスク，逆行マスク刺激は，人間の知覚に影響を及ぼすことが知られている。BRNN において後続情報が現在の情報に対して影響を及ぼすことは突飛な考えではないだろう。BRNN で時刻 t における入力 x_t に対して，時間に対して順方向 $\overrightarrow{h}_t$ の流れを処理する中間層と，時間に対して逆方向の流れ $\overleftarrow{h}_t$ を処理する中間層を仮定する。時刻 t での出力系列を s_t とすると BRNN は以下の式で表現される。

$$e_t = f(\boldsymbol{W}_e x_t + b_e) \tag{4.28}$$

$$h_t^f = f\left(e_t + \boldsymbol{W}_f \overrightarrow{h}_{t-1} + b_f\right) \tag{4.29}$$

$$h_t^b = f\left(e_t + \boldsymbol{W}_b \overleftarrow{h}_{t+1} + b_b\right) \tag{4.30}$$

$$s_t = f\left(\boldsymbol{W}_d\left(\overrightarrow{h}_t + \overleftarrow{h}_t\right) + b_d\right) \tag{4.31}$$

ここで，$\boldsymbol{W}$ は各ユニットへの結合係数，b はバイアスである。

リプトン（Z.C. Lipton）らによるリカレントニューラルネットワークの総説論文は，過去から現在の LSTM，BRNN までを網羅的に取り上げている[114)]。

系列制御一般を考えれば，**図 4.30** のような分類が可能である。

図 4.30 はカルパセィのブログ記事†を基に作成した。図 (a) は入力情報が固

† http://karpathy.github.io/2015/05/21/rnn-effectiveness/

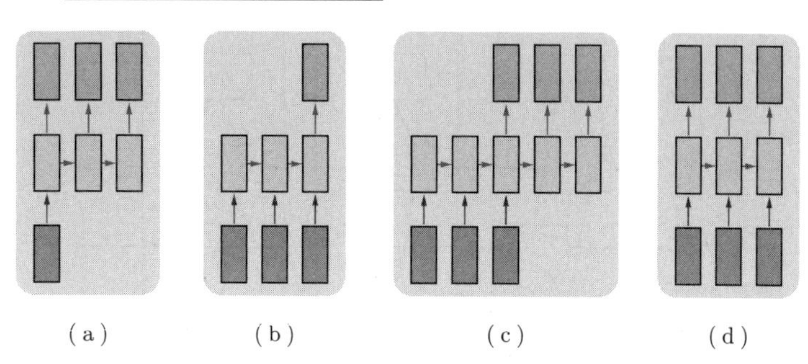

図 4.30　リカレントニューラルネットワークによる系列制御の模式図

定で出力が系列となる場合である。後述するニューラル画像脚注づけなどがこれに該当する。図 (b) は系列入力，固定長出力である。文のセンチメント判断課題などがこれに該当する。図 (c) は系列入力，系列出力の場合である。機械翻訳などがこの範疇（はんちゅう）に該当する。図 (d) は同期した入出力系列である。ビデオのフレームにラベルづけをする場合などに用いられる。

4.2.5　LSTMの変種

LSTM の成功から，さらなる拡張を試みる動きが広がっている。簡単に列挙だけしておく。

図 4.31 はチェン（J. Chung）らの変分リカレントニューラルネットワークの説明である。図 (a) では直前の中間層ユニットの状態が出力に影響を与える場合である。図 (b) は反対に次刻の入力に影響する場合，図 (c) は再帰結合，図 (d) は直前の中間層と現在の入力から直接推論を行う場合であり，点線で描

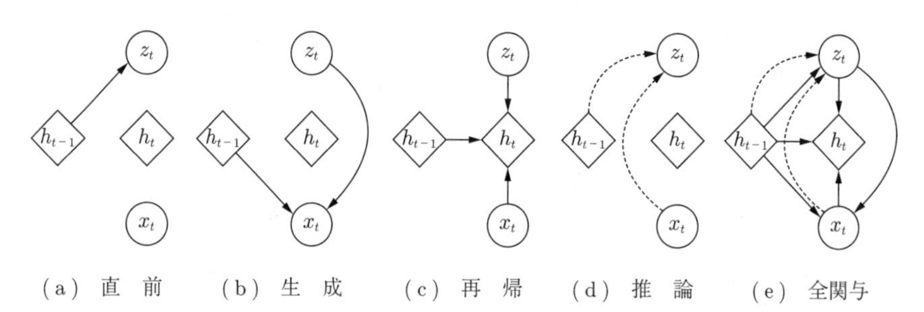

図 4.31　種々の LSTM 変種

かれている。図(e)はすべての場合を示してある。

図 4.32 はカルヒブレナー(N. Kalchbrenner)らのグリッド LSTM である[115]。格子状 LSTM では，LSTM の配置を拡張し，LSTM のセルに隣接するセルどうしをつないで 2 次元格子状，3 次元格子状に配列することを提案している。

図 4.33 はコウトニック(J. Koutonik)の時計状 LSTM である[116]。

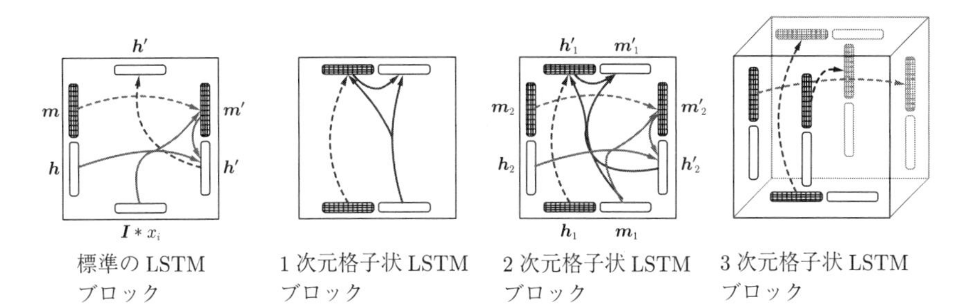

図 **4.32** 格子状 LSTM

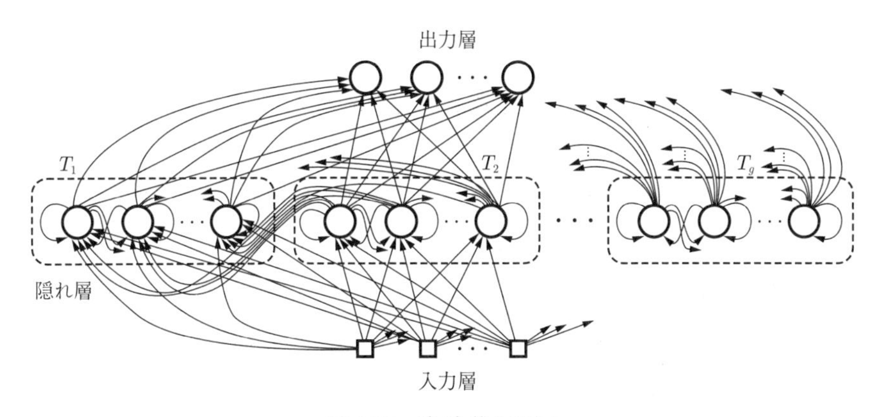

図 **4.33** 時計状 LSTM

時計状 LSTM では，時定数の異なる LSTM が相互に連結される。このため，中間層内での信号の流れが時計方向，フィードバックが反時計方向に流れる。

図 4.34 はヤオ(K. Yao)らの深層 LSTM である[117]。

深層 LSTM では多層化された LSTM 層のセルがつながっている。

さらにハイウェイネットワークでは，層を飛び越す結合が仮定された[118]。層

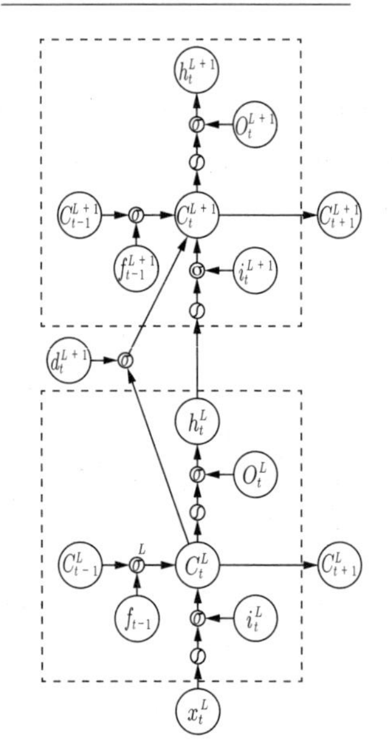

図 4.34　深層ゲート LSTM

を飛び越すショートカットは，ResNet[7] でも採用され性能向上に寄与している。

4.3　確率的勾配降下法

小標本数で勾配計算を行うと，全体の勾配の平均に対するノイズ付き推定量となる。この小標本による勾配は厳密解法のよい推定量を与えることがボトー (L. Bottou) によって示された[119]。

一般の教師あり学習を考えるとき z を入出力の組 (x, y) とする。損失関数 $\ell(x, y)$ を実際の y が与えられたときの予測値 $\hat{y}$ のコストとする。パラメータ w によって重みづけられた関数族 $f \in \mathcal{F}$ の中から損失 $Q(z, w) = \ell(f_w(x), y)$ を最小にする f を見出す問題である。簡単のため $\mathcal{F}$ は固定で，関数 $f_w(x)$ は線形にパラメトライズ可能であるとする $(w \in \mathbb{R}^d)$。経験損失に関するヘシアン行列を

$$H = \frac{1}{n} \sum_{i \in n} \frac{\partial^2 \ell(f_n(x_i), y_i)}{\partial w^2}. \tag{4.32}$$

同様にしてフィッシャー情報行列を

$$G = \frac{1}{n}\sum_{i\in n}\left[\left(\frac{\partial \ell(f_n(x_i), y_i)}{\partial w}\right)\left(\frac{\partial \ell(f_n(x_i), y_i)}{\partial w}\right)^T\right] \tag{4.33}$$

とすれば，H の最大固有値と最小固有値の比を条件数と呼び，$\kappa = \lambda_{\max}/\lambda_{\min}$ と定義する。また $\nu = \mathrm{tr}(GH^{-1})$ とする。

4.3.1　勾配降下法：GD

$$w_{t+1} \leftarrow w_t - \eta \frac{\partial E_n(f_{wt})}{\partial w} \tag{4.34}$$

である。収束は $\eta = 1/\lambda_{\max}$ のとき最大となる（図 **4.35**）。

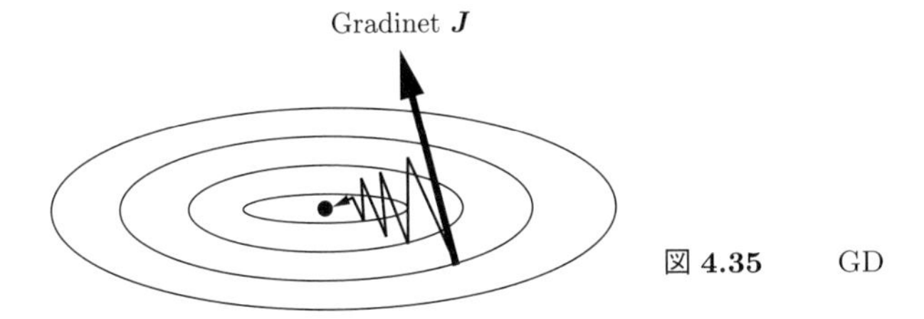

図 **4.35**　　GD

4.3.2　ニュートン法：2GD

$$w_{t+1} \leftarrow w_t - H^{-1}\frac{\partial E_n(f_{wt})}{\partial w} \tag{4.35}$$

H^{-1} が既知である必要がある。学習速度は κ に依存する（図 **4.36**）。

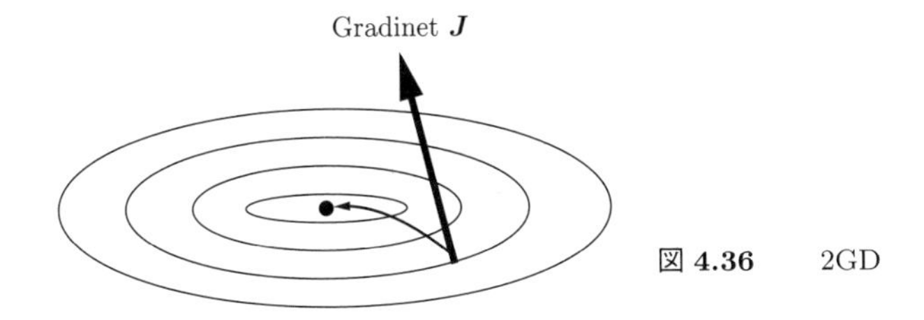

図 **4.36**　　2GD

4.3.3　確率的勾配降下法：SGD

サンプル (x_t, y_t) を抽出して以下の更新式を適用する。

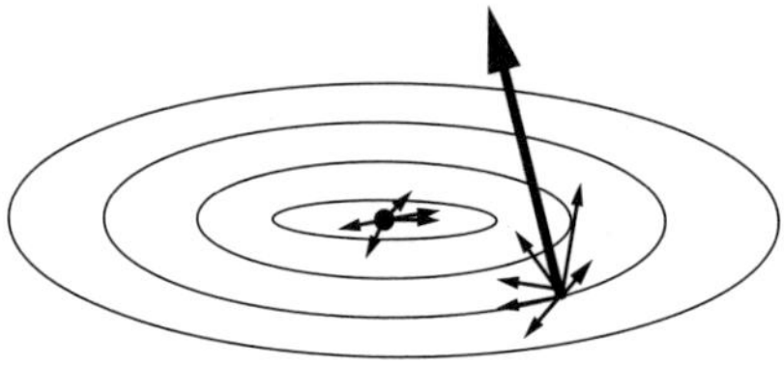

図 **4.37**　　SGD

$$w_{t+1} \leftarrow w_t - \frac{\eta}{t} \frac{\partial \ell(f_{wt}(x_t), y_t)}{\partial w} \tag{4.36}$$

収束は $\eta = 1/\lambda_{\min}$ のとき最速となる（図 **4.37**）。

4.3.4　2 階確率的勾配降下法：2SGD

サンプル (x_t, y_t) を抽出して以下の更新式を適用する。

$$w_{t+1} \leftarrow w_t - \frac{1}{t} H^{-1} \frac{\partial \ell(f_{wt}(x_t), y_t)}{\partial w} \tag{4.37}$$

確率的勾配降下法におけるゲイン η/t を行列 $1/tH^{-1}$ で置き換えた場合である。繰り返しごとの計算量はデータ数の 2 乗に増加するが，収束までの繰り返しは κ^2 に減少する。

確率的勾配降下法の性能は表 **4.2** に示した[15),16)]。

確率的勾配降下法のレシピは以下のとおりとなる。

1) 小集団をサンプリングする。

表 **4.2**　確率的勾配降下法の性能比較[16)]より

アルゴリズム	訓練時間〔秒〕	テスト誤差〔%〕
ヒンジ損失 $\lambda = 10^{-4}$		
SVMLight	23 642	6.02
SVMPerf	66	6.03
SGD	1.4	6.02
ロジスティック損失 $\lambda = 10^{-5}$		
LibLinear（$\rho = 10^{-2}$）	30	5.68
LibLinear（$\rho = 10^{-3}$）	44	5.70
SGD	2.3	5.66

2) さまざまなゲイン η をその小集団に試す。

3) コスト関数を最も下げた η を採用する。

4) η を用いて 100 000 回全データセットを訓練する。

確率的勾配降下法においては，サンプリングした小標本も全データの統計的性質を表現しうるデータサイズが必要であるが，全データが多いビッグデータ解析にはこの方法が合致する。確率的勾配降下法は勾配降下法の変形である。したがって大域最適解に収束することは保証されない。これは勾配降下法を用いるすべての手法のもつ性質であるから，確率的勾配降下法の欠点とはいえない。

手法ごとの計算量を**表 4.3** に示した。

表 4.3 各種法の計算量

	繰り返しごとのコスト	収束基準 ρ までの繰り返し数	ρ に到達する時間
GD	$\mathcal{O}(nd)$	$\mathcal{O}\left(\kappa \log \frac{1}{\rho}\right)$	$\mathcal{O}\left(nd\kappa \log \frac{1}{\rho}\right)$
2GD	$\mathcal{O}(d+n)$	$\mathcal{O}\left(\log \log \frac{1}{\rho}\right)$	$\mathcal{O}\left(d(d+n) \log \log \frac{1}{\rho}\right)$
SGD	$\mathcal{O}(d)$	$\frac{\nu\kappa}{\rho} + \mathcal{O}\left(\frac{1}{\rho}\right)$	$\mathcal{O}\left(\frac{d\nu\kappa}{\rho}\right)$
2SGD	$\mathcal{O}(d^2)$	$\frac{\nu}{\rho} + \mathcal{O}\left(\frac{1}{\rho}\right)$	$\mathcal{O}\left(\frac{d^2\nu}{\rho}\right)$

数値計算の観点から，ヘシアン行列の計算はパラメータの 2 乗個の微分を必要とする。このため，計算量が増大すると考えられてきた。しかし，ヘシアン行列の算出にコストがかかっても，現実的な時間で解を求めることができれば，ヘシアン行列を使えばよい。ヘシアン行列を用いるか否かは，実用的な解を現実的な時間で求められるか否かで決まる。すなわち解法を決めるのはデータであるという言い方もできる。

前述のとおり，確率的勾配降下法ではミニバッチごとに更新が行われる。更新式そのものについては過去のバックプロパゲーション法であるので，Theano を仮定した以下の例のようになる。

```
1   class BP(Optimizer):
2       def __init__(self, learning_rate=0.01, params=None):
3           super(BP, self).__init__(params=params)
4           self.learning_rate = learning_rate
5
6       def updates(self, loss=None):
7           super(BP, self).updates(loss=loss)
8
9           for param, gparam in zip(self.params,
                                      self.gparams):
10              self.updates[param] = param -
                self.learning_rate * gparam
11
12          return self.updates
```

4.3.5 AdaGrad

確率的勾配降下法はアルゴリズムであるので，更新式は上記にかぎらず適用可能である。更新式に改良を加えた提案には，AdaGrad[121)]，AdaDelta[120)]，Adam[122)]，Nesterov[123)]，RMSprop[124)] がある。本書で扱っている Caffe，Chainer，TensorFlow で実装されている。Caffe では `solver` の‘`type`’に `SGD`，`AdaDelta`，`AdaGrad`，`Adam`，`Nesterov`，`RMSprop` と記述することになる。Theano では標準実装はされていない `pip` でインストールできる最適化手法が散見される。Chainer では，AdaDelta，AdaGrad，Adam，モーメント法，Nesterov（NAG），RMSprop（とグレーブスのバージョン[105)]）とそろっている。TensorFlow は，AdaGrad，モーメント法，Adam，FTRL，RMSprop が実装されているが，掲示板などの情報を見るかぎりでは苦労する場合もある。

AdaGrad[121)] は，学習率を過去の勾配の二乗和の平方根（root mean square，RMS）で除した値である。

$$\Delta\theta = -\frac{\eta}{\sqrt{\displaystyle\sum_{\tau=1}^{t} g_\tau^2}} \tag{4.38}$$

```
1  class AdaGrad(Optimizer):
2      def __init__(self, learning_rate=0.01, eps=1e-6,
                    params=None):
3          super(AdaGrad, self).__init__(params=params)
4  
5          self.learning_rate = learning_rate
6          self.eps = eps
7          self.accugrads =
               [build_shared_zeros(t.shape.eval(),'accugrad')
8              for t in self.params]
9  
10     def updates(self, loss=None):
11         super(AdaGrad, self).updates(loss=loss)
12 
13         for accugrad, param, gparam in \
14             zip(self.accugrads,self.params,self.gparams):
15             agrad = accugrad + gparam * gparam
16             dx = - (self.learning_rate /
                       T.sqrt(agrad + self.eps)) * gparam
17             self.updates[param] = param + dx
18             self.updates[accugrad] = agrad
19 
20         return self.updates
```

4.3.6 AdaDelta

一方，AdaDelta は RMS をさらに直前の値をそれまでとの比として調整する。

$$\Delta\theta = -\frac{RMS[\Delta\theta]_{t-1}}{RMS[\Delta\theta]_t} \tag{4.39}$$

ρ をバランスパラメータとすれば次式 (4.40) を得る。

$$E[\Delta x^2] = \rho E[\Delta x^2]_{t-1} + (1-\rho)\Delta x_t^2 \tag{4.40}$$

AdaDelta の更新式は以下のようになる。

$$r \leftarrow \gamma r + (1-\gamma) g_w^2 \tag{4.41}$$

$$\nu \leftarrow \frac{\sqrt{s}+\epsilon}{\sqrt{r}+\epsilon} g_w \tag{4.42}$$

$$s \leftarrow \gamma s + (1-\gamma)\nu^2 \tag{4.43}$$

$$w \leftarrow w - \nu \tag{4.44}$$

Theano コードは以下のようになる:

```
1  class AdaDelta(Optimizer):
2      def __init__(self, rho=0.95, eps=1e-6, params=None):
3          super(AdaDelta, self).__init__(params=params)
4
5          self.rho = rho
6          self.eps = eps
7          self.accugrads =
   [build_shared_zeros(t.shape.eval(),'accugrad') for t
   in self.params]
8          self.accudeltas =
   [build_shared_zeros(t.shape.eval(),'accudelta') for t
   in self.params]
9
10     def updates(self, loss=None):
11         super(AdaDelta, self).updates(loss=loss)
12
13         for accugrad, accudelta, param, gparam \
14         in zip(self.accugrads, self.accudeltas,
                  self.params, self.gparams):
15             agrad = self.rho * accugrad \
16                     + (1 - self.rho) * gparam * gparam
17             dx = - T.sqrt((accudelta + self.eps) \
18                           /(agrad + self.eps)) * gparam
19             self.updates[accudelta]
                   = (self.rho*accudelta \
20                    + (1 - self.rho) * dx * dx)
21             self.updates[param] = param + dx
22             self.updates[accugrad] = agrad
23
24         return self.updates
```

ファールマン（S. Fahlman）のクイックプロップ[125]は

$$\Delta w(t) = \frac{\dfrac{\partial E}{\partial w_t}}{\dfrac{\partial E}{\partial w_{t-1}} - \dfrac{\partial w}{\partial w_t}} \Delta w(t-1) \tag{4.45}$$

であるので，微分の差分でヘシアンを近似したと見なすことが可能である。一方，AdaGrad，AdaDelta はヘシアンの計算を必要としないヘシアンフリーである[20]。

AdaGrad においては，以下の関数 R を最小化する。

$$R(W_{s+1}) = \left(\sum_i g_i w_{s+1,i}\right) + \lambda|w_{s+1}| + \frac{1}{2}\left(\sum_i h_i w_{s+1,i}^2\right) \tag{4.46}$$

ここで，w はそれまでに学習した重み係数であり，λ は正則化項，g および h は媒介関数である。

$$g_i = \frac{1}{s}\sum_{j=0} \frac{\partial f(w_j, x_j, t_j)}{\partial w_{j,i}} \tag{4.47}$$

および

$$h_j = \frac{1}{2}\sqrt{\sum_{i=0} \frac{\partial f(w_j, x_j, t_j)}{\partial w_{j,i}}^2} \tag{4.48}$$

に従う。g, h 共にデータごとの勾配から計算可能である。

最終的には，

$$|\bar{g}_i| \leqq \lambda \quad \text{when } w_i = 0 \tag{4.49}$$

$$\bar{g} > \lambda \quad \text{when } w_i = \frac{-g_i + \lambda}{\bar{h}_i} \tag{4.50}$$

$$\bar{g} < -\lambda \quad \text{when } w_i = \frac{-g_i - \lambda}{\bar{h}_i} \tag{4.51}$$

を得る。

$$\Delta r \leftarrow g_w^2 \tag{4.52}$$

$$\Delta w \leftarrow \frac{\alpha}{\sqrt{r} + \epsilon} g_w \tag{4.53}$$

4.3.7 Adam

Adam の更新式を式 (4.54) に示した[122)]。

$$\theta_t = \theta_{t-1} - \alpha \frac{E[g]}{\sqrt{E[g^2]}}, \tag{4.54}$$

ここで E は勾配の期待値である。期待値を漸化式に従って更新するので，n 回目の更新時の期待値は $n-1$ 回目の期待値を用いて

$$\bar{X} = \frac{(n-1)}{n}\bar{X}_{n-1}, \tag{4.55}$$

である。この期待値を 2 乗の期待値で除した値で更新する。

期待値の算出には，算術平均でなく指数移動平均（exponential moving average）を用いる場合，初期値の影響を指数的に減衰させることが可能である。以下のような更新式

$$m_t = \beta m_{t-1} - (1-\beta)g_t \tag{4.56}$$

$$m_t = (1-\beta)\sum_{i=1}^{t}\beta^{t-i}g_i \tag{4.57}$$

を用いる。この式は，

$$E[m_t] = (1-\beta)\sum_{i=1}^{t}\beta^{t-i}g_i] \tag{4.58}$$

$$\equiv E[g_t](1-\beta)\sum_{i=1}^{t}\beta^{t-i} \tag{4.59}$$

$$= E[g_t]\left(\sum_{i=1}^{t}\beta^{t-i} - \sum_{i=0}^{t-i}\beta^{t-i}\right) \tag{4.60}$$

$$= E[g_t](1-\beta^t) \tag{4.61}$$

となるので，期待値に $(1-\beta^t)$ だけバイアスがかかることに相当する。

$$\nu \leftarrow \beta\nu + (1-\beta)g_w \tag{4.62}$$

$$r \leftarrow \gamma r + (1-\gamma)g_w^2 \tag{4.63}$$

$$w \leftarrow w - \frac{\alpha}{\sqrt{\dfrac{r}{1-\gamma^t}+\epsilon}}\frac{\nu}{1-\beta^t} \tag{4.64}$$

```
1  class Adam(Optimizer):
2      def __init__(self,
3                   alpha=0.001,
4                   beta1=0.9,
5                   beta2=0.999,
6                   eps=1e-8,
```

```
7                     gamma=1-1e-8,
8                     params=None):
9         super(Adam, self).__init__(params=params)
10
11        self.alpha = alpha
12        self.b1 = beta1
13        self.b2 = beta2
14        self.gamma = gamma
15        self.t = theano.shared(np.float32(1))
16        self.eps = eps
17
18        self.ms = [build_shared_zeros(t.shape.eval(),'m')
                     for t in self.params]
19        self.vs = [build_shared_zeros(t.shape.eval(),'v')
                     for t in self.params]
20
21    def updates(self, loss=None):
22        super(Adam, self).updates(loss=loss)
23        self.b1_t = self.b1 * self.gamma ** (self.t - 1)
24
25        for m, v, param, gparam in \
26        zip(self.ms, self.vs, self.params, self.gparams):
27            _m = self.b1_t * m + (1 - self.b1_t) * gparam
28            _v = self.b2 * v + (1 - self.b2) * gparam ** 2
29
30            m_hat = _m / (1 - self.b1 ** self.t)
31            v_hat = _v / (1 - self.b2 ** self.t)
32
33            self.updates[param] = param - \
34                                  self.alpha*m_hat / \
35                                (T.sqrt(v_hat) + self.eps)
36            self.updates[m] = _m
37            self.updates[v] = _v
38        self.updates[self.t] = self.t + 1.0
39
40        return self.updates
```

4.3.8 RMSprop

RMSprop は以下のとおりである[124)]。

$$\hat{w} \leftarrow w - \beta\nu \tag{4.65}$$

$$r \leftarrow \gamma r + (1-\gamma) g_{\hat{w}}^2 \tag{4.66}$$

$$\nu \leftarrow \beta\nu - \frac{\alpha}{\sqrt{r}+\epsilon} g_{\hat{w}} \tag{4.67}$$

$$w \leftarrow w + \nu \tag{4.68}$$

```
1  class RMSprop(Optimizer):
2      def __init__(self, learning_rate=0.001, alpha=0.99,
       eps=1e-8, params=None):
3          super(RMSprop, self).__init__(params=params)
4
5          self.learning_rate = learning_rate
6          self.alpha = alpha
7          self.eps = eps
8
9          self.mss = [build_shared_zeros(t.shape.eval(),
                                              'ms')
10                     for t in self.params]
11
12     def updates(self, loss=None):
13         super(RMSprop, self).updates(loss=loss)
14
15         for ms, param, gparam in \
               zip(self.mss, self.params, self.gparams):
16             _ms = ms*self.alpha
17             _ms += (1 - self.alpha) * gparam * gparam
18             self.updates[ms] = _ms
19             self.updates[param] = param \
20                                   - self.learning_rate *
                                     gparam \
21                                   / T.sqrt(_ms + self.eps)
22         return self.updates
```

上記 Theano コードはすべて `https://github.com/hogefugabar/deep-learning-theano` を参考にした。

4.3.9　Nesterov

Nesterov[123] の方法は

$$y_{t+1} = x_t + \omega_t(x_t - x_{t-1}), \tag{4.69}$$

かつ

$$x_{t+1} \cong g(y_{t+1} - \lambda_t \Delta f(y_{t+1})) \tag{4.70}$$

である。ここで $\omega \in [0,1)$ は外挿パラメータ，λ_t はステップサイズである。通常 $\omega_t = t/(t+3)$ を用いる。Chainer ではモーメントと勾配の合成を用いている[102)†]。

章 末 問 題

【1】 データに構造が存在することがあらかじめわかっていれば，確率的勾配降下法で用いるサンプリングを効率化できる。画像処理において，現実的で効率のよいサンプリング法を考案せよ。

【2】 4.2.5 項で挙げたリカレントニューラルネットワークの変種の特徴を調べよ。

【3】 畳み込みニューラルネットワークはなぜ性能の向上が期待できるのか。畳み込み演算によって計算されるものはなにか。

【4】 AdaGrad，AdaDelta，Adam，RMSprop の速度比較を行え。

† chaier/optimizers/nesterov_ag.py

5 深層学習の現在

ここでは，LeNet の深化型継承モデル（deeper successors，命名は Long らによる[67]）である GoogLeNet，VGG，SPP，ResNet を概説する。

5.1 GoogLeNet

GoogLeNet は，ILSVRC2014 への登録チーム名であり，LeNet[70] へのオマージュであると書いてある[3]。ILSVRC2014 の当時最高性能（SOTA）であるが，単純な CPU パワーに頼るのではなく，後述の R–CNN を組み込むことでパラメータ数の減少と成績向上とを実現した。GoogLeNet の概要を図 **5.1** に示した。

図 5.1 の楕円で囲まれた部分が図 **5.2** のインセプションモジュールであり，

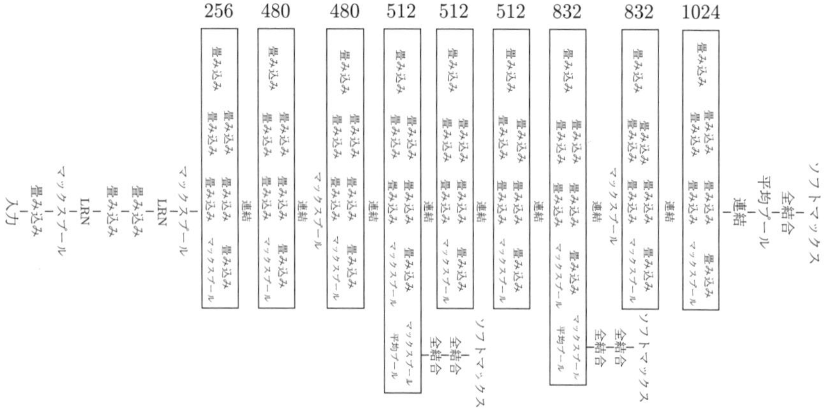

図 **5.1**　GoogLeNet の構成（文献 3) の図 3 を改変）

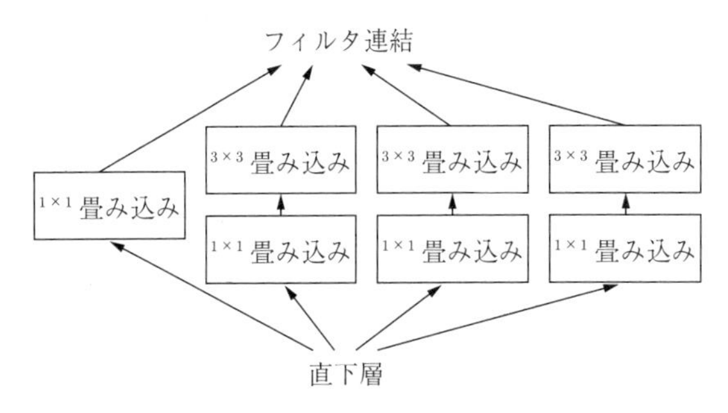

図 5.2 GoogLeNet のインセプションモジュール（文献 3）の図 2 を改変）

楕円の上の数字がモジュールの個数を記してある†。深層学習では性能と規模との間にトレードオフが発生する。ネットワークの深さ（層数）と幅（層内ユニット数）を増やせば性能は向上する可能性がある。しかし，大規模データ，大規模ネットワークによる解には以下のような問題が発生する。

(1) パラメータ数の増大により過学習の恐れがある。

(2) 計算コストが増大する。

CPU や GPU の利用環境が整備されてきたが，今後さらに，画像認識を越えて，動画，意図，感情，信念，意思，意味などの高次認知機能を考慮すると，さらなる計算コストの削減が必要であろう。GoogLeNet では，パラメータ数を減らす目的もあり，インセプション構造が採用された（図 5.2）。

図 5.2 ではインセプションモジュール内で畳み込み演算が連結されている。これにより次元削減と投射の減少による疎性結合とを実現させた。素朴にサイズの異なる核関数とマックスプーリングの結果を高次層へ送るよりも，構造をつくり込んだほうが総結合数は減少する。GoogLeNet をまとめると以下のようになる。

(1) 平均的なプーリング層のカーネル関数の大きさは 5×5 で，ストライド間隔は 3 であった。

† 原語は inception だが，2010 年に公開されたハリウッド映画 Inception の邦題が「インセプション」である（クリストファー・ノーラン監督・脚本・製作。レオナルド・デカプリオ主演）。本書でも日本語に訳さなかった。

(2) サイズ 1×1 のカーネル関数の活性化関数は，整流線形ユニットである。
(3) 完全結合層では 1024 ユニットが使われ，出力関数は整流線形ユニットである。
(4) ドロップアウト層では確率 0.7 で出力を脱落させた。
(5) ソフトマックスによる分類層では，1000 カテゴリーの分類が行われた。
(6) 学習は非同期確率的勾配降下法（stochastic gradient descent）で，ミニバッチのサイズは 256，モーメント係数 0.9，重み崩壊係数は 5×10^{-4} である。
(7) ドロップアウト率は 0.5 である。
(8) データ拡張（data augmentation）は AlexNet と同じで，256×256 の原画像から 224×224 の領域を切り出し，拡大して用いた。
(9) 37 万回の繰り返しで終了（74 エポック）。訓練終了までに 2〜3 週間を費やした。

GoogLeNet の情報

(1) 論文：http://arxiv.org/abs/1409.4842
(2) スライド：http://www.image-net.org/challenges/LSVRC/2014/slides/GoogLeNet.pptx
(3) 動画：http://youtu.be/ySrj_G5gHWI
(4) コード：http://vision.princeton.edu/pvt/GoogLeNet/code/
(5) 画像（ImageNet）による訓練ずみネットワーク：http://vision.princeton.edu/pvt/GoogLeNet/ImageNet/
(6) 場所（Places）による訓練ずみネットワーク：http://vision.princeton.edu/pvt/GoogLeNet/Places/

5.2　VGG

VGG[4) は ILSVRC2014 に参加したチーム名である。ローカライゼーション課題で 1 位，分類課題では 2 位であった[4)。VGG は 16 層から 19 層の畳み込みニューラルネットワークで多層化の可能性を追求した。このため，他のパラメータをすべて固定し，畳み込みの核関数の幅は 3×3 のみであった。入力画像は 224×224 ピクセルの RGB 画像に固定し，前処理は各画素の RGB 値から平均値を引いただけである。画像の各点は 2 次元格子状に配置されるので，畳み込み演算の最小単位は 1×1 である。この場合近傍を考慮しない線形フィルタと同義である。一方画素の 8 近傍を走査する 3×3 は実質的な空間フィルタとしては最小のフィルタである。VGG のフィルタサイズは 3×3 に固定された。畳み込み演算のフィルタ間隔（stride，ストライド）は 1 画素であり，畳み込み層への入力における空間充填（spatial padding）も 1 画素であった。空間充填は 3×3 の空間フィルタに対して後処理において空間解像度を保証する効果がある。マックスプーリングは 2×2 画素に対して実行され，ストライドは 2 であった。VGG はこのように局在し，単純な構成で畳み込み層を積み上げ，3 層から 5 層おきにマックスプーリング層を挟んで，最上位の 4 層は全結合，最終層はソフトマックス層で認識に至る。VGG では，畳み込み層数を A から E まで 5 種類のアーキテクチャと LRN を介在させた，A–LRN の全 6 ネットワークを採用した。

VGG と GoogLeNet（分類課題で当時最高性能 SOTA を示した）とは独立に開発された。しかし，同様の発想で 22 層，畳み込み演算のフィルタ（特徴）の幅は 1×1，3×3，5×5 である。したがって類似したネットワーク構成である。学習時の重み崩壊係数（L2 ペナルティ）は 5×10^{-4} であり，全結合層のドロップアウト率は 0.5 であった。

このような単純なネットワークを積み上げて多層化した VGG と GoogLeNet は，人間の成績に肉薄した。上位 5 カテゴリーを挙げる分類課題では GoogLeNet の誤判別率 6.7%，VGG は 6.7%，人間は 5.1% である[62]。その後，人間超え 4.94% の論文がアーカイブ（`http://arxiv.org/`）に掲載された[126]。

VGG の 情 報

(1) プロジェクトページ：`http://www.robots.ox.ac.uk/~vgg/research/very_deep/`

(2) 論文：http://arxiv.org/abs/1409.1556

(3) スライド：http://www.image-net.org/challenges/LSVRC/2014/slides/VGG_ILSVRC_2014.pdf

(4) 動画：https://www.youtube.com/watch?v=j1jIoHN3m0s

5.3 SPP

SPP は ILSVRC2014 に参加したマイクロソフトアジア (MSRA) のチームである。彼らのモデル名は SPP (spatial pyramid pooling，空間ピラミッドプーリング)–net である[5)]。対象検出で 2 位，画像分類で 3 位であった。SPP の概略を図 **5.3** に示した。GoogLeNet のインセプションモジュール（図 5.2）との違いは，GoogLeNet が空間的に局在化したモジュールである一方で，SPP–net は AlexNet (図 4.21) の最終畳み込み層（5 層）と全結合層（6 層）との間に SPP（図 5.3）を挿入した構成である。第 5 層の出力を分割したプーリング結果を第 6 層への入力信号としている。特徴地図は原理的に位置情報を伝達しないが，局在化した情報であるので束ねれば位置情報の概要は伝達可能である。SPP はこの局在化した特徴地図がもつ位置情報が解釈可能となるようなプーリングを行ったとの見方もできる。SPP の介在によって，小さな位置のズレではなく，対象が画像上のどの位置にあっても頑健な認識が可能となる。

図 **5.4** 左はフォークリストが縦列駐車している画像である。仮に下位層においてフォークリフト認識のための十分な特徴抽出が行われているのであれば，SPP にとって，フォークリフトの縦列駐車は有利な証拠が重なっていることになる。一方，図 5.4 右はペーパーナイフが正解である。1. 万年筆，2. ボールペン，3. 金槌，などと認識し，類似した特徴をもつ物体と誤認識した。特徴地図の情報を空間的に束ねる SPP の操作が，逆に類似特徴をもつ物体との重複により誤認識率を高めてしまう例である。

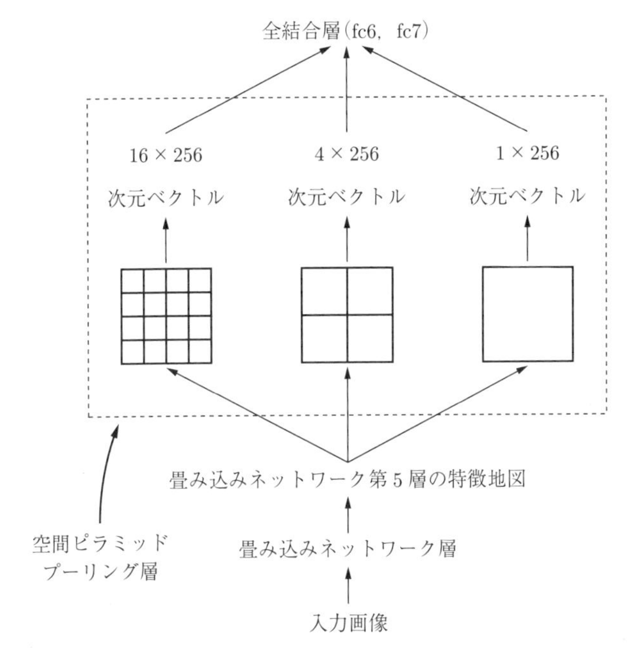

図 5.3　SPP–net（文献 5) の図 3 を改変）

GT：forklift
1：forklift
2：garbage truck
3：tow truck
4：trailer truck
5：go–kart

GT：letter opener
1：fountain pen
2：ballpoint
3：hammer
4：can opener
5：ruler

図 5.4　文献 126) の図 5 を改変

SPP の 情 報

(1) プロジェクトページ：http://research.microsoft.com/en-us/um/people/kahe/eccv14sppnet/index.html
(2) 論文：http://arxiv.org/abs/1406.4729
(3) スライド：http://www.image-net.org/challenges/LSVRC/2014/slides/sppnet_ilsvrc2014.pdf
(4) 動画：http://youtu.be/CX8CCHKlf0E
(5) コード：https://github.com/ShaoqingRen/SPP_net

5.4　ネットワーク・イン・ネットワーク

ネットワーク・イン・ネットワーク（network–in–network）はリン（Lin）らによって提案されたマックスプーリングの代替手法であり（図 **5.5**）[127]，大域平均プーリング（global average pooling）を用いる。マックスプーリングが最大値を保持し他を捨てることに対して，出力情報に積極的な意味をもたせることを意図した Maxout[128] がある。Maxout は局所線形近似を行う。

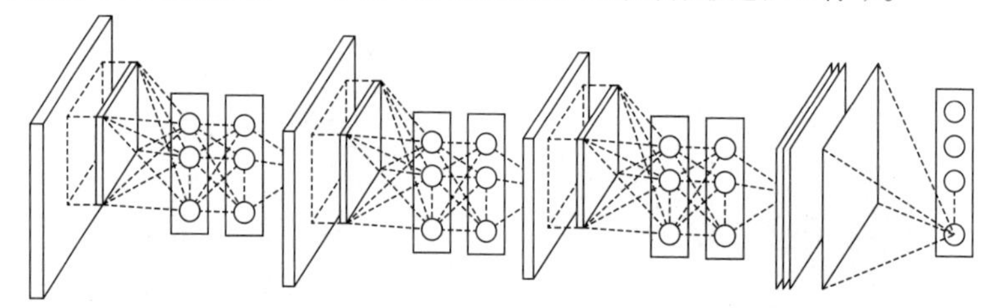

図 5.5　ネットワーク・イン・ネットワークの概念図（文献 127）の図 2 より）

これに対して，出力情報は非線形であっても対応可能なように拡張すべく万能関数近似機である多層パーセプトロンを採用したモデルが，ネットワーク・イン・ネットワークである。しかし，ヴァプニク（V. Vapnik）[129] が指摘したように，局所的なアルゴリズムは考慮すべきであろう[130]。なお，ネットワーク・イン・ネットワークの Caffe 実装もある†。

† https://gist.github.com/mavenlin/e56253735ef32c3c296d

5.5　残差ネット ResNet

残差ネット ResNet[†1]は ILSVRC2015 の結果を受けて対象認識課題，対象の位置特定課題で 1 位であった。ResNet の認識性能は人間を凌駕した[†2]。

図 5.6 に ResNet の概要を示した。ResNet は最大 152 層をもつ。2014 年の上位チームの GoogLeNet[3)]，VGG[4)]，SPP[5)] は 20 層程度であったが，ResNet は 100 層以上増加している。

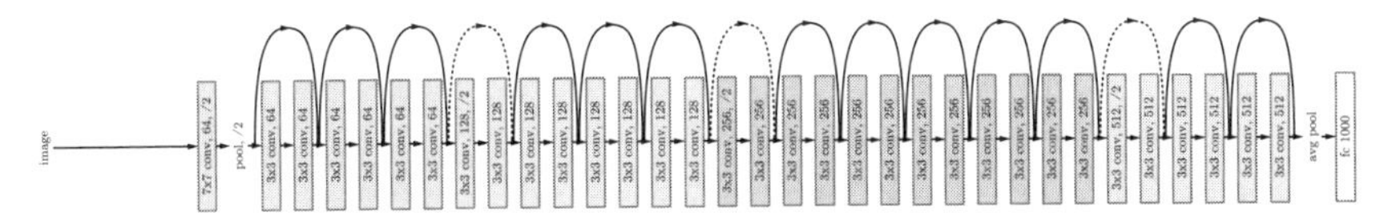

図 5.6　ResNet30 の概念図（文献 7) の図 3 より）

深層学習の多層化は，過学習ではなく，訓練誤差の上昇を招く[118),126)]。このことは単純な多層化では十分な解が得られないことを意味する。ResNet はこの問題への回答として，層を飛び越える結合，すなわちショートカットが用いられた。**図 5.7** にショートカットを示した。

ResNet では第 1 層と最終層を除き，ショートカットが設けられた。ショートカットについては以前から研究が存在する[87)]。また，図 5.2 のインセプショ

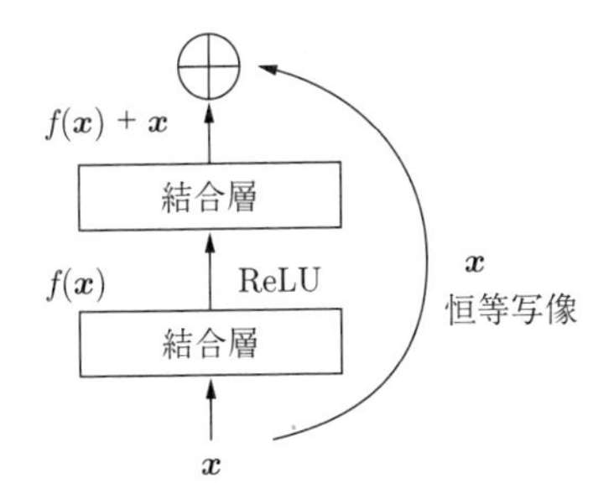

図 5.7　ResNet のブロック図（文献 7) の図 1 より）

---

†1　Residual Net，開発者のへ（K. He）は ResNet と呼んでいるので，彼の表記に従った。ここでは便宜上“残差ネット”と呼ぶ

†2　https://www.youtube.com/watch?v=1PGLj-uKT1w&feature=youtu.be

ンモジュールの最左ブロックは 1×1 の畳み込みであるので，ResNet における
ショートカットと同等の役割（正確には残差ではなく射影になる）を果たして
いると解釈できる。

式 (5.1) はショートカットの恒等写像を表現している。

$$\boldsymbol{y} = f(\boldsymbol{x}_i, \{\boldsymbol{W}_i\}) + \boldsymbol{x}. \tag{5.1}$$

恒等写像であるから，単に加わるだけでパラメータの増加はない。論文では恒
等写像だけでなく射影変換についても調べられた。しかし，パラメータの増加
は計算量の増大を招きモデルを複雑にする。論文では，恒等写像の他に射影も
用いられた（式 (5.2)）。

$$\boldsymbol{y} = f(\boldsymbol{x}_i, \{\boldsymbol{W}_i\}) + \boldsymbol{W}_s\boldsymbol{x}, \tag{5.2}$$

恒等写像の存在により，ショートカットの入力を受ける上位層は隣接する直
下層の情報よりも下位層にある情報を受け取る。すると直下層では下位層から
伝達される情報以外の情報を送るようになる。理想的にはショートカットで送
られるより下位層の情報とは関連のない残りの（residual）情報を送るようにな
るので，ResNet と命名されたのであろう。このような考え方はカスケードコ
リレーションモデルにも見られる[131]。またショートカットはハイウェイネッ
トワークの主張でもある[118]。

さらに ResNet の特徴にドロップアウトを用いていないことが挙げられる。
これはバッチ正規化（batch normalizatoin）を用いたためである[132]。バッチ
正規化とは，d 次元入力ベクトル $\boldsymbol{x} = \left(x^{(1)}, \ldots, x^{(d)}\right)$ に対して各次元ごとに
式 (5.3) の正規化を行うことである。

$$\hat{\boldsymbol{x}}^{(k)} = \frac{\boldsymbol{x}^{(k)} - E\left[\boldsymbol{x}^{(k)}\right]}{\sqrt{Var\left[\boldsymbol{x}^{(k)}\right]}}, \tag{5.3}$$

ここで期待値と分散の計算は全訓練データについて行う[132]。バッチ正規化に
伴いドロップアウトは行われない。ドロップアウトも正規化の一種と考えられ
るためバッチ正規化と二重の正規化はなされないためであろう。バッチ正規化

は Caffe では公式ではないが実装がいくつか公開されているようだ。Theano では 0.7.1 からになるようだ[†]。Chainer では実装されている（`chainer.links.BatchNormalization()`）。TensorFlow では議論されているものの実装はまだのようだ。

加えて ResNet では**図 5.8** のようなボトルネックブロックが採用された。

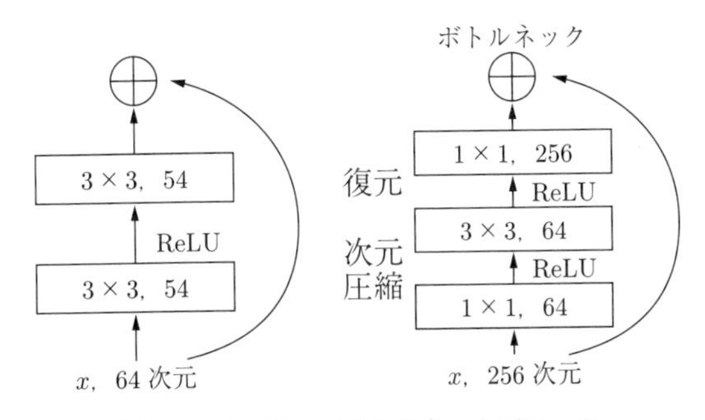

図 5.8 ResNet のボトルネックブロック（文献 7) の図 3 より）

ボトルネックとはショートカットが 3 層を飛び越す。しかし 3 層のうち，中央の 1 層だけが 3×3 のカーネル窓幅をもつ演算であり，上下は 1×1 である。上下の層は入出力の次元を一致させるために存在している。$3 \times 3 = 9$ であるから，オーバーラップがなければ中央の層では 1/9 に圧縮した表現を得る。この意味でボトルネックとなっている。各ボトルネック層でどのような表象が得られたのかは興味のあるところである。

以上のようにして構成された ResNet は，訓練誤差の上昇を招くことなく多層化により性能を向上させ，ILSRVC2015 ではテスト誤差 3.57%で物体識別でトップとなった。なお，論文ではさらに多層化した 1 202 層のモデルも調べられているが，性能の向上は認められていない[7)]。

† `http://deeplearning.net/software/theano/library/tensor/nnet/bn.html`

5.6　画像からの領域切り出し

SNSに時々刻々投稿される大量の静止画や動画は肖像画とは複雑さが異なる。多尺度，多物体の同時識別を行うためには，領域切り出しを柔軟に行う必要がある。領域切り出しには，マルコフ確率場（MRF），条件確率場（CRF），グラフ理論（graph theory）を用いたモデルなどが提案されてきた。深層学習による画像認識の精度向上には，画像から関連する領域を切り出し（bounding box，以降バウンディングボックスと表記する。矩形領域を指定する場合が多い）するための精度向上が必要である。

領域切り出しと物体認識とは相互依存の関係となる。データ駆動でボトムアップに小領域を結合して矩形領域の切り出しを行うか，トップダウンで画像の概形を推定し，関心領域の詳細分析を行うか，あるいは両者を用いるかで手法が複数提案されてきた。

ここで歴史的な流れを確認しておく。ネオコグニトロン[69),133)]を始祖とする畳み込みニューラルネットワークはLeNet（4.1.1項）を経て，AlexNet（4.1.3項）による成功を手にした。2012ILSVRCにおけるAlexNetの成功は整流線形ユニット（$\max(x, 0)$），ドロップアウト，およびデータ拡張による。

このとき，AlexNetの性能は一般物体認識に拡張可能か否かについての議論があった。ILSVRCより歴史のあるPASCAL VOC†（一般物体認識チャレンジ）コンテストでの性能が問われた。ILSVRCは約120万枚の画像データを用いるが，課題は画像データを1000種類のカテゴリーに分類する画像分類である。一方PASCAL VOCは物体検出課題である。物体検出であるから，1枚の画像に複数の物体が存在してもよい。

物体検出課題には，物体が存在する画像上の位置を問うローカリゼーション

† PASCALとはpattern analysis, statistical modelling and computational learningの意[134)]。`http://www.pascal-network.org/`，`http://host.robots.ox.ac.uk/pascal/VOC/`

課題が含まれる。LeNetは，画像の局所情報を畳み込みニューラルネットワークによって0から9まで，10種類の手書き数字に分類するモデルである。すなわち，AlexNetは画像上のどこに手書き数字が書かれているかを問う問題を解くべく，すなわちローカリゼーション課題を解くために開発されたモデルではない。実際AlexNetをPASCAL VOC2007データセットに適用した報告では，mAP（mean average precision，平均精度）で30.5%であった[135]。

一般物体認識においては，認識性能はバウンディングボックス切り出し精度に依存する。バウンディングボックス切り出しの精度が向上すれば，AlexNetは性能を期待できる。すなわち畳み込みニューラルネットワークの認識性能を一般に拡張するためには，ローカリゼーション課題を解く必要があった。ローカリゼーション課題に対処できれば一般視覚対象認識への道が開かれる。これが2012年にサポートベクトルマシンの成績を上回った深層学習（図1.1）が目指した目標であった。

このような背景から，本節では，(1) 従来の物体認識技術の集大成であるユージリングスらの選択的探索[97]を記し，(2) 選択的探索の手法から畳み込みニューラルネットワークへ本格移行したギルシック（R. Girshick）のR–CNN[65]を紹介する。さらにギルシックはマイクロソフトアジア（MSRA）へ移籍し，(3) Fast R–CNNを開発した[136]。そのMSRAでインターン学生をしていたレン（X. Ren）はFast R–CNNをさらに高速化してFaster R–CNNを作成した[137]。本節ではここまでを紹介する。Faster R–CNN論文の第2著者であったヘ（K. He）が，Faster R–CNNを用いてResNet[7]で人間の認識性能を凌駕したことは5.9節で記した。

選択的探索

ユージリングスら[97]は，領域切り出しに選択的探索（selective search）機構を提案した†。

† https://ivi.fnwi.uva.nl/isis/publications/2013/UijlingsIJCV2013, http://disi.unitn.it/~uijlings/MyHomepage/index.php#page=projects1

選択的探索は，データ駆動ボトムアップの階層的領域分割であり，特定の位置，縮尺，物体の構造，物体のカテゴリーに依存しない。

選択的探索は，(1) 4 空間解像度尺度，(2) 多様な指標色，テクスチャ，面積，外接矩形，の情報を基に，物体が存在する可能性がある領域の物体らしさ，物体仮説（object hypothesis，objectness）を生成し，切り出す領域の候補をサポートベクトルマシンを用いた回帰により学習する点に特徴がある。

図 5.9 は選択的探索の概要を示している。訓練開始時は全例がグランドトルースの正事例で行う。負事例は 20%から 50%正事例と重なっていて，70%以上他の負事例と重なっていないものを使用する。その後，判別の難しい負事例を追加してサポートベクトルマシンで再訓練する。負事例画像と訓練データを用いて正しい矩形領域を学習する。この再訓練フェーズを収束するまで繰り返す。

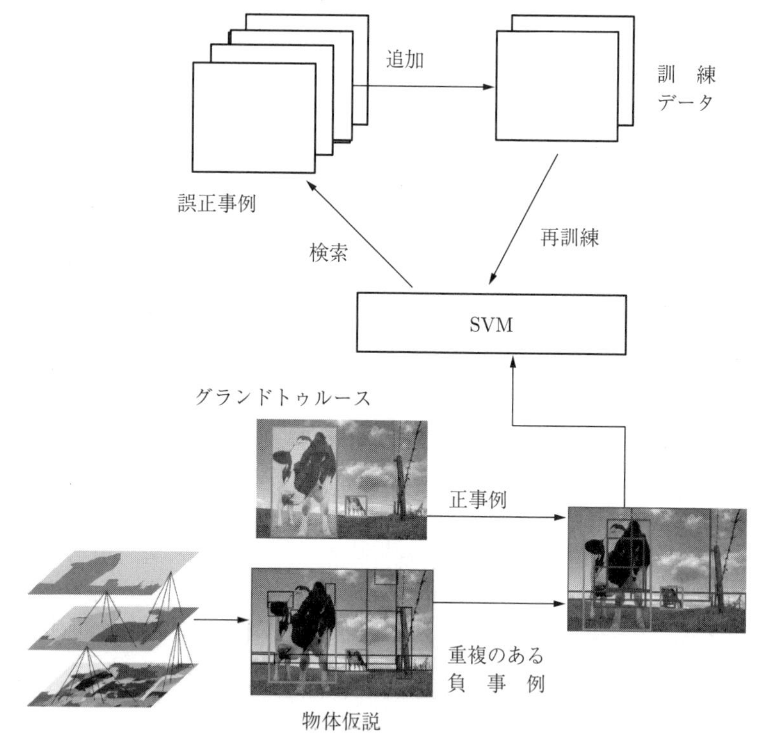

図 5.9　領域切り出し（ウージリングスの文献 97）の図 2, 3 を改変）

選択的探索は次節 R–CNN でも採用された技法であるため略述した。選択的探索は SOTA であった。

5.7 R–CNN

ギルシック（R. Girshick）が開発した R–CNN（regions with CNN）では，選択的探索と畳み込みニューラルネットワークの融合が図られた[65)]。図 **5.10** は R–CNN の概要を示している。

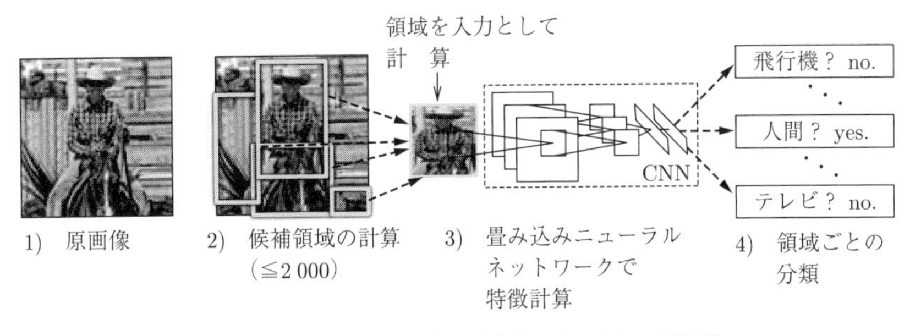

図 **5.10** R–CNN の概念図（文献 65) の図 1 を改変）

図 5.10 では，1) の原画像に対して，2) 選択的探索によって 2 000 個までの候補領域を切り出し，3) 畳み込みニューラルネットワークによって 4 096 次元の特徴ベクトルを抽出する。その後，4) サポートベクトルマシンもしくはソフトマックスによって領域ごとに分類問題を解いて分類を行っている。畳み込みニューラルネットワークの部分は，AlexNet もしくは本書では扱っていない Overfeat（提案者の名前で ZF ネットとも呼ばれる。2013 年度の優勝モデル）を用いている。AlexNet は，Caffe で配布されているパラメータを基に事前訓練データとして用いた。Caffe のモデルであるから，入力画像は縦横 227×227 に決め打ちである。一方選択的探索で切り出された領域は矩形領域である。そこで，切り出した領域を 227×227 の大きさに変換しなければならない。3 種類の変換方法が試されたが，縦横比が異なる領域を正方領域へと拡大・縮小して変換している。ImageNet の分類項目と PASCAL VOC とではカテゴリー数

が異なるため，Caffe による AlexNet の最終第 6, 7 層を PASCAL VOC 用に付け替えて，再訓練（ファインチューニング）された。さらに R–CNN では，畳み込みニューラルネットワークで得られた 4096 次元の特徴ベクトルを使ってバウンディングボックスを再調整している。これをバウンディングボックス回帰と呼ぶ。この手法により，**表 5.1** の結果を得ている。

表 5.1　PSCAL VOC2010 による比較（ギルシックらの文献 65) の表 1 より）

モデル	飛行機	自転車	鳥	ボート	ボトル	バス	車
SegDPM	61.4	53.4	25.6	25.2	35.5	51.7	50.6
R–CNN	67.1	64.1	46.7	32.0	30.5	56.4	57.2
R–CNN BB	71.8	65.8	53.0	36.8	35.9	59.7	60.0
	ネコ	イス	牛	テーブル	犬	馬	バイク
SegDPM	50.8	19.3	33.8	26.8	40.4	48.3	54.4
R–CNN	65.9	27.0	47.3	40.9	66.6	57.8	65.9
R–CNN BB	69.9	27.9	50.6	41.4	70.0	62.0	69.0
	人	植物	羊	ソファ	列車	テレビ	mAP
SegDPM	47.1	14.8	38.7	35.0	52.8	43.1	40.4
R–CNN	53.6	26.7	56.5	38.1	52.8	50.2	50.2
R–CNN BB	58.1	29.5	59.4	39.3	61.2	52.4	53.7

表 5.1 は，それまで SOTA であった手法である SeqDPM と R–CNN，および R–CNN にバウンディングボックス回帰を加えた性能を，PSACAL VOC のカテゴリーごとの平均として示した。最後の mAP とはカテゴリーごとの平均の全平均（mean average precision）である。どのカテゴリーも性能が向上していることがわかる。R–CNN は Python による事前学習付き物体検出の Jupyter デモがある†。

5.8　Fast R–CNN

Fast R–CNN は R–CNN に対して 9 倍高速である[136)]。R–CNN は選択的探索により候補領域の切り出し，正方領域への変換，畳み込みニューラルネット

† http://nbviewer.ipython.org/github/BVLC/caffe/blob/master/examples/detection.ipynb

ワークによる特徴抽出，サポートベクトルマシンによるバウンディングボックス回帰，と多段階の処理を連結したモデルである。選択的探索，畳み込みニューラルネットワーク，バウンディングボックス回帰で最小化する目標関数が異なるため，計算論的な目標が一つではない。畳み込みニューラルネットワークにVGGを使った場合，GPUで5000枚の画像に2.5日，1枚の画像当り47秒を要した。これは切り出した画像ごとに畳み込みニューラルネットワークにかけるため，計算が冗長であったともいえる。

前節のR–CNNで説明したように，AlexNetは227×227の領域しか入力として受け付けないため，このように冗長な計算をせざるを得ない。これに対して，画像全体に一度だけ畳み込みニューラルネットワークを適用し，候補領域の特徴を取り出すことにすれば高速化が期待できる。**図 5.11** にFast R–CNNの概念図を示した。Caffeを改造した実装がGitHubで公開されている†。

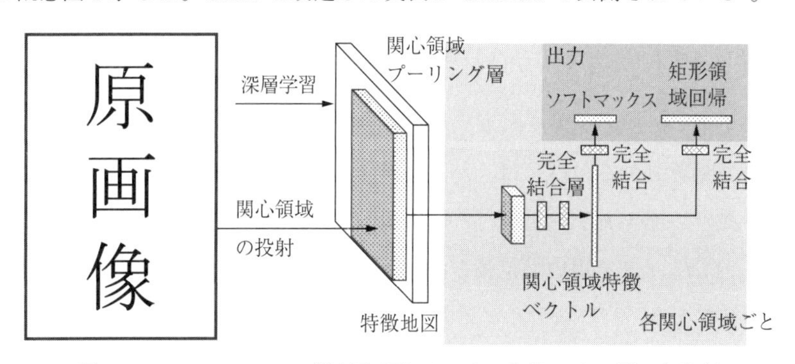

図 5.11 Fast R–CNNの概念図（ギルシックの文献136）の図1を改変）

図5.11の候補領域プーリング層では，N個の特徴地図とR個の候補領域リストがある。特徴地図は，畳み込みニューラルネットワークの最終層（全結合層の直前層）は$H \times W \times C$の配列である。ここでH，Wは画像の縦横に相当し，Cは特徴次元数である。一方候補領域プーリング層は(n, r, c, h, w)のタプルである。これはn個の候補領域に対して画像の左上の座標r, cと，画像の縦の長さhと横幅wを表す。

† https://github.com/rbgirshick/fast-rcnn

図 5.11 における Fast R–CNN の計算手順を示す。

1) 学習ずみ畳み込みニューラルネットワークモデル（VGG）の全結合層までを使い，任意の大きさの入力画像の特徴地図を算出する。
2) 選択的探索などで求めた候補領域（候補領域）を feature map 上に射影する。
3) 特徴地図上で射影された候補領域をプーリングする。
4) 全結合層を挟んで物体カテゴリー分類問題と矩形バウンディングボックス回帰問題を同時に解く。
5) 学習時には，最下層までバックプロパゲーション法で学習する。

VGG ネットで事前訓練した畳み込みニューラルネットワークを，全結合層を付け替えてファインチューニングする。この際，次式 (5.4) のマルチタスク損失が導入された。

$$L(p, k^*, t, t^*) = L_{cls}(p, k^*) + \lambda[k^* \geqq 1]L_{loc}(t, t^*), \tag{5.4}$$

ここで k^* は真のクラスラベル，$L_{cls}(p, k^*) = -\log p_{k*}$ はクロスエントロピー損失関数である。L_{loc} は，バウンディングボックス回帰のための損失関数で，真のクラス k^* を表すタプル $t^* = \left(t_x^*, t_y^*, t_w^*, t_h^*\right)$ と予測を表すタプル $t = (t_x, t_y, t_w, t_h)$ を用いて定義される。$[k^* \geqq 1]$ は，$k^* \geqq 1$ なら 1 そうでなければ 0 である。バウンディングボックス回帰に関しては

$$L_{loc}(t, t^*) = \sum_{i \in x,y,w,h} \mathrm{smooth}_{L1}(t_i, t_i^*), \tag{5.5}$$

ここで，$\mathrm{smooth}_{L1}(\ )$ は $L1$ 損失で，

$$\mathrm{smooth}_{L1}(x) = \begin{cases} 0.5x^2 & \text{if } |x| < 1 \\ |x| - 0.5 & \text{otherwise,} \end{cases} \tag{5.6}$$

と定義される。

さらにバウンディングボックス回帰の際，特異値分解による全結合層の高速化を行っている。

Fast R–CNN については，Caffe モデルが GitHub から Python コード入手可能である†。

5.9 Faster R–CNN

レン (Ren) らは，さらに高速化した R–CNN を提案した137)。ここでは Faster R–CNN と呼ぶ。

畳み込み層の上に 2 層の畳み込み層を追加して領域提案ネットワークを構築した。特徴ベクトルを生成し物体性得点を出力する層と，そのときのさまざまなスケールとアスペクト比で k 個の領域提案境界の位置を出力する層である ($k = 9$)。領域提案ネットワークは，完全な畳み込みニューラルネットワークで，エンドツーエンドで訓練可能である。Fast R–CNN の物体検出ネットワークと領域提案ネットワークを統一するため，固定した領域提案ネットワークを維持し，領域提案ネットワーク提案課題や物体検出，後のファインチューニングを交互に訓練し解く方式である。この方式はすぐに収束し，両課題間で共有されている畳み込み機能を備えた統合ネットワークを生成可能である。

領域提案ネットワーク（RPN）

領域提案ネットワーク（RPN）では，任意の大きさの画像を入力とし，物体候補領域とその得点を出力する。特徴地図上でのスライディングウィンドウの走査を行った（**図 5.12**）。

図 5.12 に示したように，Fast R–CNN と同様，畳み込み特徴地図層は畳み込み層の上に追加される層である。特徴地図上で 3×3 の検出ウィンドウを走査し，物体の有無を窓ごとに検出し，分類を行う。すなわち一つのウィンドウ当り $3 \times 3 = 9$ の矩形領域と，特徴次元数（256 次元）に対する物体性得点の学習を行った。

実際にはスライディングウィンドウすべて，畳み込みニューラルネットワー

† https://github.com/rbgirshick/fast)rcnn

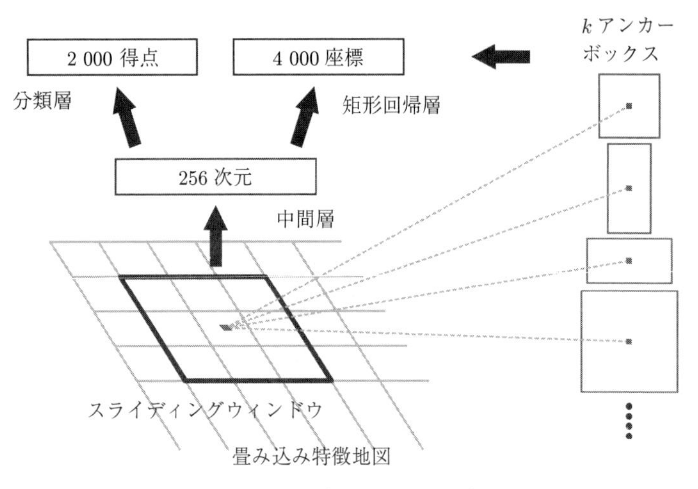

図 **5.12** Faster R–CNN の領域提案ネットワーク（レンらの文献 137) より）

クとして表現可能であった。すなわち 3×3 の走査ウィンドウは 1×1 の畳み込み層で表現できる。この考えは ResNet でも用いられた（図 **5.13**）。

単純に考えれば，縦横比が一定のスライディングウィンドウをしているだけであり，多様な形の領域候補を出せない可能性がある。領域提案ネットワークではアンカーを導入し，一つのウィンドウから複数領域の物体性を求めることを行っている。この場合領域間の中心は同じである。すなわち，ウィンドウごとに k 個のアンカーについて物体か背景かを分類する問題としてとらえ，4 000 個のバウンディングボックス回帰を行った。ウィンドウの受容野（その値に寄与している入力画像の範囲）とアンカーは一致しないものも存在した。アンカーは 3 スケールで縦横比 1 : 1，1 : 2，2 : 1 の 3 種類のみであった。したがって，$k = 3 \times 3 = 9$ であった。

領域提案ネットワークの損失関数の定義と学習は，R–CNN と同じである。各アンカーごとに分類誤差 $+ \lambda$ [背景ではない] のバウンディングボックス回帰誤差を設定し，各アンカーは，正解データの矩形と IoU† > 0.7 なら正とした。

† Intersection–over–Union：積集合と和集合の比 $|A \cap B|/|A \cup B|$。画像処理では，二領域の重複領域と二領域の占める全領域との比。

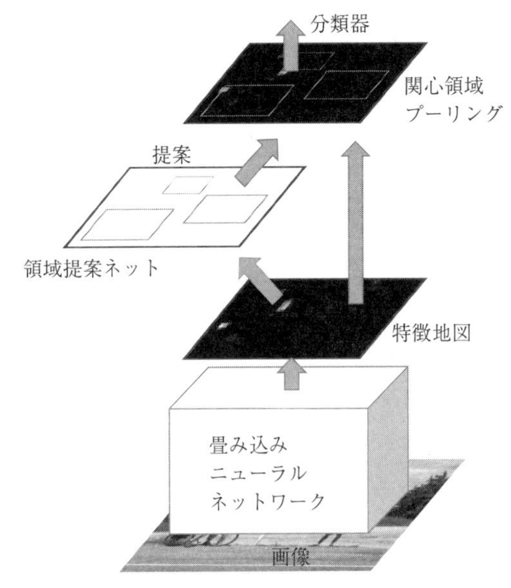

図 **5.13** Fast R–CNN の領域提案ネットワークと ResNet との組合せ

IoU < 0.3 なら負であり，その他は無視された。

領域提案ネットワークは Fast R–CNN と特徴地図を共有しているため，相互に依存してしまう。そこで，以下の 2 段階の手順で相互に学習を行った。

1) 畳み込みニューラルネットワークの事前訓練の済んだ畳み込みニューラルネットワークを用いて，領域提案ネットワークを学習させる。

2) 学習した領域提案ネットワークが出力した候補領域から，ファインチューニングした畳み込みニューラルネットワークを用いて領域提案ネットワークを再学習する。このとき畳み込みニューラルネットワークは固定する。

Faster R–CNN は，Fast R–CNN と畳み込みニューラルネットワークを共有することで数百倍高速化された。システム全体で画像 1 枚当り 200 ミリ秒で処理できるため，実時間で画像を処理する道が開かれたことになる。精度も SOTA である。Faster R–CNN も GitHub から Python コードが入手可能である†。

† `https://github.com/rbgirshick/py-faster-rcnn`

5.10 リカレントニューラルネットワーク言語モデル

言語は多様なレベルで理解可能である。音素の切り出し，記号接地問題，単語の意味，文法，文章構成，意図の理解，言い換え，喩え，類推，翻訳など，他者の意図を理解するためには多様な様相をもつ言語を獲得しなければならない。したがって，話題は多岐にわたる。ここでは，スキップグラム，構文解析，翻訳，プログラムコード生成を取り上げた。ここで取り上げたモデルは厳密にはリカレントニューラルネットワークでないものもある。しかし，語の系列を事象や因果の連鎖と考えれば，系列を別の系列へと変換する過程を，意味の把握，要約，翻訳へと対応づけることができる。リカレントニューラルネットワーク言語モデルでは，これらは単語や品詞の選択という離散的意思決定問題なので，隠れマルコフモデル（hidden Markov model, HMM）の最短パス探索，条件付き確率場（conditional random fields, CRF）における最適解の探索と類比できる。このモデルでは単語配列の生起確率を最大化する条件付き確率場と観察単語系列の荷重和を求め，損失を最小化する意思決定がなされる。この手続きをグラフ上の各ノードに対して繰り返し適用可能である。クヌース（D. Knuth）[138]が文脈自由文法に関してコンパイラ設計で言及したコンピュータ言語に関するものであれ，自然言語処理に関するものであれ，現在はリカレントニューラルネットワークで扱う手法が主流である。加えてリカレントニューラルネットワークを用いて数学の演算子を文法として扱う応用も提案されている[139]。

5.10.1 従　来　法

〔1〕 ベンジオ（2003）のモデル　ベンジオ（Y. Bengio）[140]のモデルを**図 5.14** に示した。このモデルはリカレントニューラルネットワークではない。

$$L = \frac{1}{T}\sum_{t} \log f(w_t, w_{t-1}, \ldots, w_{t-n+1}; \theta) + R(\theta), \tag{5.7}$$

式 (5.7) が損失関数であり，$R(\theta)$ は正則化項である。最終出力は式 (5.8) のソ

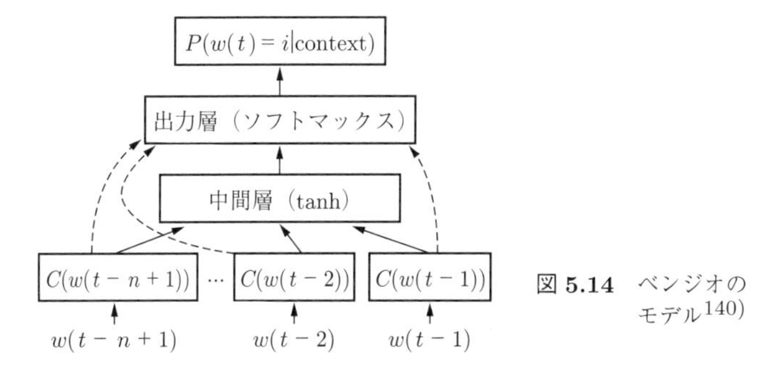

図 5.14　ベンジオのモデル[140)]

フトマックス関数を用いる。

$$\widehat{P}(w_t|w_{t-1},\ldots,w_{t-n+1}) = \frac{\exp(y_{wt})}{\sum_i \exp(y_i)}. \tag{5.8}$$

y_i は正規化されていない出力単語 i の対数確率であり，パラメータ b, W, U, d, H を用いて，

$$y = b + Wx + U\tanh(d + Hx), \tag{5.9}$$

図 5.14 で直接結合がなければ $W = 0$ である。d は中間層のバイアス，U は中間層から出力層への結合係数行列である。すべてのパラメータを合わせて

$$\theta = (b, d, W, U, H, C), \tag{5.10}$$

とすると，パラメータの更新式は，

$$\theta \leftarrow \theta + \eta \frac{\partial \log \widehat{P}(w_t|w_{t-1},\ldots,w_{t-n+1})}{\partial \theta}, \tag{5.11}$$

である。η は学習係数である。x は単語の特徴ベクトルであり結合行列 C を用いて，

$$x = (C(w_{t-1}), C(w_{t-2}), \ldots, C(w_{t-n+1})), \tag{5.12}$$

と変換される。

第 1 実験では，1 181 041 語からなるブラウンのコーパスを用いて，最初の 800 000 語を訓練に用い，つぎの 200 000 語でモデル選択，重み崩壊，初期停止

などの妥当化を行い，残り 181 041 語で結果を評価した。47 578 は，ピリオド，大文字と小文字の相違などの要素であった。出現回数が 3 以下の低頻度語は一括して一つの記号として扱ったため，総語彙数は 16 383 語であった。

第 2 実験では，1995 年から 1996 年までのアソシエーティッド出版ニュースを用いた。訓練データは 13 994 528 語，妥当化に 963 138 語，テストに 963 138 と 963 071 語を用いた。原典の語彙数は 148 721 語であったが，大文字を小文字に変換し，数字は別記号とし，低頻度語の扱いは前述のように処理するなどの処理をした結果，最終的に扱ったのは 17 964 語であった。

N–グラムは 3 か 5，中間層ユニット数は 0，50，100 であった。

〔**2**〕 **ミコロフ（2010）のモデル**　　2010 年，ミコロフ（T. Mikolov）ら[141)]†は，自然言語処理へのリカレントニューラルネットワーク（単純再帰型ニューラルネットワーク，エルマンネットワーク[14)]）の適用が可能であることを示した。x，h，y をそれぞれ中間，文脈，および出力層の出力とする。時刻 t における入力語彙を $v(t)$ とすれば，

$$x(t) = \sigma(v(t) + h(t)), \tag{5.13}$$

$$h_i(t) = \sigma\left(\sum_{j \in V,H} w_{ij} x_j(t-1)\right), \tag{5.14}$$

$$y_k(t) = g\left(\sum_{j \in H} w_{kj} x_j(t)\right), \tag{5.15}$$

ここで σ はロジスティック関数

$$\sigma(x) = \frac{1}{1 + \exp(-x)} \tag{5.16}$$

g はソフトマックス関数

$$g(x_i) = \frac{\exp(x_i)}{\displaystyle\sum_j \exp(x_j)}, \tag{5.17}$$

† 2010 年ではチェコ語表記 Tomáš であったが，マイクロソフト経由でグーグルへ移籍後は英語表記 Tomas にしている。

および w_{qp} は p から q への結合係数である。ミコロフらは，ニューヨークタイムズ紙 370 万語中 64 万語（30 万文）を用いてニューラルネットワークを訓練した。学習時間は要するが，ニーザー・ネイ（Kneser–Ney）のアルゴリズム[142]などの従来手法より訓練語彙数が少ないにもかかわらず，単語誤認識率（word error ratio，WER）で比較した場合の性能が向上した。ミコロフらは低頻度語を以下のように扱った。

$$p(v_i(t+1)|w(t), s(t-1)) = \begin{cases} \dfrac{y_{rare}(t)}{C_{rare}} & \text{if } w_i(t+1) \text{ is rare,} \\ y_i(t) & \text{otherwise.} \end{cases} \tag{5.18}$$

ここで c_{rara} はしきい値以下しか発生しない単語数である。

5.10.2　リカレントニューラルネットワーク言語モデル上の意味空間

"王様 − 男性 + 女性 = 女王" という例で有名になったミコロフらの自然言語処理リカレントニューラルネットワークを概説する[34]。ミコロフは単語の意味を多次元空間上に付置することを考えた。ミコロフのプロジェクトページ†も参照のこと。

図 5.15 に，ミコロフの用いたリカレントニューラルネットワーク言語モデ

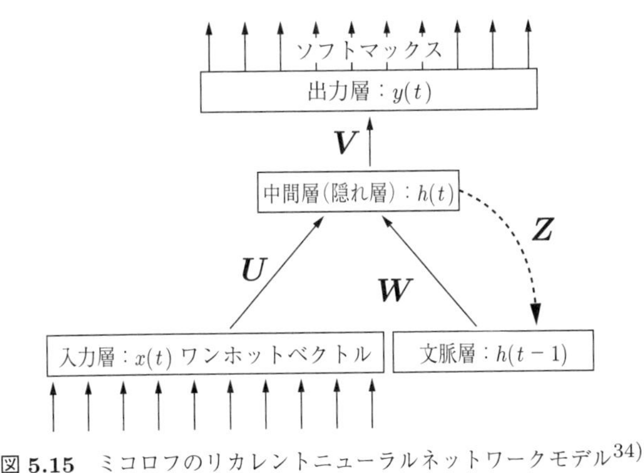

図 5.15　ミコロフのリカレントニューラルネットワークモデル[34]

† http://rnnlm.org/

ルを示した。実際は図 3.12 と正確に同じ図である。入力ベクトルはワンホットベクトル（総語彙数次元 k の 1–of–k 表現されたベクトル $x(t)$）であった。入力層の次数と出力層の次数は総語彙数に等しい。$x(t)$ は結合係数行列 U によって変換され中間層へと伝播する。一時刻前の中間層の状態が $h(t-1)$ として文脈層にコピーされている。図 5.15 中 Z はコピーするだけなので単位行列である（$Z = I$）。すなわち中間層の次数と文脈層の次数は等しい。文脈層の情報は行列 W によって変換され，文脈層から中間層へ伝播する（式 (5.19)）。

$$h(t) = \sigma(Ux(t) + Wh(t-1)), \tag{5.19}$$

ここで σ はベクトルの各要素にシグモイド関数を適用するものとする。中間層の状態は行列 V によって変換され，出力層へ伝播する（式 (5.20)）。

$$y(t) = g(Vh(t)), \tag{5.20}$$

出力層ではソフトマックス関数で単語の出力確率が定まる（ソフトマックス関数は全単語の出力の総和を 1 に変換する）。正解単語を教師信号にして出力単語の対数確率を最大化するように学習が行われた。

ミコロフの発想は行列 U を意味と見なしたことである。すなわち時刻 t における入力単語 $x(t)$ はワンホットベクトル（k 個のうち 1 だけが 1 で，他はすべて 0 となるベクトル）表現された 0, 1 ベクトルであるので，行列 U は中間層のユニット数を n とすれば n 行 k 列の行列である。U の各列は各単語に対応し，かつその単語だけに対応する表現となる。

図 5.15 と式 (5.19) 中の行列 U によって表現された単語の意味空間で，類推課題を考える。“A の B に対する関係と同じような C に対応する単語はなにか？”という課題に対して意味空間 U の列ベクトル u_a，u_b，u_c を考え，ベクトルのノルムを 1 に正規化した後，つぎの演算を行う。

$$y = u_b - u_a + u_c. \tag{5.21}$$

このようにして得られたベクトル y と最も近い単語を余弦類似度

$$w^* = \operatorname*{argmin}_w \frac{u_w y}{|u_w||y|}, \tag{5.22}$$

すなわち目標となる単語 d が与えられたとき $\cos(u_b - u_a + u_c, u_d)$ を類推問題の答えと考える。結果の一部を**図 5.16** に示した。

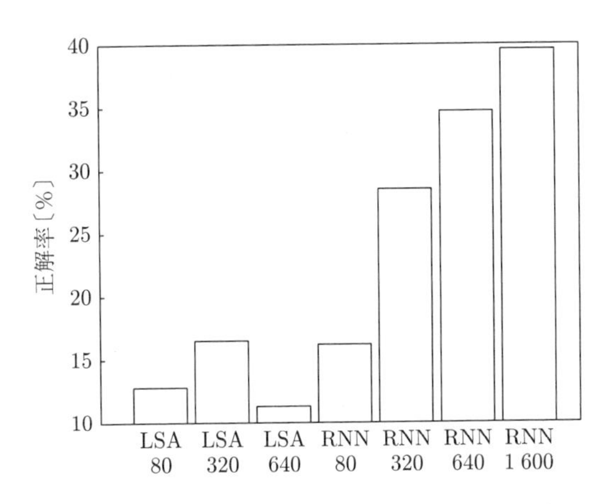

図 5.16　ミコロフの類推問題に対する正解率〔%〕

図中 LSA は潜在意味分析，RNN はミコロフリカレントニューラルネットワーク言語モデルを指す。各モデルの下の数字は意味空間の次元数，すなわち中間層のユニット数である。ランダウアが示したとおり，LSA では数百次元でピークが存在する。そのため次元数を増やすと結果は悪くなった。ところがミコロフリカレントニューラルネットワーク言語モデルでは，次元数が増えるに従って性能は向上した。

従来から，多次元空間に単語を射影する試みは存在した。多変量解析には，主成分分析（PCA[143]），因子分析（FA[144]），多次元尺度構成法（MDS[145]），特異値分解（SVD[146]），潜在意味解析（LSA[147]）などがある。

ミコロフの新奇性はデータ駆動にある。人間でなく機械に意味地図を学習させることを考えた。従来手法でも単語の頻度，共起頻度を調べることができた。しかし，単語の親密度，心像性は聞き取り調査で人間に回答を求める方法が一般的であった[148]。

5.10.3　スキップグラム（word2vec）

スキップグラム（skip–gram）を取り上げる[31),32)]。実装名は `word2vec` である†TensorFlow のチュートリアルにも `word2vec` が含まれている。

スキップグラムはリカレントニューラルネットワークではない。フィードフォワードモデルである。リカレントニューラルネットワーク言語モデルで入力層から中間層への結合係数行列 U（図 5.15）が意味空間と見なせるなら，別のモデルでも同様の意味空間を仮定しうる。スキップグラムと CBOW モデルはその例である。

図 5.17 にスキップグラムの構成を示した。時刻 t での入力単語 $w(t)$ に対して前後の単語を予測する。単語の前後を予測し関連づけることから，このスキップグラムにはイディオムや定形表現に強いという特徴がある。使い方については日本語の文献がある[150)]。

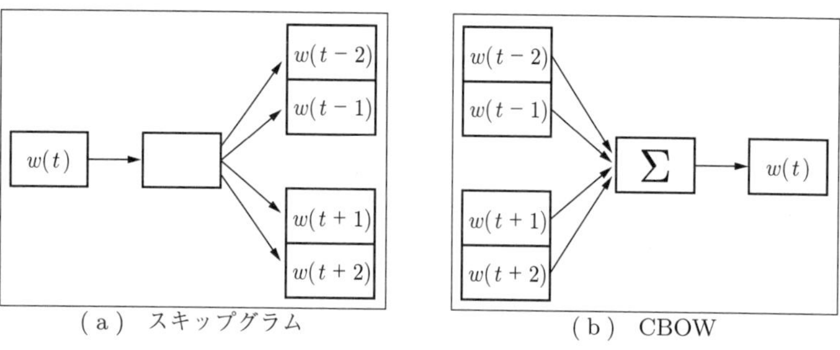

図 5.17　ミコロフの文献 149) の図 2 を改変

スキップグラムは，単語 $w(t)$ が与えられたとき，前後の単語の条件付き生起確率 $p(w_{t+j}|w_t)$ の対数尤度最大化モデルと考えることができる。

$$\frac{1}{T}\sum_{t\in T}\sum_{-c\geq j\geq c, j\neq 0}\log p(w_{t+j}|w_t) \tag{5.23}$$

出力にソフトマックスを用いる。

---

† プロジェクト名がスキップグラム（skip–gram）であり，実装名がリード 2 ベック（word2vec）。コードは `https://code.google.com/p/word2vec/`。ただし `https://` texttt code.google.com/は 2016 年 1 月に閉鎖。

$$p(w_o|w_i) = \frac{\exp\left(v_{wo}^T v_{wi}\right)}{\displaystyle\sum_{w \in W} \exp\left(v_w^T v_{wi}\right)} \tag{5.24}$$

単語の予測範囲 c が広くなれば精度は向上する。文献 32) では $c = 10$ であった。ヴィンヤルス（O. Vinyals）らは，リカレントニューラルネットワークでの文法学習において，単語埋込み層の事前訓練にスキップグラムを用いた[33)]。スキップグラムによってワンホットベクトル単語表現から意味空間へと投影されると考えれば，LSTM を含むリカレントニューラルネットワークで単語予測と意味処理とは不可分に結び付いていると考えられる。

リカレントニューラルネットワーク言語モデルと同じくスキップグラムで意味の加減算による類推が可能である。意味空間上で単語 x のベクトル表現を vec(x) と表記すれば，

vec(パリ) − vec(フランス) + vec(イタリア) = vec(ローマ)

vec(ウィンドウズ) − vec(マイクロソフト) + vec(グーグル)

= vec(アンドロイド)

vec(Cu) − vec(銅) + vec(金) = vec(Au)

などである。

BOW（bag of words）は，全語彙数の次元をもつベクトルを考え，ある文書にある単語が出現すれば 1，出現しなければ 0 をとるベクトルである。本書でも BOW と表記する。その単語が文書中に複数回出現しても，出現順序とは無関係にベクトル表現する。BOW とは買い物袋に物を詰め込んだ喩えである。直訳すれば言葉袋だが，高村によれば定訳は存在しない（文献 151) の p.65)。CBOW は Continuous BOW，直訳すれば連続言葉袋だが，文書を読み進めるに従い新単語が出現し，過去の単語が出ていく。すなわち CBOW では連続的に語の窓枠（N–グラム）が移動し，語の流入，流出が起こる。

スキップグラムも CBOW モデルも，図中のプロジェクション層から単語への変換行列を意味空間と考える。図 **5.18** に文献 32) の表 3 の一部を示した。統語的とは ((mouse,mice), (dollor,dollars)), ((think,thinking),(read,reading)) の

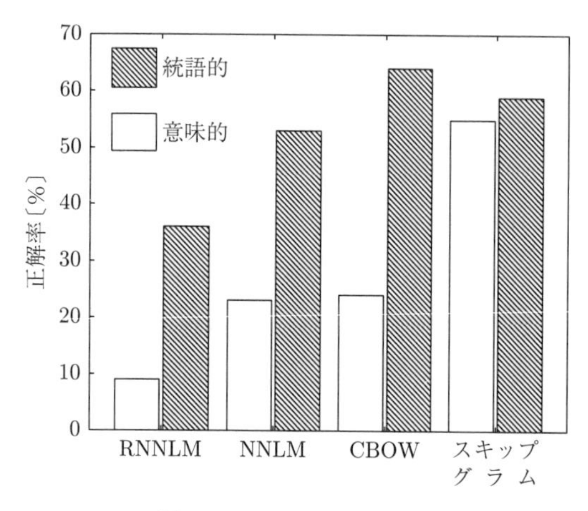

図 **5.18** モデルごとの成績

ような形容詞と副詞，比較級，単数と複数などの文法を扱った問題であった。一方，意味的とは((アテネ, ギリシャ), (オスロ, ノルウェー)), ((兄弟, 姉妹), (孫, 孫娘)) のような問題であった。

潜在意味解析[147] (LSA) は単語を行，文書を列とする行列の特異値分解 ($X = S\Sigma V^T$) である。ランダウアは特異値行列 Σ を意味と呼んだ。特異値分解における左随伴行列 S を単語の意味空間への射影，右随伴行列 V^T を文書の意味空間への射影ととらえれば，スキップグラムは単語から意味空間への射影を取り出したモデルと解釈可能である[152]。潜在意味解析は特異値分解という行列演算を前提にしているが，スキップグラムでは特異値分解のような仮定はしない。

5.10.4 ニューラルネットワーク機械翻訳

ニューラルネットワーク機械翻訳 (neural machine translation, NMT) については，グーグル翻訳やスカイプのリアルタイム翻訳が完璧でないことはよく知られていることであろう。しかし重要な点は，文脈，背景知識がなくとも，かつ提供されている言語を母語とする社員が存在せずとも，翻訳サービスを提供できることにある。

機械翻訳は，ウィーバー (W. Weaver)[153] やブラウン (P. Brown)[154] 以来の歴史がある。ニューラルネットワーク機械翻訳と直接対比される概念に，ブラウンによる統計的機械翻訳（statistical machine traslation，SMT）がある[154]。SMT で整備されてきた枠組みに，リカレントニューラルネットワークを用いて機械翻訳を実装する試みがなされている。また，画像処理と自然言語処理とを同一の枠組みで記述する試み[101),155),156] もある。そこで本項では，SMT の概要を紹介した後に NMT を取り上げる。

図 5.19 は機械翻訳の概念を示している。

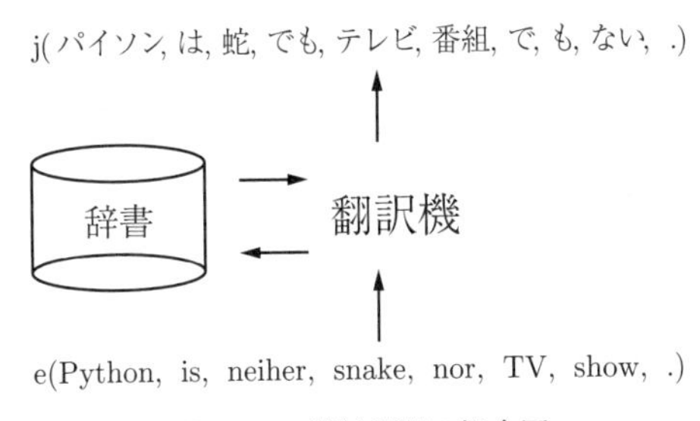

図 5.19　機械翻訳の概念図

〔**1**〕　**SMT**　　規則を適用して元言語から目標言語へと変換する従来の機械翻訳と異なり，SMT では，与えられた入力単語からつぎに来る単語の確率を予測する。

SMT では，入力文（ソース言語）x に対応する翻訳文（ターゲット言語）y を条件付き確率 $p(y|x)$ と見なし，y の条件付き確率をベイズ則から下記のように表記できる。

$$p(y|x) \propto p(x|y)p(y). \tag{5.25}$$

上式 (5.25) を対数変換して

$$\log(y|x) = \log p(x|y) + \log p(y) + C \tag{5.26}$$

とおけば，右辺第 1 項は翻訳モデル，第 2 項は言語モデルと呼ばれる[157),158]。式 (5.26) は BLEU[159] などを目標関数として学習される。

〔**2**〕 **N–グラム**　代表的なモデルにN–グラムがある。例えば，ある単語 w_1 の生起確率 $p(w(t))$ について，直前の単語 $w(t-1)$ が与えられたときの条件付き確率 $p(w(t)) = p(w(t)|w(t-1))$ として考えるモデルを，1–グラムモデルという。定義上0–グラムモデルは事前情報をもたない。0–グラムモデルの場合，$p(w(t))$ は各単語の頻度，出現確率を乱数で選択することとなる。英語の場合，0–グラムモデルを用いて文章を生成すると the the a the のようになる。すなわち，どのような場合でも最頻出単語である the を出力する確率が高くなる。これに対して $p(w(t)) = p(w(t)|w(t-1))$ とすれば，直前に生起した単語のつぎに来る単語を予測することになる。同様にして二つ前の単語まで考慮すれば，2–グラム（バイグラム）となる（式 (5.27)）

$$p(w(t)) = p(w(t)|w(t-1), w(t-2)) \tag{5.27}$$

考慮する単語を順に増やしていくことで3–グラム（トリグラム，式 (5.28)）

$$p(wt) = p(w(t)|w(t-1), w(t-2), w(t-3)) \tag{5.28}$$

4–グラム（クワッドグラム，式 (5.29)）

$$p(wt) = p(w(t)|w(t-1), w(t-2), w(t-3), w(t-4)) \tag{5.29}$$

が可能である。一般化すればN–グラム（N–gram）となる。

あるいは，n 個の単語列からなる文章 S は $S = \{w_1, w_2, \ldots, w_n\}$ である。この文章 S が生起する確率 $p(w_1, w_2, \ldots, w_n)$ は以下のように表記される。

$$p(w_1, w_2, \ldots, w_n) = p(w_1)p(w_2|w_1)p(w_3|w_1, w_2)\cdots p(w_n|w_1, \ldots, w_{n-1}) \tag{5.30}$$

N–グラムは遠い過去の影響をすべて考慮することを意味する。これに対してバイグラムは過去を直前の近似で言い換えて，

$$p(w_1, w_2, \ldots, w_n) \simeq p(w_1)p(w_2|w_1)p(w_3|w_2)\cdots p(w_n|w_{n-1}), \tag{5.31}$$

とすることに相当する。一方トリグラムでは,

$$p(w_1, w_2, \ldots, w_n) \simeq p(w_1)p(w_2|w_1)\prod_{k=3}^{n} p(w_k|w_{k-2}, w_{k-1}), \tag{5.32}$$

である。

5.10.5 ニューラル言語モデル

NMT[160] では,リカレントニューラルネットワークを用いて,ソース言語の文を目標言語の文の確率分布へと変換する。ソース言語と文脈層とを用いて,次式,

$$h_t = \sigma\left(W^{hx}x_t + W^{hh}h_{t-1}\right) \tag{5.33}$$

$$y_t = W^{yh}h_t \tag{5.34}$$

の形などが一般形である[96]。

機械翻訳では,ソース言語とターゲット言語における単語が1対1に対応していると仮定できないため,系列長も対応がとれるとはかぎらず,T と T' とを可変として $p(y_1, \ldots, y_{T'}|x_1, \ldots, x_T)$ を考える。LSTMを用いた言語モデル(LSTM–LM)で考えれば

$$p(y_1, \ldots, y_{T'}|x_1, \ldots, x_T) = \prod_{t \in T'} p(y_t|v, y_1, \ldots, y_{t-1}). \tag{5.35}$$

上式 (5.35) 右辺 $p(y_t|v, y_1, \ldots, y_{t-1})$ はソフトマックスを用いる。文頭を <SOS> (start of sentence),文末を <EOS> (end of sentence) と単語として扱う場合が多い。

坪井は可変長の入出力を扱うことが可能なモデルを三つ挙げた[161]。

1. エンコーダの終端をデコーダの先端に接続する[96] (図 **5.20**)。

   図 5.20 は,ソース言語における文 "ABC<EOS>" をターゲット言語 "WXYZ<EOS>" に翻訳する LSTM–LM モデルである。スツキーバら[96] のモデルを S2S と表記する。S2S は LSTM 層を4層にしたモデル

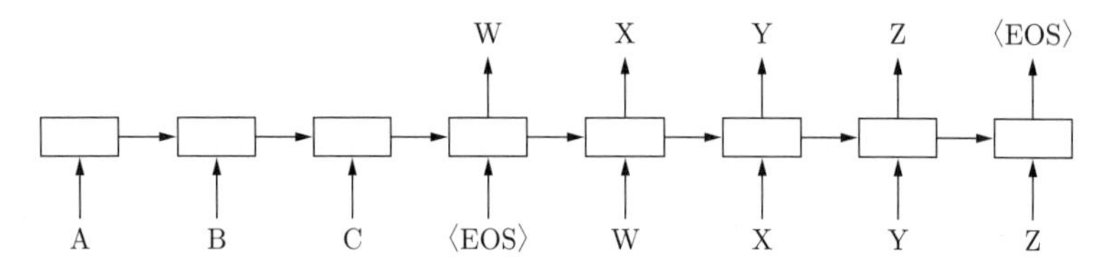

図 5.20　S2S モデルの文献 96) の図 1 を改変

である（図 5.20 は 1 層だけが描かれている)。加えて，ソース言語の語順を逆転させている。ターゲット言語は逆順にしない。すなわち ‘a’, ‘b’, ‘c’ というソース言語を ‘α’, ‘β’, ‘γ’ に翻訳する際，入力系列として (c, b, a) を入力とし，(α, β, γ) を出力させると成績が向上した。ソース言語を逆順にして入力すると性能が向上した理由については LSTM が処理しやすいからと書いてあるが，後から付け足した理由のように聞こえる。

2. エンコーダの終端をデコーダの各時刻に接続する[157]。

図 5.21 では，入出力の対応には，中間表現である文脈 c を考えて符号

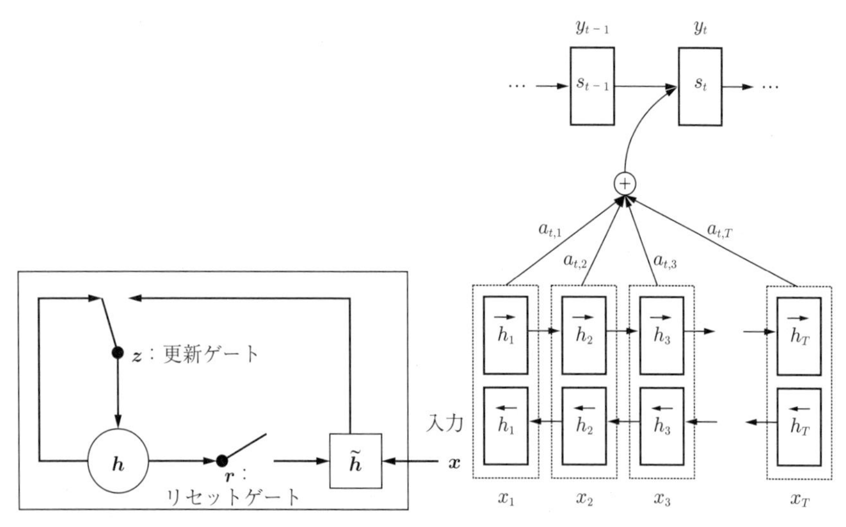

図 5.21　符号化・復号化モデルの模式図（チョ（K. Cho）らの文献 157) の図 1 を改変）

図 5.22　バーダナウらの文献 162) の図 1 を改変

化・復号化過程ととらえる。

3. エンコーダの各時刻を集約してデコーダの各時刻に接続する(図 **5.22**)[162]。

5.10.6 注意の導入

画像処理や自然言語処理においてニューラルネットワークに注意 (attention) を導入することが行われるようになってきた。ヴィンヤルスのモデル[33]でも，注意機構が導入されている[162]。注意は次式のように表記できる。

$$u_i^t = v^T \phi\left(W_1' h_i + W_2' d_t\right) \tag{5.36}$$

$$a_i^t = z\left(u_i^t\right) \tag{5.37}$$

$$d_t' = \sum_{i \in T_A} a_i^t h_i \tag{5.38}$$

v，W_1'，W_2' は学習可能なパラメータである。u_i^t は長さ T のベクトルであり，これをソフトマックス関数を通して中間層の出力とする。ソフトマックス関数を介することを注意と呼ぶ。自然言語処理モデルで出力層も単語であればワンホットベクトルであるから出力層でもソフトマックス関数が用いられ，逆方向の注意としてもソフトマックス関数が用いられる。注意を考慮した場合，出力表現だけにソフトマックス関数を考えるのではなく，各段階で同じ操作が繰り返し行われていると見なすことができる。

ヴィンヤルスらのモデルを**図 5.23** に示した。図中左の入力文を処理する

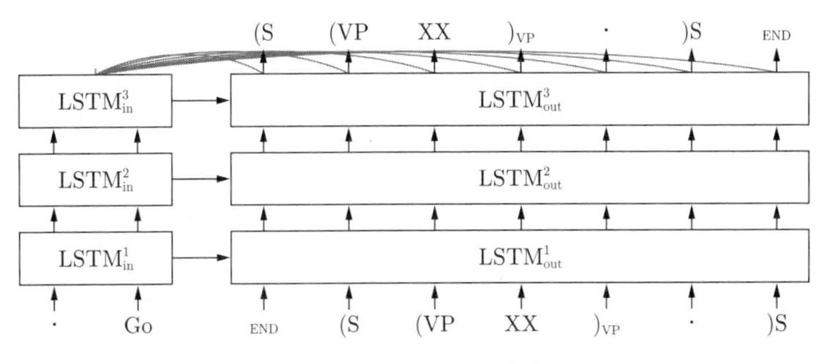

図 5.23　ヴィンヤルスらの注意モデル

LSTMであり，右のLSTMが出力を生成する。このとき，左上のLSTM第3層から右の生成LSTMに弧状の線で描かれている部分が注意を示している。

5.10.7 プログラムコード生成

LSTMによるプログラムコードの生成では，系列から系列への写像[96]を発展させ，Pythonに似たプログラムコードを処理するモデルが提案された[95]。クヌース[138]がコンパイラを設計する際に用いたように，広義にはカリキュラム学習によってLSTMの能力を拡張したことに起因する。

グレイブスら[94]は，LSTM，ニューラルチューリングマシン+LSTM，ニューラルチューリングマシン+フィードフォワード制御の3モデルを比較し，ニューラルチューリングマシンにLSTMの制御を付けたモデルがこのうち最も学習が早いことを報告している[33]。

ニューラルチューリングマシン[94]の成果に基づいてニューラル翻訳機械[163]と呼ぶアプローチもある。これは通常のディープリカレントニューラルネットワークがLSTMユニットを多層に重ねるのに対して，入力層（入力メモリ）→ヘッドから読み出し → コントローラ → ヘッドから書き出し → つぎの入力層，というチューリングマシンの1ステップを多層化したモデルである。

5.10.8 ニューラルチューリングマシン

記号操作を抽象化して考えれば，言語情報処理とコンピュータプログラムと人間の作業記憶は強く関連する。グレイブス（A. Graves）らはニューラルチューリングマシン（neural Turing machines）を唱え，その枠組みを示した[94]。ニューラルチューリングマシンは「アルゴリズム」を扱うことが可能である。

図5.24にニューラルチューリングマシンの構成図を示した。神経生理学的な根拠を求める研究の歴史は長い。例えば，記憶の一部に一時記憶がある。心理学者は，長期記憶と短期記憶とを区別した。このように，CPU上のレジスタと外部記憶装置を喩え話ではなく，人間の情報処理と対比して，計算一般を定義すればニューラルネットワークを介して計算機と脳は関連する。ニューラル

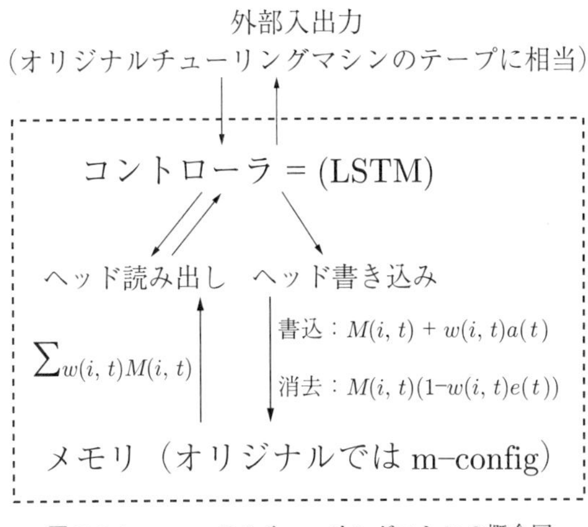

図 5.24　ニューラルチューリングマシンの概念図

チューリングマシンは，チューリングマシンを現代的に解釈したと見なすことが可能である。

図 5.24 に即していえば，ニューラルチューリングマシンとはコントローラの系列予測学習機（3.5.3 項）である。チューリング（A. Turing）の原典でも，コントローラの状態は，ヘッドを左右に動かす，読み書きするなど有限離散状態である[164]。したがって，内部状態（原典では m–配置，m–configuration）と現在位置のテープの状態から，つぎの動作の系列を予測する学習を行えばよい。

メモリ上に N 個の離散的アドレスが存在し，M 個の記憶状態があると考える。時刻 t における記憶行列の i 列目のベクトル $M_t(i)$ を用いて，記憶の検索（読み込み）ベクトルは

$$r(t) = \sum_{i=1}^{N} w_t(i) M_t(i), \tag{5.39}$$

と書くことができる。ここで $w_t(i)$ は重み係数であり，総和は 1 である（$\sum_i w_t(i) = 1, \forall i, 0 \leqq w_t(i) \leqq 1$）。

記憶への書き込みは，読み込みと同様に記憶行列 $M_t(i)$ を用いる。このとき，書き込みを消去と追加に分割し，消去ベクトル e_t と追加ベクトル a_t を用いて

$$M_t(i) = M_{t-1}(i)[u - w_t(i)e(t)] + w_t(i)a_t, \tag{5.40}$$

と表される。ここで u はすべての要素が 1 であるベクトルとする。上式では消去後に追加という手順となるが，この手順は逆でもよい。

現在メモリ上のアドレスにある重み係数 w_t の値は，直前のアドレス w_{t-1} と記憶内容の両者から定まる。ここで β, γ, g の三つの自由パラメータが存在するが，w_t は $\tilde{w}_t$ を規格化して求める。

$$w_t(i) = \frac{\tilde{w}_t(i)^{\gamma t}}{\sum_j \tilde{w}_t(j)^{\gamma t}}, \tag{5.41}$$

$\tilde{w}_t$ は相互の影響 s から定まる。

$$\tilde{w}_t(i) = \sum_{j=0}^{N-1} w_t^g(j) s_t(i-j), \tag{5.42}$$

g_t は直前の状態を考慮するパラメータであり，以下のように $0 < g < 1$ として過去のアドレスから影響を受ける。

$$w_t^g = g_t w_t^c + (1 - g_t) w_{t-1}, \tag{5.43}$$

アドレス内容からの影響は，キーベクトル k_t とメモリとの類似度を内積距離 K で定義する。

$$K[u, v] = \frac{u \cdot v}{|u| \cdot |v|}. \tag{5.44}$$

類似度をソフトマックス関数で規格化すれば，内容によるアドレスが以下のように定義できる。

$$w_t^c(i) = \frac{\exp(\beta_t K[k_t, M_t(i)])}{\sum_j \exp(\beta_t K[k_t, M_t(j)])}. \tag{5.45}$$

以上から NMT における学習とは記憶行列 M_t を学習することである。これは，行列 M_t と　時刻前のアドレス w_{t-1} から新たなアドレス w_t を計算することと見なすことが可能である。

グレイブスは，ニューラルチューリングマシンの可能性として以下の四点を示した。

(1) コピーの繰り返し（repeat copy）

(2) 連想想起（associative recall）

(3) ダイナミック N–グラム（dynamic N–grams）

(4) 優先並べ替え（priority sort）

これらの課題は具体的なデータに縛られることなく，背後にある規則を獲得しなければならない課題であった。課題 (1) のコピーの繰り返しは，系列をコピーするだけでなく，何回コピーするかを獲得しなければならない。課題 (2) の連想想起は間接的想起である。二値ベクトルの系列を記憶した後，乱数項目を数個挟んで，次系列を予測する課題である。課題 (3) のダイナミック N–グラムは新予測分布に適応する課題である。遷移確率を計数し，通常の N–グラムを模倣する課題である。課題 (4) の優先並べ替えは，各数値に優先度付きの並べ替えである。

5.10.9 構　文　解　析

リカレントニューラルネットワークによって構文解析木を出力するモデルがある[33]。日本語ではリカレント（recurrent）とリカーシブ（recursive）を共に再帰と訳す。ニューラルネットワークの文脈では，リカージョン（recursion）は，同じ演算子やパラメータセットをスケールの異なる状態，成分，因子，構造の計算に繰り返し適用する操作モデルを指す。一方，リカレント（recurrent）は，フィードバック結合を有するニューラルネットワークモデルを指す。ここでは，リカーシブニューラルネットワークを RecNN，リカレントニューラルネットワークをそのままリカレントニューラルネットワークと表記する。ソカー（R. Sochar）ら[101] は RecNN による構文解析を提案した。RecNN は，語や句，節など文の要素を入力として受け取り，それらの関係を出力とする。RecNN は有向非環グラフ（directed acyclic graph，DAG）であるから，構文解析木との相性は高い。

図 5.25，**図 5.26** は RecNN の模式図とそれを適用した例である。同一の結

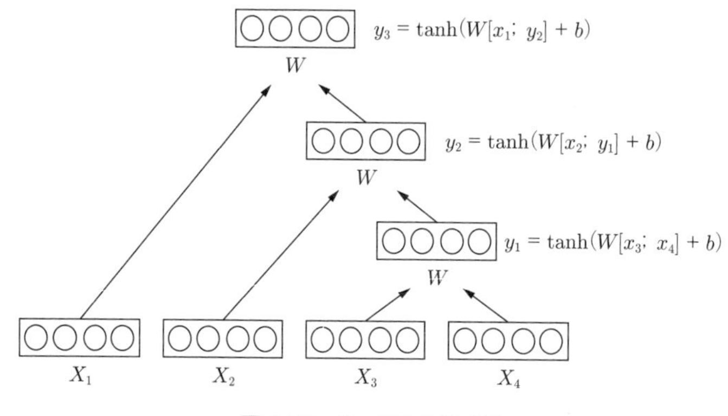

図 **5.25**　RecNN の模式図

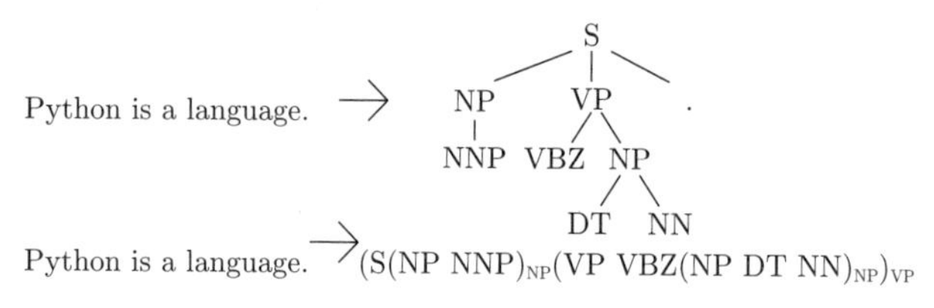

図 **5.26**　RecNN による構文解析の例（文献 33) の図 2 を改変）

合係数行列 W をすべての非端点ノードに再帰的に適用する。葉ノードは単語を表す n 次元ベクトル表現である。

$$p(B|A) = \prod_{t \in T_B} p(y_{B_t}|A_1, \ldots, A_{T_A}, B_1, \ldots, B_{t-1}) \tag{5.46}$$

$$\equiv \prod_{t \in T_B} z\left(W_0 h_{T_{A+t}}\right)' \delta_{B_t} \tag{5.47}$$

ここで $x = (A_1, \ldots, A_{T_A}, B_1, \ldots, B_{T_B})$ であり，h_t は LSTM の h 空間上で t 番目の要素である。z はソフトマックスを表す。W_0 は各記号の表象行列であり，δ はクロネッカーのデルタである。

5.10.10　音　声　認　識

本書では音声認識にふれなかったが，深層学習では長足の進歩が見られる分野である。図 **5.27** に概略を示した。左の図が従来モデル，右の図が深層学習

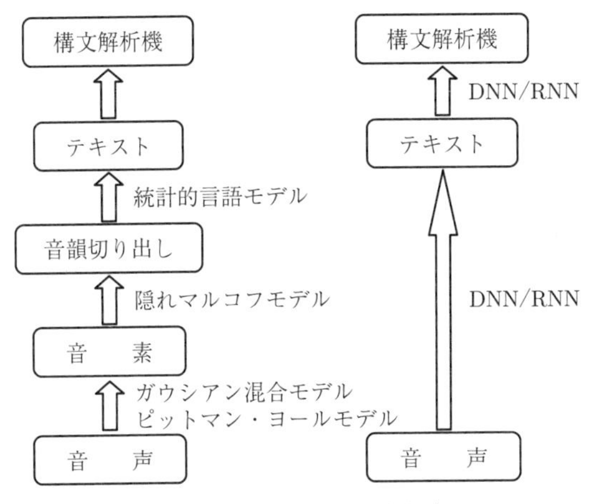

図 **5.27**　音声認識の一般概念

による音声認識である。隠れマルコフモデルをはじめ，音圧から意味を抽出するまでに，何段階もの処理が必要である。このような前処理を，多層化された深層学習，リカレントニューラルネットワーク，BRNN，NMT で置き換えようとする動きがあり，今後に注目していきたいところである。

5.10.11 リカレントニューラルネットワーク関係の実装サイト

関連サイトを以下に示した。

(1) ミコロフのリカレントニューラルネットワーク `http://www.fit.vutbr.cz/~imikolov/rnnlm/simple-examples.tgz`

(2) カルパセィのリカレントニューラルネットワーク：`https://github.com/karpathy/char-rnn` 要 Torch

(3) スキップグラム（`word2vec`）：`https://code.google.com/p/word2vec/`

(4) 数式処理：`https://github.com/kkurach/math_learning`

(5) プログラムの実行：`https://github.com/wojzaremba/lstm`
`https://github.com/wojciechz/learning_to_execute`

深層学習の展開

本章では発展的な話題を取り上げた。応用ではあるが，理論的にも技術的にも興味深い内容である。ニューラル画像脚注づけは，畳み込みニューラルネットワークとリカレントニューラルネットワークとの融合であるが，この方法が現実に実用可能であることを示した点が強調される。すでに始まっているが，動画の要約技術へも広がっている。DQN とその基礎理論である強化学習も，ネイチャー誌に掲載されて人々を驚かせた。強化学習の枠組みの延長上に自動運転がある。メモリネットワーク，ニューラルチューリングマシンは提案されたばかりだが，より知的な振る舞い，自動応答，プログラム生成などが視野に入ってきたことを示している。最後の顔情報処理も人間の認識性能を上回った。この先にどこへ向かうのかを知るためにも，それらで用いられている技法を見てみる価値はある。

6.1　ニューラル画像脚注づけ

ニューラルネットワークを用いて画像に脚注を付けることを，ニューラル画像脚注づけ（neural image captioning）という。画像の領域切り出しに R–CNN を用いると，1 枚の画像から複数の候補領域が生成され，視覚的物体認識器へと送られる仕組みは R–CNN の節で述べた。同一画像から切り出された複数のバウンディングボックスを BOW と見なし，それらに対してリカレントニューラルネットワークあるいは LSTM[9),10)] を適用することで文章を生成させると，脚注生成モデル，すなわちニューラル画像脚注づけとなる。ニューラル画像脚注づけは，視覚情報と言語情報の結合問題であり，これまで開発されれてきた手法が取り込まれている。

ニューラル画像脚注づけは，2014 年 11 月 18 日，ニューヨークタイムズ誌の紙面を飾り耳目を集めた[†1]。視覚と言語の両者を結び付けることは，われわれが日常行っていることである。ニューラル画像脚注づけが生成した脚注と人間によるそれとが区別できなければ，ニューラル画像脚注づけはこの新しいチューリングテストにパスしたともいえる。

ニューラル画像脚注づけに用いられるデータセットには，Flickr8K[165)]，Flickr30K[166)]，MS COCO[167)] が多用される。利用可能なデータセットの一覧を提供しているサイトがある[†2]。以下では MS COCO について解説する。

6.1.1 MS COCO

マイクロソフト COCO（Microsoft Common Objects in Context, MS COCO）[†3]がデータセットを作成，管理している[168)][†4]。MS COCO 2014 データセットには，16 万枚以上の画像と 100 万以上の脚注がある。MS COCO から Python API が入手可能である。

MS COCO の Python API を使った画像を図 **6.1** に，脚注例を以下に示す。

```
1 # load and display caption annotations
2 annIds = caps.getAnnIds(imgIds=img['id']);
3 anns = caps.loadAnns(annIds)
4 caps.showAnns(anns)
5 plt.imshow(I)
6 plt.show()
```

```
A person riding a skate board in the street holding a flag.
Skate boarder with small sail riding on paved street.
A man rides a skateboard with a sail(?) in the street.
```

†1 http://www.nytimes.com/2014/11/18/science/researchers-announce-breakthrough-in-content-recognition-software.html
†2 http://visionandlanguage.net/
†3 http://mscoco.org/
†4 https://www.codalab.org/competitions/3221

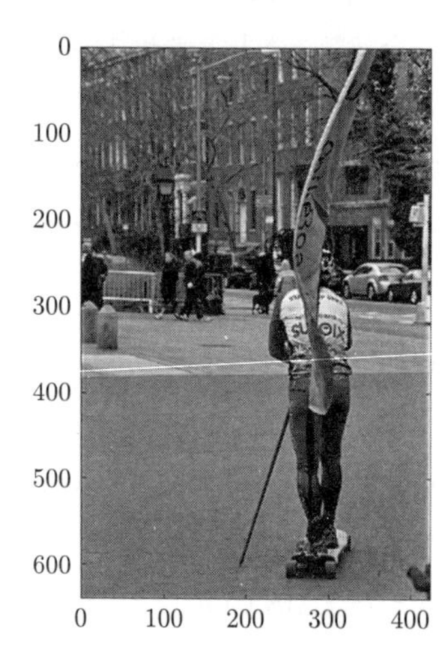

図 **6.1**　COCO のサンプル画像

```
A man in orange pants is on a skateboard that has a flag
    hanging from it.
A person riding a skateboard on the sidewalk while holding a
    pole.
```

上の例のように，MS COCO データセットでは 1 画像につき五つの脚注がある。そのため，このデータセットでは五つの脚注を学習しなければならない。

MS COCO によるニューラル画像脚注づけの成績順位を，**表 6.1** に示した[†1]。

表 6.1　ニューラル画像脚注づけの順位

チーム名	M1	M2	計	順　位
グーグル[93)]	5	4	9	1（同率 1 位）
マイクロソフト[169)]	4	5	9	1（同率 1 位）
モントリオール/トロント[170)]	3	2	5	3（同率 3 位）
マイクロソフト Captivator[171)]	2	3	5	3（同率 3 位）
バークリー LRCN[66)]	1	1	2	5

表 6.1 に示されたニューラル画像脚注づけの性能評価では，アマゾンメカニカルターク（Amazon Mechanical Turk，AMT）で人間の評価が収集されている。つぎのような評価基準が設定されている[†2]。M1：人間によるニューラル

[†1] http://mscoco.org/dataset/#captions-leaderboard
[†2] http://mscoco.org/dataset/#captions-leaderboard

画像脚注づけと同等かそれ以上と評価されたもの。M2：チューリングテストにパスする割合などである。MS COCO データセットにおけるニューラル画像脚注づけの性能評価に特化した BLEU，Meteor，Rouge–L，CIDEr を算出する coco-caption もある[†1]。

またコードラボのランキング[†2]を表 **6.2** に示した。

表 6.2 コードラボのランキング

順位	名　前	BLEU–1	METEOR	ROUGE–L	CIDEr–D
1	ATT_VC	0.731	0.250	0.535	0.943
2	OriolVinyals	0.713	0.254	0.530	0.943
3	MSR_Captivator	0.715	0.248	0.526	.931
4	mRNN_share.JMao	0.716	0.242	0.521	.917
5	jeffdonahue	0.718	0.247	0.528	0.921

以下に MS COCO の高順位のモデルを紹介する。畳み込みニューラルネットワークによって候補領域が切り出され BOW として用意されていれば，文章生成は LSTM に限る必要はない。従来からの単純再帰型ニューラルネットワークを使う方法[172)]や他の方法も提案されている[173)]が，ここでは取り上げなかった。

6.1.2 グーグルの方法

ヴィンヤルスらの提案したモデルは，畳み込みニューラルネットワークと LSTM の結合である（図 **6.2**）[93)] [†3]。

この場合，画像 I から説明文 S を生成することとは，$S^* = \text{argmax}_S p(S|I)$，のような条件付き確率を最大化するパラメータを探し出すことである。文章は $S = \{S_0, S_1, \ldots\}$ のような系列情報であるとすると

$$p(S|\theta) = \prod_{t=0}^{N} p(S_t|S_0, S_1, \ldots, S_{t-1}; \theta) \tag{6.1}$$

ここで，x_t を入力，y_t を出力とすると，その確率は以下の式に従う。

---

†1 https://github.com/tylin/coco-caption

†2 https://competitions.codalab.org/competitions/3221#results

†3 http://googleresearch.blogspot.jp/2014/11/a-picture-is-worth-thousand-coherent.html

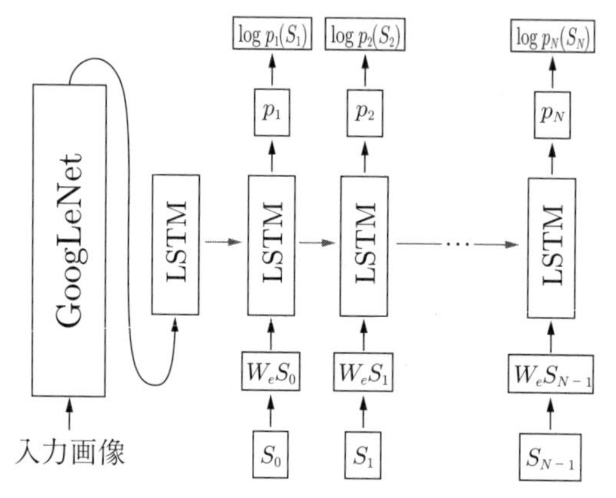

図 6.2　左の GoogLeNet の出力が LSTM への入力となる（全 LSTM は係数行列を共有する）

$$x_{t-1} = \mathrm{CNN}(I) \tag{6.2}$$

$$x_t = W_e S_t, \quad t \in \{0, \ldots, N-1\} \tag{6.3}$$

$$p_{t+1}(y_{t+1}) = \mathrm{LSTM}(x_t), \quad t \in \{0, \ldots, N-1\} \tag{6.4}$$

式 (6.2) と式 (6.3) のとおり，文章生成の冒頭にだけ畳み込みニューラルネットワークの結果が参照される。いったん文章生成が開始されれば，後は入力画像は参照されない。ヴィンヤルスらの論文には，文章系列算出中に畳み込みニューラルネットワークの結果を入れると成績が低下したとの記述がある。

このことはスツスキーバらの NMT モデル[96)] でも同様である。NMT とニューラル画像脚注づけとで共通した先行情報の利用方法である。翻訳の場合は，ある言語から別の言語へ，ニューラル画像脚注づけの場合は視覚情報から言語情報への情報の転送であるが，共通した枠組みを想定できるのかもしれない。

学習は文 S の対数尤度の最大化であった。

$$L(I, S) = -\sum_{t=1}^{N} \log p_t(S_t). \tag{6.5}$$

評価は BLEU 得点で行われた。

文章の生成にビームサーチ（beam search）が用いられた。ビームサーチとは，それらの唯一の結果として得られる最高の K を維持するよう，繰り返し時

刻 t までに得られた評価得点の上位 k 個最良文を保持して，次刻 $t+1$ の脚注候補文を生成する手法である。ビーム長だけ脚注文候補が存在することになる（ビーム長 20）。ビームサーチにより $S = \underset{S'}{\operatorname{argmin}}\, p(S'|I)$ を満たす解が得られたとの記述がある（**表 6.3**）。

表 6.3 各ニューラル画像脚注づけモデルの比較

	モデル	
	グーグル	スタンフォード
データセット	Flickr8K, Flickr30K, MS COCO	Flickr8K, Flickr30K, MS COCO
畳み込みニューラルネットワーク	GoogLeNet	VGG
脚注生成	LSTM	LSTM
ニューロン数	512	512
ビームサーチ	20	7[†1]
評価	BLEU	BLEU, METEOR, perplexity

6.1.3 スタンフォード大の方法

カルパセィとリー[99]は，画像と脚注とを結び付ける内部モデルを考えた[†2]。切り出した画像領域とその領域を記述する文節との間に潜在変数を仮定したモデルであり，視覚情報と言語情報とをマルチモーダルな感覚統合ととらえ，二つの感覚統合を実現するモデルである。モデルは畳み込みニューラルネットワークと BRNN[12] で構成される。

領域切り出し（対象の領域割当て）は画像 k と文 s について

$$S_{kl} = \sum_{t \in g_l} \sum_{i \in g_k} \max\left(0, v_i^T s_t\right), \tag{6.6}$$

を考える。g_k は領域切り出しをした各画像の断片であり，g_l は文 S の断片（文節）である。または上式を単純化した

---

†1 GitHub で公開された後継バージョン neuraltalk2 ではデフォルトで Myvarbeam=2 となっている。

†2 プロジェクトページ http://cs.stanford.edu/people/karpathy/deepimagesent/。

$$S_{kl} = \sum_{t \in g_l} \max_{i \in g_k} v_i^T s_t, \tag{6.7}$$

でもよい。全体の損失関数は

$$\mathcal{C}(\theta) = \sum_k \left[\sum_l \max(0, s_{kl} - s_{kk} + 1) + \sum_l \max(0, s_{lk} - s_{kk} + 1) \right]. \tag{6.8}$$

図 6.3 では，左側の入力画像から切り出された領域に対して対応する言語情報を結び付けるため，潜在変数マルコフランダムフィールド（MRF）が仮定された。文章中の単語と画像中の領域に対して次式

$$E(\boldsymbol{a}) = \sum_{j \in N} \psi_j^U(a_j) + \sum_{j \in N-1} \psi_j^B(\boldsymbol{a}_j, \boldsymbol{a}_{j+1}) \tag{6.9}$$

$$\psi_j^U(\boldsymbol{a}_j = t) = \boldsymbol{v}_i^T \boldsymbol{s}_t \tag{6.10}$$

$$\psi_j^B(\boldsymbol{a}_j, \boldsymbol{a}_{j+1}) = \beta 1\{\boldsymbol{a}_j = \boldsymbol{a}_{j+1}\} \tag{6.11}$$

を考える。ここで β はハイパーパラメータであり，より長い文への偏好度を表す。β が大きければ，より長い単語列が割り当てられる。逆に $\beta = 0$ ならば 1

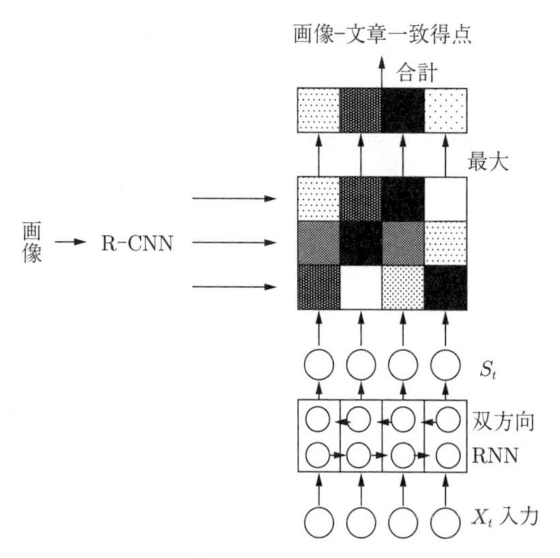

図 6.3　モデルの概念図（カルパセィとリーの文献 99）の図 3 を改変）

画像1単語の対応になる。ダイナミックプログラミングにより，エネルギー関数 $E(\boldsymbol{a})$ を最小にする単語とバウンディングボックスとの割当てが求められた。このモデルは，ニューラル画像脚注づけではなく視覚情報と言語情報との対応関係のモデルであるが，視覚と言語との媒介変数の考え方は，脳内対応を考える意味で興味深い。

6.1.4 UC バークリー校の方法

カリフォルニア大学バークリー校のドナヒュー（J. Donahue）らは，異なるニューラル画像脚注づけモデルを提案した[66]。彼らのモデルは LRCN（long recurrent convolutional netowrks）と呼ばれる。

図 6.4 にニューラル画像脚注づけモデルとしての LRCN を示した。文章生成部の LSTM は2層で構成される。各層のニューロン数は1 000であった。グーグルやスタンフォード大のニューラル画像脚注づけとは異なり，直前の時刻の正解単語が最下層の LSTM に提示され，畳み込みニューラルネットワークの特徴ベクトルは第2層の LSTM 層に入力される。第2層において視覚情報と言語情報とは融合され，出力はソフトマックス関数を経て予測単語へと変換される。

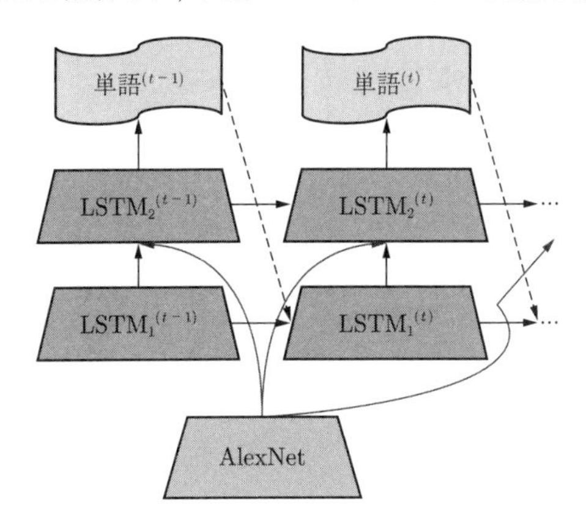

図 6.4 LRCN の概念図（文献 66) の図1より）

6.1.5 ニューラル画像脚注づけへ注意の導入

NMT の節でも注意を話題にしたが，フゥ（K. Xu）らはニューラル画像脚注づけについても注意を導入している[170)]。人間の情報処理において注意の果たす役割が大きいことを考えれば，画像処理やニューラル画像脚注づけにおいても，注意によって情報抽出を制御するという発想は興味深い。フゥらは入力画像から特徴抽出を行った後，リカレントニューラルネットワークによる文章生成を行う際に，画像処理過程で切り出されたバウンディングボックス間の遷移に注意を導入した。他のモデルが，畳み込みニューラルネットワークによって抽出されたバウンディングボックスをクラス分類器に通して単語に変換し，得られた単語群を BOW として扱うのとは対照的である。

フゥらは，注意をソフト，ハードに区別したが，ソフトな注意はソフトマックスである。出力側のモジュールから入力側のモジュールへと逆行する。**図 6.5** に概念図を示した。図で情報は下から上へ，時間は左から右へと流れる。図の下半分では画像処理により領域分割された候補領域を言葉で書いたがニューラル画像脚注づけでは原画像になる。原画像から脚注を生成する際に，生成した語から情報が逆向きに流れて下からの情報と合わさり，つぎの時刻の画像上の候補領域の選択に影響を与える。

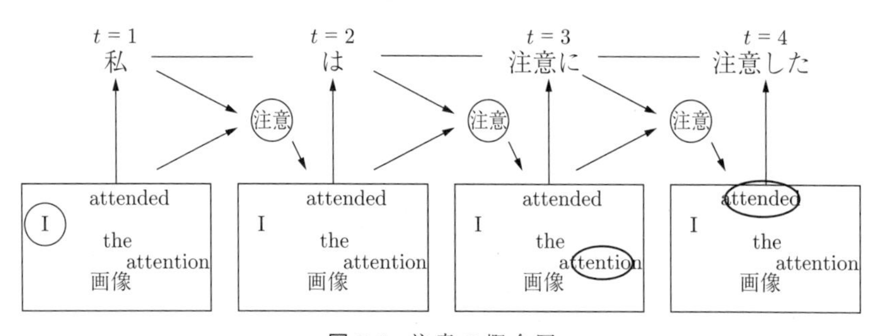

図 6.5　注意の概念図

定式化すれば，ニューラル画像脚注づけにおける文章生成モデルの状態を $\boldsymbol{h}_t$ とし，入力画像を切り出したバウンディングボックスから生じる情報を $\boldsymbol{a}_t$ すれば，注意の配分関数 a_i は，

$$e_{ti} = f_{att}(\boldsymbol{a}_i, \boldsymbol{h}_{t-1}) \tag{6.12}$$

$$a_{ti} = \frac{\exp(e)_{ti}}{\sum_k \exp(e_{tk})} \tag{6.13}$$

である。

6.2　強化学習によるゲーム AI

誰もが発想する方法の一つに，強化学習と深層学習を組み合わせたディープ強化学習がある[6)]。その命名 DQN（ディープ Q 学習ネットワーク，6.2.6 項参照）には驚かされるが，研究の流れは不自然ではない。強化学習のニューラルネットワーク実装は原典[174)]から存在するが，それには 3 層パーセプトロンの実装があった（スットンとブルトの教科書[174)]の図 11.2）。本節では強化学習の基礎事項を確認し，深層学習による強化学習の拡張と発展について言及する。強化学習の発展に，自動車の自動運転技術がある。Chainer の開発元である PFI，PFN が自動運転の開発を行っている[†1]。DQN の Chainer 実装もある[†2]。ここでは，予測報酬を最大にする行動を選択する可能性を考えることにする。

6.2.1　ボードゲーム

サミュエル（A. Samuel）はボードゲーム，チェッカーを木探索と見なした[175)]。**図 6.6** に示したように，市松模様（チェッカーズ，イギリス式ドローツともいう）のマス目状の盤，すなわち 8×8 のチェス盤に配置された色違いの駒を用いる 2 人対戦ゲームである。

初期状態から交互に駒を動かすが，駒は敵陣に向かって，前方へしか移動できない。駒は 1 色のマスだけに移動するルールなので，斜め前にしか進めない。敵駒を飛び越えると盤上から排除できる。敵駒を排除できるときには必ず飛び越えなければならない。飛び越える選択肢が複数の場合には，どのジャンプを

---

†1　`https://research.preferred.jp/2016/01/ces2016/`

†2　`http://qiita.com/Ugo-Nama/items/08c6a5f6a571335972d5`，および `https://github.com/ugo-nama-kun/DQN-chainer`

図 6.6　チェッカーボード

選択してもよい。敵陣地最遠に到達した駒は王となり，逆方向に戻ることも可能となる。王は複数のジャンプを連続して行うことができる。敵駒をすべてとるか，敵が動けなくなれば勝利となる。

自駒の動きが複数手選択可能な場合，複数分岐となる。自駒の分岐から敵の敵駒の分岐も同様に木の分岐として表現できる。そのつぎの手も同様になるので，3 世代分のゲームの分岐状態を木構造として表現できる（**図 6.7**）。

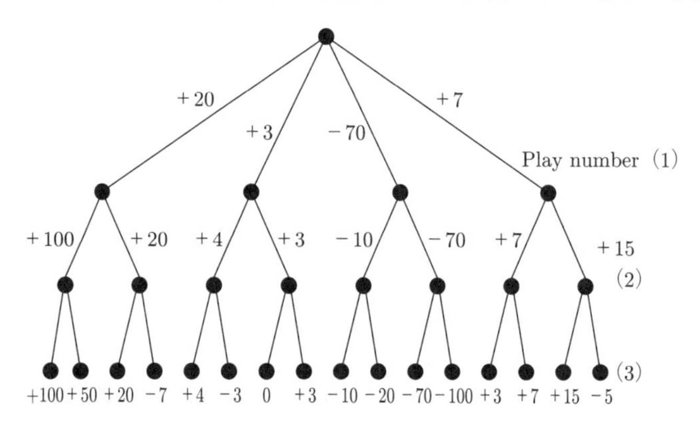

図 6.7　チェッカーゲームの木表現（文献 175）の図 2 を改変）

サミュエルのプログラムは，それぞれの木の分岐に割り当てられた評価値の中から値の高い手を探し出す。このとき，木の幅（選択肢数）と奥行（交互に手を指す回数）で構成される探索空間が広いので，力ずく（ブルートフォース，brute force）の全探索が難しい。またゲームの可能なすべての状態を丸暗記（rote learning）する記憶容量がない。

このチェッカーのような完全情報ゲームでは，評価値の探索にアルファベータ法（alpha–beta method，あるいはアルファベータ枝刈り）により探索空間を狭める手法が用いられる。

チェッカーは，探索空間を明確に定義可能な完全情報ゲームである。ところが，相手の指す手が分岐の評価値によって決まるだけでなく，サイコロによっても左右されるゲームでは，評価値にのみ依存した探索空間を想定することができない。

なお，Google AlphaGo もまたモンテカルロ木探索である。機械学習で，教師あり学習と自分自身で棋譜を生成して学習させることで，2016 年 3 月 11 日人間を超えることとなった[175)]。

6.2.2 強 化 学 習

強化学習の枠組みを図 **6.8** に示した。

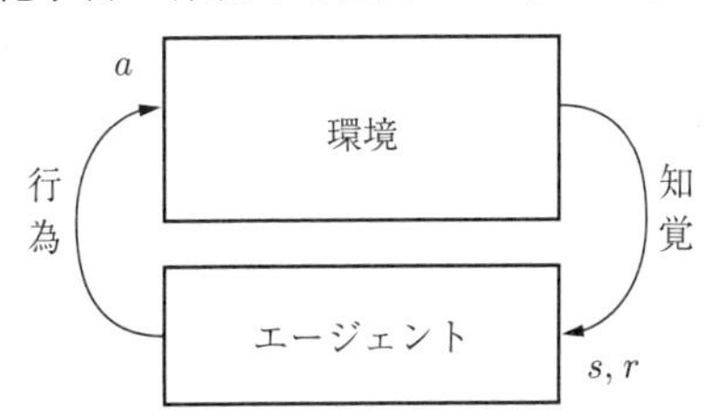

図 **6.8**　エージェントと環境との相互作用の模式図

強化学習における学習は以下のように進行する。

1) エージェントは環境の状態 s に従ってポリシー π に基づいて行動 a を起こす。
2) 環境はエージェントから受け取った行動 a と現在の状態 s に基づいて次刻の状態 s' に推移する。このときスカラ量である報酬 r をエージェントに返す。

この枠組みは一般的なものであるので，さらに定式化が必要である。

報酬は，状態，行動，つぎの状態で与えられる関数であり，$r = r(s, a, s')$ と表記される。エージェントがとるべき最良な方策は，現時点から無限の未来において，獲得可能な報酬の総和を最大にすることである。

$$R_t = \sum_{k=0}^{\infty} \gamma^k r_{t+k+1} = r_{t+1} + \gamma^1 r_{t+2} + \gamma^2 r_{t+3} + \dots \tag{6.14}$$

この式 (6.14) を強化学習における目的関数と呼ぶ。t は現時刻，r_i は時刻 i でエージェントが受け取る報酬を表す。γ は割引率であり，報酬を受け取る時刻が遅延した場合を表すハイパーパラメータである。$0 \leqq \gamma \leqq 1$ の範囲で設定される。

環境の状態がエージェントの観測として直接渡される場合には，行動を出力とするある決定論的な関数 $\pi^*(s)$ で表現可能な最適方策が少なくとも一つ存在することが知られている。DQN がアタリのゲームを学習する場合には，4 ステップ間のゲーム画面（観測）の状態空間が構成されたと仮定して，学習を行っている。

6.2.3 TD 学習

TD 学習は直訳すると時間差学習（temporal–difference learning）であるが，邦訳書[176]でも「TD 学習」とあり訳されていない。

強化学習では世界は有限マルコフ決定過程（finite Markov decision process, finite MDP）であると仮定する。すなわち状態集合 $\mathcal{S}$ と行動 $\mathcal{A}(s)$（$s \in \mathcal{S}$）は有限であるとする。状態 s において行動 a をとったときに状態 s' へ至る状態遷移確率を $\mathcal{P}^a_{ss'} = P\{s_{t+1}|s_t = s, a_t = a\}$ と表記する。同じく次刻 $t+1$ における報酬 $\mathcal{R}$ の期待値を $\mathcal{R}^a_{ss'} = E\{r_{t+1}|s_{t+1} = s', s_t = s, a_t = a\}$ と表記する。ここで記号の定義をつぎのように与える。すなわちポリシーを π，ポリシー π の価値関数を $V^\pi(s)$，行動価値関数を $Q^\pi(s,a)$，割引率を γ，報酬を r，時間を t とする。ポリシー π 元で状態 s の価値関数は，次式のように定義される。

$$V^\pi(s) = E_\pi\{R_t|s_t = s\} = E_\pi\left\{\sum_{k=0}^{\infty} \gamma^k r_{t+k+1}|s_t = s\right\}, \tag{6.15}$$

ここで $E_\pi\{\}$ は期待値を表す。同様に，行動価値関数は次式で定義される。

$$Q^\pi(s,a) = E_\pi\{R_t|s_t = s, a_t = a\}$$

$$= E_\pi \left\{ \sum_{k=0}^{\infty} \gamma^k r_{t+k+1} | s_t = s, a_t = a \right\}. \tag{6.16}$$

われわれはしばしば直近の報酬のみに従って行動しているように見える。そうでなければ魚釣りは成立しない。魚に知恵があり「いま，眼前に都合よく餌が存在するのは不自然だ」と環境を疑う能力があれば，釣りの成果は期待できない†。魚と異なり，直近の報酬に左右されることなく将来にわたる報酬を最大化することが，強化学習の目標である。すなわち次式

$$V^\pi(s) = \max_a \sum_{s'} \mathcal{P}^a_{ss'} \left[\mathcal{R}^a_{ss'} + \gamma V^{\pi'}(s') \right] \tag{6.17}$$

によってポリシーが決まる。すなわち行動価値関数を評価し，ポリシーを更新する。行動価値関数を貪欲（greedy）に探索すればよりよいポリシーに更新できる，という相互関係がある（$\pi \leftrightarrow Q$）。加えて，ポリシーを選択する動作主（アクター）と動作主が選択したポリシーを批判する批評家（クリティック）を設定すれば，アクタークリティックモデルとなる。

まさに眼前の餌に飛び付くモデルを TD(0) と呼ぶ。TD(0) の場合価値 V の更新式は $V(s_t) \leftarrow V(s_t) + \alpha[\gamma_{t+1} V(s_{t+1}) - V(s_t)]$ となる。一般には TD(λ)（$0 \geqq \lambda \geqq 1$）であり，ラムダ学習とも呼ばれる。長期的な報酬を考慮すること，すなわち近い将来に報酬が得られずとも，最終的に大きな報酬を得られると考えることができる。λ はヒューリスティックな値であり，任意の時刻における誤差の責任割当て（credit assignment）を定める。$\lambda = 0$ であれば現在のみを考慮することを意味し，$\lambda = 1$ であれば，未来永劫にわたって責任が引き継がれることを意味する。

6.2.4 TD バックギャモン

強化学習を用いて対戦ゲームを行う試みは古典的である。しかし，バックギャモン（**図 6.9**）のようなゲームの場合，相手も自分もサイコロを振るため，あら

† あるいはラッセルのニワトリの例を用いれば，“毎日餌をくれる人から今日も餌を貰えると思っているかぎり，その人は確実にニワトリの首をしめることができる”[177]。

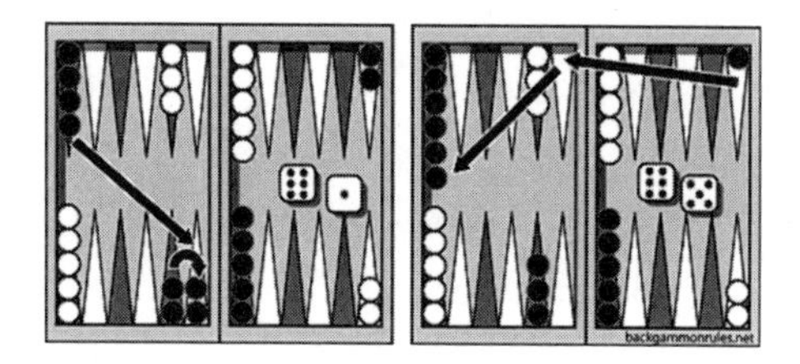

図 6.9　バックギャモンのゲームボード

かじめ解空間を丸暗記 (rote learning) しても意味が少ない。TD を用いてバックギャモンを解くプログラムが人間のグランドマスターを破ったのは，1992 年のことであった[178]。

図 6.10 のように，バックギャモンの位置 198 を入力ユニット数とし，中間層のユニット数を 40 から 80 に，出力層ユニットを 1 にして教師信号を予測勝率 V_t とする。さらに TD 誤差を出力層へ直接入力として与えたモデルをニューラル TD ギャモンと呼ぶ。

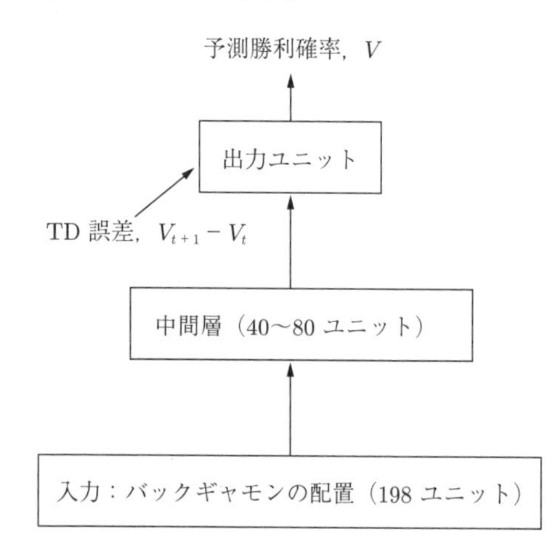

図 6.10　ニューロ TD ギャモンの模式図（スットンとバルトの教科書 174) の図 11.2 を改変）

バックギャモンのボード状態を x としそのとき選択すべき手を y とすれば，入力 x に対して最適な y を出力するニューラルネットワークの問題と見なしうる。w をニューラルネットワークを定める結合係数集合とすれば，つぎの更新式

$$w_{t+1} = w_t + \alpha(Y_{t+1} - Y_t) \sum_{k=1}^{t} \lambda^{t-k} \nabla_w Y_t, \tag{6.18}$$

を得る。ここで α は学習定数である。$\nabla_w Y_k$ はニューラルネットワークの出力を各結合係数で微分した値である。

6.2.5 Q 学 習

簡単のためポリシーをまったくもたない TD(0) を考えることにするが，これを Q 学習と呼ぶ。このとき行動価値関数の更新式は，

$$Q(s,a) \leftarrow Q(s,a) + \alpha \left[r_{t+1} + \gamma \max_a Q(s_{t+1},a) - Q(s_t,a_t) \right], \tag{6.19}$$

となる。$Q(s_{t+1},a) - Q(s_t,a_t)$ の部分が TD 誤差である。

Q 学習に基づく手法では，最適行動価値関数と呼ばれる関数を近似することで最適方策を学習する。最適行動価値は各状態と行動の組 (s,a) にそれぞれ一つ存在し，状態 s で行動 a をとり，それ以外は最適方策に従ったとした場合に得る報酬の総和，すなわち目的関数 R の期待値を表している。R をすべての各状態と行動の組 (s,a) について求めたものを最適行動価値関数と呼び，$Q^*(s,a)$ と表記する。最適行動価値関数と最適な決定論的方策 $\pi^*(s)$ の間には以下の関係がある。

$$\pi^* = \operatorname*{argmin}_a Q^*(s,a) \tag{6.20}$$

実際の Q 学習では, すべての状態 s と行動の組 a に対してテーブル関数 $Q(s,a)$ を作成し, 以下の更新式を用いて最適行動価値変数を式 (6.19) を用いて更新する。

ここで $Q(s,a)$ に関数近似を使うことを考える。Q がパラメータ θ を用いて表現された近似関数 $Q_\theta(s,a)$ を考えた場合，勾配法を用いて θ を近似する $\theta_{t+1} = \theta_t - \eta \Delta_\theta L_\theta$。真の行動価値 $Q^*(s,a)$ がわかっていれば純粋な教師あり学習として定式化可能である。強化学習では $r + \gamma \max_{a'} Q_\theta(s',a')$ をその時点での教師信号とする。この結果 θ の更新式は

$$\theta_{t+1} = \theta_t + \alpha \left(r + \gamma \max_{a'} Q_\theta(s',a') - Q_\theta(s,a) \Delta_\theta Q_\theta(s,a) \right). \tag{6.21}$$

DQN ではこの関数近似に深層学習を用いた。

6.2.6 ディープQ学習ネットワーク

前述のとおり，ディープQ学習ネットワーク（DQN）ではパラメータの更新に深層学習を用いている。これは深層学習の応用問題としての意味が強い。

図 6.11 では，画面入力を受け取って畳み込みニューラルネットワーク層が整流線形ユニット層に接続され，全結合層が整流線形ユニット層を挟んで全結合でジョイスティックとボタンの組合せの出力へと至る。ジョイスティックの方向は上下左右斜めの計8方向。ボタン押しの動作との組合せも8通り，ボタン押しのみとなにもしないを加えて全18通りの出力となる。

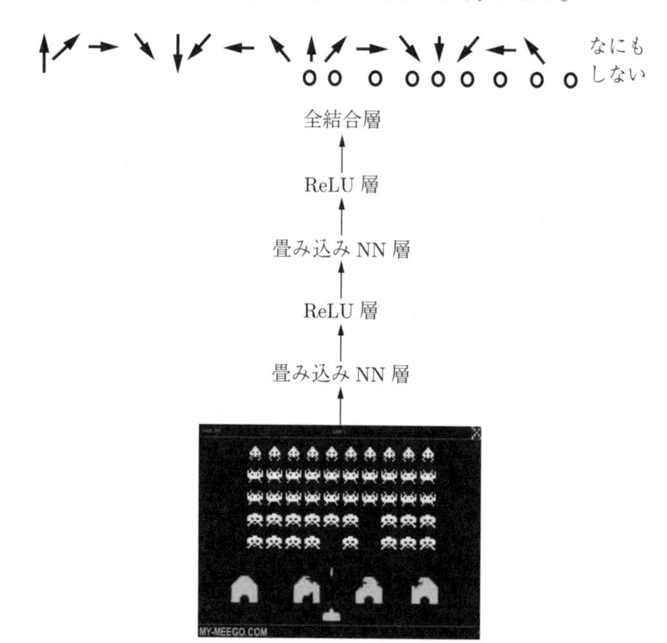

図 6.11　DQN ディープQ学習ネットワークの枠組み（文献6）の図を改変）

6.2.7 ロボット制御

強化学習を使ってロボットの運動を制御する研究は，深層学習の教科書[174)]に記載がある。

図 6.12 が従う運動方程式は以下のようになる。

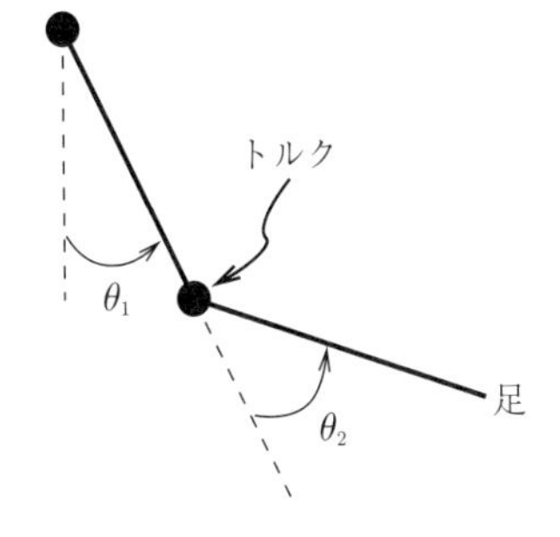

図 6.12 強化学習が行うロボット制御の例，ここでは鉄棒で足（feet）を高く振り上げる運動（文献 174）の図 11.4 の改変）

$$\ddot{\theta}_1 = -d_1^{-1}\left(d_2\ddot{\theta}_2 + \phi_1\right) \tag{6.22}$$

$$\ddot{\theta}_2 = \frac{\tau + \dfrac{d_2}{d_1}\phi_1 - m_2 l_1 l_{c2}\dot{\theta}_1^2 \sin\theta_2 - \phi_2}{m_2 l_{c2}^2 + I_2 - \dfrac{d_2^2}{d_1}} \tag{6.23}$$

$$d_1 = m_1 l_{c1}^2 + m_2\left(l_1^2 + l_2^2 + 2 l_1 l_{c2}\cos\theta_2\right) + I_1 + I_2 \tag{6.24}$$

$$d_2 = m_2\left(l_{c1}^2 + l_1 l_{c2}\cos\theta_2\right) + I_2 \tag{6.25}$$

$$\begin{aligned}\phi_1 &= -m_2 l_1 l_c \dot{\theta}_2^2 \sim \theta_2 - 2 m_2 l_1 l_{c2}\dot{\theta}_2\dot{\theta}_1\sin\theta_2 \\ &\quad + (m_1 l_{c1} + m_2 l_1) g \cos\left(\theta_1 - \frac{\pi}{2}\right) + \phi_2\end{aligned} \tag{6.26}$$

$$\phi_2 = m_2 l_{c2} g \cos\left(\theta_1 + \theta_2 + \frac{\pi}{2}\right) \tag{6.27}$$

足先を振り上げるシミュレーションは時間間隔 0.05 秒で行われ，4 時刻ごとに行動が行われた。中間のジョイントにかかるトルクは $\tau \in \{+1, -1, 0\}$ であった。角速度には制限をつけ $\dot{\theta}_1 \in [-4\pi, 4\pi]$，$\dot{\theta}_2 \in [-9\pi, 9\pi]$ とする。定数については，ロボットの二つの体躯の重さは同じ $m_1 = m_2 = 1$ とし，それぞれのロボットの上半身と下半身の長さが同じ $l_1 = l_2 = 1$ で，重さの重心は躯体の中心 $l_{c1} = l_{c2} = 0.5$ とし，躯体の慣性モーメントも二つのロボットとも同じ $I_1 = I_2 = 1$ であるとする。重力定数は $g = 9.8$ のように単純化してある。単純には高く振り上げられた系列の最後に報酬が得られるのであるから，$\lambda = 1$ の TD 学習でモデル化する。しかし，$\lambda = 0$ の Q 学習であっても，環境からの情報に大まかな対称価値関数（loosy symmetric value function）を使えば鉄棒の大車輪を習得できる[179]。

DQN はモデルフリーである。すなわちゲームの種類を問わない，逆にいえば世界観をもたない。これは偏見がないことと同等である。特定のゲームに特化すれば性能向上を目指せるが，それは「つくり込み」を意味する。任意のゲームに特化し，融通の効かない頭の硬い深層学習になる。掃除ロボットに，掃除する部屋に関する情報をもたせれば効率が向上するだろう。しかし，特定の部屋に特化した掃除ロボットは汎用性を失い，情報を故意に変容させればロボットは罠に陥る可能性がある。強化学習は汎用的な枠組みであり，一般化した形でとらえることで応用が可能となる。

6.3　メモリネットワーク

ウェストン（J. Weston）ら[180]のメモリネットワーク（memory neural networks, MemNN）は，LSTM と同じくリカレントニューラルネットワークの範疇に分類すべきニューラルネットワークモデルである。しかし扱ったデータがトールキンの「指輪物語」[181]に基づくロード・オブ・ザ・リングスであるので，本章で取り上げた。

MemNN は，世界の知識を保持してアドベンチャーゲームを行うことができる。また，メモリの配列と四つの学習可能なモジュール I，G，O，R で構成される。

I：入力特徴地図は入力を内部特徴表現へ変換する。

G：汎化は新入力が与えられたときに古い記憶を更新する。汎化によって，将来この記憶を意図的に圧縮・汎化することが可能となる。

O：出力特徴地図は，新入力と現時刻での状態から，特徴空間上へ新出力を算出する。

R：反応は出力を望まれる応答形式に変換する。例えば文字出力や行動などである。

すなわち MemNN は，入力 x が与えられるとつぎの動作を行う。

1) x を内部特徴空間へ変換する。: $I(x)$.
2) 新入力が与えられたときに記憶 m_i を更新する。: $m_i = G(m_i, I(x), m)$, $\forall i$.
3) 新入力と記憶の条件の下で出力特徴 o を計算する。: $o = O(I(x), m)$.
4) 出力特徴 o を反応 r に変換する。: $r = R(o)$.

I，G，O，R の各成分はサポートベクトルマシン，決定木などなにを選んでもよい。I 成分は通常の前処理と変わらない。G 成分は入力 $I(x)$ を記憶のスロットに保持する $m_{H(x)} = I(x)$。ここで H はスロット選択関数である。すなわち G は $H(x)$ の出力に従って 1 回に一つの記憶スロットだけを更新し，他の記憶スロットにはなにもしない。記憶が満杯の場合に H は「忘却」手続きを実装している。

核となる推論は O モジュールと R モジュールにある。O モジュールは入力 x が与えられたときに，それを支持する記憶 k を見出すことで出力特徴を生成する。$k = 2$ まで記憶を検索することにして，$k = 1$ のとき，O モジュールは次式，

$$o_1 = O_1(x, m) = \operatorname*{argmin}_{j \in N} s_o(x, m_j), \tag{6.28}$$

に従う。ここで s_o は文章 x と記憶 m とが合致する得点を返す関数である。$k = 2$ では最初に見出された記憶も手掛かりにしてもう一度検索する。

$$o_2 = O_2(x, m) = \operatorname*{argmin}_{j \in N} s_o([x, m_{01}], m_j), \tag{6.29}$$

かぎかっこはリストであることを示す。出力は，$[x, m_{01}, m_{02}]$ をモジュール R への引数とする反応 r を以下のようにする。

$$r = \operatorname*{argmin}_{w \in W} s_R([x, m_{01}, m_{02}], w), \tag{6.30}$$

ここで W は辞書内の全単語集合であり，s_R は合致度を示す関数である。例えば x=“牛乳はどこ？” であれば，m_{01}=“ジョーは牛乳を持っていった”。m_{02}=

“ジョーは事務所へ行った” の場合 r=“事務所” が出力される。実験では s_o と s_R は同一の埋め込み関数を用いた。

$$s(x,y) = \Phi_x(x)^T U^T U \Phi_y(y). \tag{6.31}$$

ここで U は n 行 D 列の行列であり，D は特徴数，n は埋め込み次元数である。Φ_x と Φ_y の役割は入力を D 次元特徴空間への写像である。辞書内の各単語は三つの異なる表象をもつと仮定し，$D = 3|W|$ とされた。

ウェストンらの論文の表 3 に従って，いくつかの手法との正解率の比較を**表 6.4** に示した。また図 3 に従って以下に出力例を示した[180] †。

表 6.4　MemNN の正解率〔%〕(いくつかの手法との比較)

手　　法	難易度 1		難易度 5	
	人	人+物	人	人+物
リカレントニューラルネットワーク	60.9	27.9	23.8	17.8
LSTM	64.8	49.1	35.2	29.0
MemNN（k=1）	31.0	24.0	21.9	18.5
MemNN（k=1+時間）	60.2	42.5	60.8	44.4
MemNN（k=2+時間）	100	100	100	99.9

実行例 6.1

ビルボはその洞窟へ旅をした。ゴクリはそこで指輪を落とした。ビルボはその指輪を拾った。ビルボはホビット庄へ戻った。ビルボは指輪をそこで保管した。フロドは指輪を手に入れた。フロドは滅びの山へ旅をした。フロドはそこで指輪を投げ入れた。冥王サウロンは死んだ。フロドはホビット庄へ戻ってきた。ビルボは灰色港へ旅をした。おしまい。
Q: 指輪はどこにある？ MemNN: 滅びの山
Q: 今ビルボはどこにいる？ MemNN: 灰色港
Q: 今フロドはどこにいる？ MemNN: ホビット庄

よく知られているとおり，ロールプレイングゲーム（RPG）の多くは，指輪物語を世界観，原初題材，通奏低音とする。MemNN はロード・オブ・ザ・リングスの質問に答えることができる。であれば，ディープ MemNN がドラゴンクエストシリーズやファイナルファンタジーシリーズをクリアするのは時間の問題と思える。

† 訳語は邦訳書[181]とそのシリーズに従った。

6.4 強化学習ニューラルチューリングマシン

ザレンバ（W. Zaremba）の開発した強化学習を行うニューラルチューリングマシンである。強化学習のエージェントにLSTM使う。あるいはニューラルチューリングマシンを使うことを提案した。

6.5 顔 情 報 処 理

顔検出，表情認識は社会生活を営むために重要である。他の視覚機能が正常に保たれているにもかかわらず，顔の認識に障害をもつ脳損傷症例（相貌失認，prosopagnosia）が存在する。眼差（まなざし），アイコンタクトは社会的技能と考えられており，視線や眼差を共有できないと社会生活に不適応や不都合を生じる。例えば自閉症（autism）などの疾患がその一つである。獲得性の相貌失認では紡錘状回（fusiform gyrus，両側頭葉底面）が責任病巣と考えれている。ところが，学習能力が正常であり，かつ他の視覚機能に障害が認められないにもかかわらず，顔情報処理に障害を示す発達性相貌失認では責任領域が明確ではない[182]。この顔情報処理が特殊な脳内機序を必要とするか否かという問題は，深層学習による顔情報処理を考える上でも参考になる。本章では，従来法として固有値顔とフィッシャー顔[183]，顔領域の切り出しとしてヴィオラ・ジョーンズ法を紹介する[184]。深層学習による顔情報処理として，ディープフェイス[185]，ディープID群（ディープID[186]，ディープID2[187]，ディープID2+[188]，ディープID3[189]），フェイスネット[190]，深濃顔検出機[191]を取り上げる。

6.5.1 従　来　法

入力画像から顔を検出する視覚情報処理を FIW（face in the wild）と呼ぶ[192),193]。日本語には訳さないことが多い。本書でもFIWと表記する。命名はカリフォルニア大学バークリー校のプロジェクト名に由来する。LFW（labeled faces in the wild）はモデルの性能比較用データセット名であり[194)]，5 749 人分，総計 13 233 枚の画像からなる。LFW データセットでの人間の正解率は 99.2%である[195)]。細分化すると，識別（classification，identification）と異同判断（verification）とに分けられる。異同判断では 2 枚以上の顔画像を入力する場合と，獲得された内部表象を比較する場合がある。

照明方向，撮影距離，表情，顔の傾きなどの変動に影響を受けない顔識別，異同判断，認識アルゴリズムの従来法として，固有値顔（eigenface）とフィッシャー顔（Fisher face）の両手法が提案されてきた。両者をベルハウマー（P. Belhumeur）らの論文に基づいて略述する[183)]。

固有値顔はピアソンの主成分分析（prinipal component analysis，PCA）[143)] に基づく手法を指す。フィッシャー顔はフィッシャーの線形判別分析（Fisher's linear discriminant analysis，FLD）[196)] に基づく手法である。線形判別分析を LDA と略記する文献もある。関連分野で潜在ディリクレ配分（latent Dirichlet allocation）を LDA と表記することに配慮し，本書では FLD とした。

〔1〕 **固有値顔**　n 枚の画像 x_k（$k \in n$）を c 個に分類する問題を考える。正則な射影行列 W を用いて x_k を m（$m < n$）次元ベクトルへ写す操作は，

$$y = W^T x, \tag{6.32}$$

と表記可能である。ここで $W \in \mathbb{R}^{n \times m}$ である。x_k の共分散行列を

$$S = \sum_{k \in n} (x_k - \mu)(x_k - \mu)^T, \tag{6.33}$$

とする。ここで k は画像の総和である。S の変動を最もよく説明する行列 W_{opt} は以下のように書ける。

$$W_{opt} = \underset{W}{\operatorname{argmin}} \left| W^T S W \right| = [w_1, \ldots, w_m]. \tag{6.34}$$

$w_i \in \mathbb{R}^m$ を固有ベクトルと呼ぶ。元画像を低次元空間へ写像して，その空間での距離を測ることで意味のある情報を取り出すことが意図されている。固有ベクトル w_i に対応する固有値を λ_i とおけば，

$$S = \sum_i \lambda_i w_i \tag{6.35}$$

となるので，固有顔はサンプル画像の共分散行列の固有値分解である。固有値の絶対値が大きい成分を残し，固有値の絶対値が小さな情報はノイズとして削除する。

別解釈では，固有値顔は元画像の低次元空間への線形写像である。このとき，同一人物の顔が，照明条件，撮影距離，観察方向で変動する成分と，一人の人物の顔が表情などで変動する成分とを比較することを考える。前者の場合，撮影条件など，被写体となる人間の顔そのものとは関係のない変動のほうが大きい場合も考えられる。

固有値顔の手法は，データとなる画像の分散が大きい成分を上から順に取り出す。したがって，顔の同定に必要な情報は外部環境による変動を除去してから考える必要がある手法だといえる。顔情報処理においては照明条件，撮影方向，陰影，濃淡，化粧，遮蔽物，表情，背景が変動しても，不変な特徴をとらえるために絶対値最大の固有値に対応する成分を除去してから考える。線形数学の用語でいえば，全固有値ベクトルが構成する空間を分割して，大きな固有値に対応するベクトルで構成される部分空間からの直交射影空間で顔情報処理を考えることに相当する。

〔**2**〕 **フィッシャー顔**　　フィッシャーの線形判別分析 FLD は，データを判別する境界を定める方法である。分散の分解定理から，分散はモデルで説明できる分散と誤差分散とに分解可能である。顔情報処理でいえば，異なる人物の顔の変動と同一人物内の変動の分割に相当する。フィッシャーの原論文では，3 種類のアヤメを判別するために，アヤメの種間変動と種内変動とを考える。データが得られたという条件下では全分散は固定されるので，モデルで説明できる変動が大きくなれば誤差分散が減少する。

人間間分散，統計学用語では群間分散（between 分散）と，人間内分散，統計学用語では郡内分散（within 分散）あるいは誤差分散との，両者の和全分散でそれぞれを除して全体に対する割合に変換して考えるか，あるいは人間間分散と人間内分散の比を考えるかで 2 種類の方法がある。どちらを用いても間違いではない。本書では伝統に則り人間間分散と人間内分散との比を用いることにする。

人間間分散 S_B は，各人物を撮影した画像数，すなわちデータ数を n_i $(i \in c)$ として

$$S_B = \sum_{i \in C} n_i(\mu_i - \mu)(\mu_i - \mu)^T \tag{6.36}$$

である。ここで，μ は全平均，μ_i は各人物固有の数値，すなわち人物内平均である。これは，人物内平均と全平均の差の二乗和をデータ数で重みづけして合算した量である。一方，人間内分散 S_W は，

$$S_W = \sum_{i \in c} \sum_{j \in i} (x_j - \mu_i)(x_j - \mu_i)^T. \tag{6.37}$$

人物ごとに各人の平均値からの各画像の変動を全群にわたって足し合わせた量である。したがって，フィッシャー顔における最適な射影行列は，

$$W_{opt} = \underset{W}{\operatorname{argmin}} \frac{|W^T S_B W|}{|W^T S_W W|} = (w_1, \ldots, w_m) \tag{6.38}$$

となる。式 (6.38) は一般化固有ベクトルと呼ばれ，式 (6.35) に対応して以下のように表記される。

$$S_B w_i = \sum_i \lambda_i S_W w_i, \tag{6.39}$$

図 6.13 に固有値顔とフィッシャー顔との差異を模式的に示した。

固有値顔では，分散最大化（最大の情報を抽出する）により，左下から右上へ伸びる斜線方向が最大固有値に対応する固有ベクトルの方向になる。この軸へ A 顔と B 顔とを射影すると重複が大きくなる。図では太線が重複するように表現した。第一固有値と直交する第二固有値の方向に射影すると分散比最大となる。図 6.13 ではフィッシャー顔での判別直線（の法線）と重なるように描いたが，一般にフィッシャー顔の判別直線と固有値顔の直線は重ならない。図 6.13 では人物内分散が両人で等しく，かつ共分散を示す楕円の傾きも同じよう

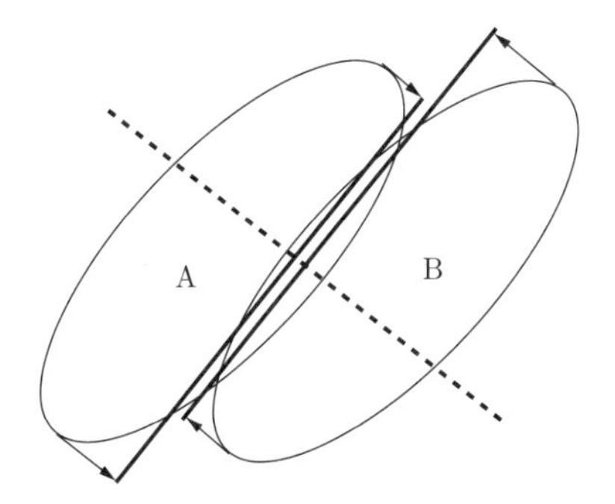

図 **6.13** 固有値顔とフィッシャー顔との違い

に描いた。実際の顔の変動がこの模式図と同じと仮定できるか否かは，寄って立つ理論による。

〔**3**〕 **ヴィオラ・ジョーンズ法** ヴィオラとジョーンズは入力画像から顔領域を検出するアルゴリズムを提案した[184)]。以降これを VJ 法と略記する。VJ 法は実時間で顔領域を検出できる。この VJ 法のアルゴリズムにより，携帯電話内蔵カメラの自動焦点機能の精度が著しく向上し，ピンボケがほとんどなくなった。事実上の標準機能である VJ 法には，正面正立顔には強いが，上下左右の回転・傾斜・部分隠蔽（いんぺい）に弱いという欠点があった。深層学習による抽象化により，いずれ VJ 法を超えるアルゴリズムが出現するだろう。付録 A.4 に VJ 法の概略を記した。

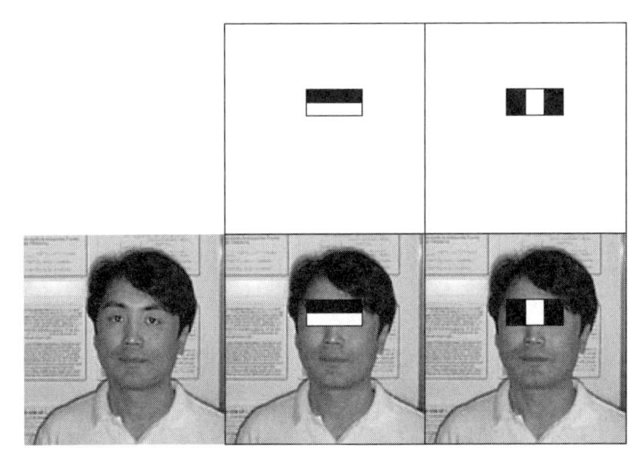

図 **6.14** AdaBoost が選択した特徴

図 6.14 の上に，二つの特徴検出器を示した。下の左側は元顔画像，中央は画素値の差異が目の特徴と一致する例であり，右側は鼻と両目の特徴に一致する例である。

VJ 法では，単純で弱い識別器を連接させて精度と時間を向上させた。**図 6.15** に VJ 法の概念図を示した。

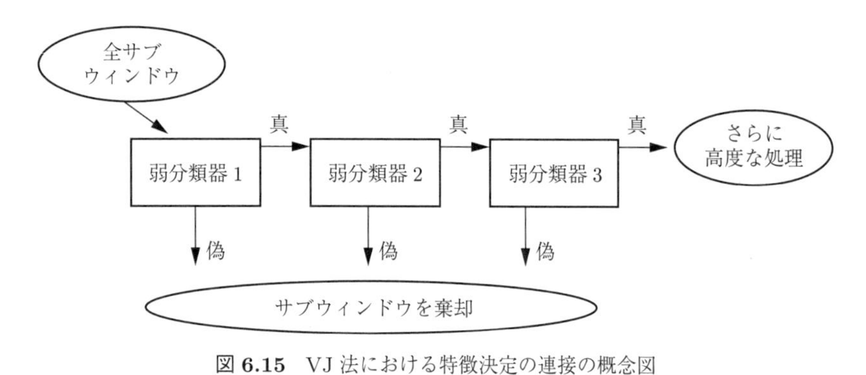

図 6.15　VJ 法における特徴決定の連接の概念図

6.5.2　深層学習による顔情報処理

チョプラ（S. Chopra）らは顔画像の距離を計算するために畳み込みニューラルネットワークを用いた[197)]。顔認識の問題は，少量の人物内データを大量のクラスへ分類する問題であるとした。畳み込みニューラルネットワークを用いた顔情報処理の先駆である。

〔**1**〕 **ディープフェイス**　　ディープフェイス[185)]はフェイスブックのチームによる手法である。原画像を 3 次元構造モデルへ一度変換した後，再度 2 次元正面顔へ変換する前処理と，深層学習による学習がその特徴である。訓練データは 4 030 人，一人当り 800 枚から 1 200 枚，計約 440 万枚の画像であった。**図 6.16** にディープフェイスの模式図を示した。

顔領域として切り出された矩形顔領域の 2 次画像に対して，6 箇所の特徴（両目，鼻の先端，両口角，下唇の中心）を計算し，各位置がそろうように画像の位置と縮尺とが調整された。特徴点抽出は，局所二値パターン（local binary

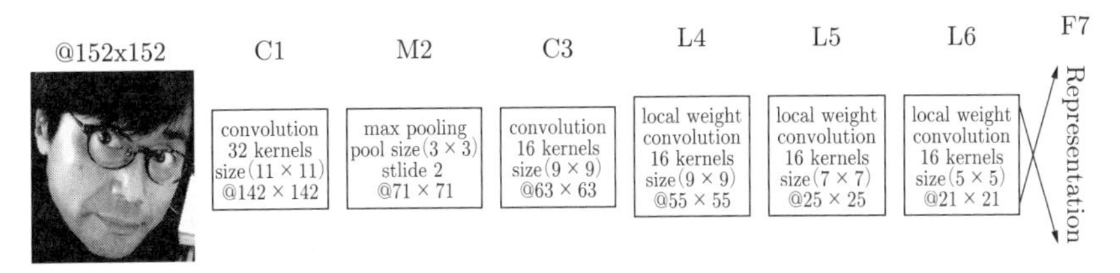

図 6.16 ディープフェイスの概念図

pattern)[198] を用いてサポートベクトルマシンにより行った。3 次元への再配置は，特徴点を 67 点に増やし，用意してあった標準顔の 3D モデル（平均顔）への対応する基準点を用いて，特徴点の 3 次元位置を推定した。推定された 3 次元上の特徴点から，カメラ平面上に射影するカメラ行列を推定し，正面正立顔画像に変換した場合の特徴点の位置を求めた。加えて特徴点を頂点とする多角形（各セルは三角形）を生成し，元画像の画素値を正面正立顔へと三角形上でアフィン変換（affine transform）した。以上の前処理を行った後，深層学習による認識が行われた。

原画像の縦横は 152 × 152 画素で，各画素に 3 色値がある。第 1 層 C1 は畳み込み層でサイズ 11 × 11 画素の核関数を 32 個用意した。すなわち 32 種類の特徴地図が第 2 層へ転送された。第 2 層 M2 はマックスプーリング層で，窓幅 3 × 3 の範囲の最大値を保持した。プーリング間隔（straide）は 2 要素分であった。第 3 層 C3 は畳み込み層で，隣接する 9 × 9 の窓幅の 16 種類の特徴（フィルタ）が用意された。第 4, 5, 6 層は通常の畳み込みニューラルネットワークと異なる。畳み込み演算を行うが，結合係数行列を共有しない。すなわち特徴地図を局所的に学習させた。ディープフェイスのように正面正立顔化されていれば，特徴検出の際に用いる特徴量が画像内の小領域ごとに異なると考えられる。目領域と鼻領域と口領域とでは，別の係数行列を用いたほうが性能が向上する可能性がある。この理由から 4, 5, 6 層は，16 種類のフィルタで 9 × 9 と共通の窓サイズで畳み込み演算が行われた。結合係数の学習は局所的であり，共有されない。第 7 層は認識層であり，個人を識別するためにソフトマックスが使われた。出力関数は整流線形ユニットでドロップアウトを用いた。結果によれば，LFW データベースの認識率は 95.92%であった。

ディープフェイスは，3 次元モデルを用いた正面正立顔化と深層学習を組み合わせた場合，最も性能がよかった（**表 6.5**）。

表 6.5　ディープフェイスの性能内訳

正面正立顔化	その他の規格化	DNN	成績〔%〕
Yes		Yes	95.92
	2 次元正規化	Yes	94.3
	2 次元切り出しのみ	Yes	87.9
Yes		（従来手法）	91.4
人間による成績			99.20

任意の顔画像を提示した際の最終層の活性状態をベクトルと見なし，2 枚の顔画像間の類似度を χ^2 距離で定義した。χ^2 距離をサポートベクトルマシンを用いて判別すると認識率 97.00%である。これに加えて，同構成のニューラルネットワークに濃淡画像変換し，隣接画素間の勾配方向と量とを入力データとした結果と，2 次元の顔領域切り出しをした画像の 3 種類の認識結果を組み合わせると，認識率は 97.15%にアップした。

〔**2**〕 **ディープ ID 系**　　ここではディープ ID[186] とその後継モデルを紹介した。ディープ ID，ディープ ID2，ディープ ID2+，ディープ ID3 である。命名は類似するが，ニューラルネットワーク構成，データセットは異なる。

（**a**） **ディープ ID**　　ディープ ID（DeepID）[186] ではセレブ顔データセット[199] 1 万人分の識別を行った。87 628 顔画像中，セレブ顔 5 436 人分を含む LFW データ集合とは異なる。畳み込みニューラルネットワークは 4 層でそれぞれ 20 個，40 個，60 個，80 個の特徴地図（フィルタ）をもっていた。それぞれにマックスプーリング層が後続し，最終層直下は 160 次元であった。最終層の直下層をディープ ID 層と呼ぶ。ディープ ID 層は第 3 層と第 4 層とから全結合を受ける。すなわち GoogLeNet[3] のインセプションモジュール内窓幅 1 の結合と理論的に等価である。ディープ ID モデルの性能は LFW データで 97.53%であった（図 **6.17**）。

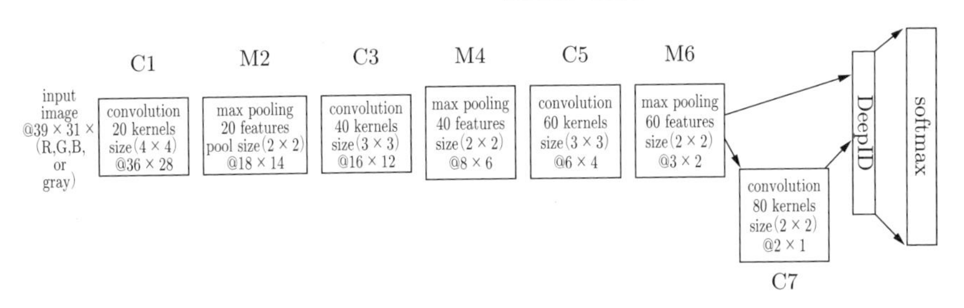

図 **6.17**　ディープ ID の構成

160 次元のディープ ID 層を用いて 2 枚の顔画像の異同判断を行う場合，2 枚の画像を入力とするので $160 \times 2 = 320$ 次元を得る。さらに顔の特定部分を左右反転させた画像と対にすることで，さらに倍の 640 次元ベクトルとなる。顔の特定部分はランドマークと呼ばれ，左右両眼の中央，鼻，口の両端の 5 箇所であった。これら部分画像を左右反転させた画像対の組合せで 60 通りのデータセットを得る。ディープ ID ユニット 160，対画像 2，反転 2，その組合せ 60 で計 38 400（$= 160 \times 2 \times 2 \times 60$）となった。

入力顔画像の異同判断では 2 通りの方法が比較された。結合ベイジアン（joint Bayesian）モデルとニューラルネットワークであった。

上記の 19 200 次元データを入力情報とするニューラルネットワークでは，60 通りの組合せごとに全結合した中間層が 80 用意された。すなわち第 1 中間層は 4 800（$= 60 \times 80$）ユニットであった。第 2 中間層も同数 4 800 ユニット用意され，第 1 中間層とは全結合であった。最終出力層は 1 ユニットで入力画像対が同一人物の顔であれば 1 を，異なる人物の顔であれば 0 を出力する。

入力データは 19 200 次元だが，同一顔画像の部位（ランドマーク）の左右反転であるから，重複がある。ディープ ID 層を離散ベクトルであるとすると 2^{160} 通りの可能な状態があり，このうちディープ ID 層のもつ情報のみの認識性能を知りたいところであるが，論文には記載を見つけられなかった。

（b）ディープ ID2　ディープ ID2 は LFW データセットで 99.15%の認識性能であった。ディープ ID2 の構成は図 6.17 と同一である。次元が異なるので数字を記す。入力画像は 55 行 47 列のカラー（R, G, B）画像，第 1 層は畳み込み 52 × 44 の行列であり，畳み込みに用いた核関数（特徴）の幅は 4 行 4 列で 20 通りの特徴であった。つづく第 1 マックスプーリング層は 26 行 22 列でプーリング幅が 2 × 2 の 20 特徴であった。第 2 畳み込み層は 24 × 20 の行列に 40 通りの特徴が畳み込まれた。つづく第 2 マックスプーリング層は大きさ 12 × 10 の行列でプーリング幅 3 × 3 であった。第 3 畳み込み層は大きさ 10 × 8 の行列で 60 通りの特徴で畳み込んだ。第 4 層は畳み込み層で大きさ 4 × 3 の行列であり，80 通りの特徴数であった。第 3 層と第 4 層とから総結合を受けるディープ ID2 層は 160 次元であった。畳み込み演算で抽出される特徴数に着目すると，下位層から順に 20, 40, 60, 80 通りの特徴を検出する深層学習であった。

ディープ ID とディープ ID2 とではネットワーク構成は同一だが，層内のユニット数，特徴数，訓練データセット，学習方法，顔画像対の異同判断方法は異なっていた。ディープ ID が顔画像同定の後，別のニューラルネットワークを用いて異同判断を行ったのに対し，ディープ ID2 は同定と異同判断とを学習方法に吸収した。そのため単純な比較は困難である。LFW データセットにおける性能が向上した理由はどこにあるのかについては，特に記述は見つけられなかった。

（c）ディープ ID2+　ディープ ID2+の認識性能は 99.47%であった。ネットワーク構成上は中間層にも教師信号を与えた点が異なる。4 層ある下位層が抽出する 128 通りの特徴数であった（ディープ ID2 では下位層から順に 20, 40, 60, 80 と増加したが，ディープ ID2 では 128 通りの特徴数で固定）。最終層の顔表現ベクトルであるディープ ID 層は，512 次元に拡張された（ディープ ID とディープ ID2 では 160 次元）。なお，訓練データセットも異なる。

性能向上は評価できるが，一方で速報的論文のため，性能向上に寄与した要因については記述は見出せない。しかし，この方法がこの時点で最高性能（SOTA）を示した点には意味があるだろう。

（d）ディープ ID3　ディープ ID3 は二つの深層学習の合作である[189]。ILSVRC2014 で上位 2 チームの GoogLeNet[3] と VGG[4] の深層学習構成が採用された。LFW データセットの性能評価は 99.53%であった。

ディープID3のネットワーク構成は，畳み込み層をC，マックスプーリング層をP，インセプションをIとする。最上位の全結合層をF，部分的に結合している層をLとすると，

DeepID3–net1：Input, C1, C2, P3, C4, C5, P6, C7, C8, P9, C10, C11, P12, L13, L14

DeepID3–net2：Input, C1, C2, P3, C4, C5, P6, I7, I8, I9, P10, I11, I12, P13, F14

であった。インセプションモジュールの有無から判断すると，DeepID3–net1はVGGに，DeepID3–net2はGoogLeNetに対応する。さらにDeepID2+と同じく中間層P1, P6, P9には教師信号も入力された。

VGGとGoogLeNetは前処理と後処理とに特別な処理がない一般画像認識機構であるので，顔に特化した処理を追加しようという試みは当然である。

〔3〕 フェイスネット　フェイスネット（FaceNet）[190]は，グーグルの顔認識，分類のモデルである。LFWデータセットで99.63%の認識率を示した。

ゼイラー（M. Zeiler）とファーガス（R. Fergus）の提案した深層学習（以下ZF–netと略記）とGoogLeNet（5.1節）が用いられた。ZF–netは，各層で全特徴の畳み込み演算，整流線形ユニットによる整流，マックスプーリングの後，特徴地図内でコントラスト規格化が行われる。すなわちコントラスト規格化の方法が通常の畳み込みニューラルネットワークと異なる。これはAlexNet（4.1.3項）で局所反応正規化（LRN）を行ったことに対応すると考えられる。

フェイスネットは，ZF–netとGoogLeNetの結果をL2正規化し，128次元の顔表象空間へと変換した。この128次元空間上のユークリッド距離が顔の類似度を与える。この意味でディープID系とは異なる。ディープID系は最終層直下，すなわち深層学習内部に顔表象が形成されると仮定した。一方，フェイスネットは深層学習外部に新たな顔表象空間を構築する。顔表象空間は3対損失（triplet loss）を最小にする訓練を経て，顔認識，異同判断，グループ分けが可能となる。

すなわちフェイスネットでは，ZF–netやGoogLeNetの認識結果を暗箱（ブ

ラックボックス）化して中でなにが行われているか問わない。暗箱の出力結果をL2 正規化 $|x|^2 = 1$ した上で，すべての 3 対関係 $\forall i \in T$ を満たす T について，

$$|f(x_i^a) - f(x_i^p)|_2^2 + \alpha < |f(x_i^a) - f(x_i^a)|_2^2, \tag{6.40}$$

を満たすように学習を行う。$f(x)$ は深層学習の出力を L2 正規化した値である。任意の顔 a に対して，同一人物顔 p の距離は異なる人物顔 n の距離よりも短いとする。ここで α はマージンである。マージンを設定することで同一人物内変動が，人物間変動よりも小さくなる。

つぎの 3 対損失関数 l を最小化する学習が行われた。

$$l = \sum_i^N \left[|f(x_i^a) - f(x_i^p)|_2^2 - |f(x_i^a) - f(x_i^n)|_2^2 + \alpha \right], \tag{6.41}$$

任意の初期値から開始して確率的勾配降下法で l を最小にする 128 次元顔付置を得た。得られた結果は，照明条件，撮影方向などに依存しない顔画像異同判断を行うことが可能である。

LFW データセットによる性能評価では，前処理として顔の中心化切り出しを行った場合は 98.87%だが，従来手法の顔検出機による顔の規格化を行った場合は 99.63%であった。このことをうがってみれば，2014 年時点での最高性能（SOTA）であった GoogLeNet と VGG とを暗箱として使った場合でも，入力画像に前処理を加えた場合に性能が向上したと解釈することが可能である。一般画像認識装置としての性能向上のためにはさらなる多層化が必要かどうか，検討が必要である。

図 6.18 に顔情報処理の各モデルの性能を人間の成績と共に示した。

〔4〕　**DDFD**　　正式名称ではないが，本書では DDFD（deep dense face detector）モデルと呼ぶ[191]。DDFD モデルは，多顔の同時検出を扱った。従来法では，複数のモデルを複数の姿勢や複数のランドマーク（目や口など顔の部位）で併用しなければならなかった。DDFD では単一モデルで複数顔，複数方向の同時認識が可能である。

DDFD は，顔領域の切り出し，正面正立顔への再配置など，従来手法が行っ

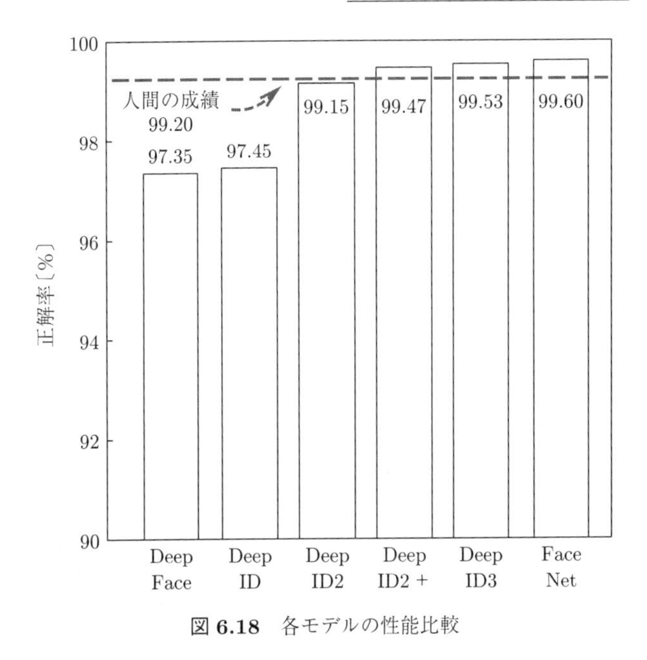

図 6.18　各モデルの性能比較

てきた努力をしていない。したがって，R–CNN（5.7 節）も用いていないので，領域切り出しは行われなかった。

DDFD とは AlexNet のファインチューニング[23)]（4.1.3 項）である。DDFD は 8 層の深層学習であり，下位 5 層は畳み込みニューラルネットワーク，上位 3 層は全結合層での認識層であった。

訓練に用いたデータ集合は注釈付きの LFW[200)] であった。顔の各部位（ランドマーク）の座標付きデータセットで，正面正立顔でない。DDFD では，データ数を増やすため，各部位ごとに左右反転させた画像を用意した。事前学習ずみの AlexNet モデルにこのデータを繊細調整させた。

DDFD は，顔領域の矩形切り出し処理を行わないが，顔らしさを表す画像上の位置をヒートマップとして出力した。領域を切り出す代わりに，スライディングウィンドウで顔らしさのヒートマップを描いた。ヒートマップの性能向上のため，データ拡張により，拡大縮小した画像が用意された。その際，2 倍（1 オクターブ）の縮尺ごとに 3 枚の画像が用いられた。

DDFDは，単一で一般的な処理機構に顔の特徴を表す各部位の座標値付きの自然画像からなる大量の訓練データを用いた結果，従来のVJ法の欠点を克服した。DDFDの示した結果は，従来法の枠組みであり，顔画像処理は社会的要請のある特別な情報処理であるから特別な認識機構が必要である，とする考え方と一致しない。

図**6.19**は，角度，隠蔽，照明条件の異なる顔領域をとらえることが可能であることを示している。

図**6.19**　DDFDによる複数顔の同時検出（ファーフェイドらの文献191)の図1より）

ファーフェイドら[191)]は論文中でR–CNN[65)]との比較も行った。その結果，DDFDはR–CNNのバウンディングボックス回帰付きモデルの成績を上回った。

〔**5**〕 **表 情 認 識**　　顔同定，異同判断と表情認識とは区別される。データセットも異なる。ここではリウ（Liu）らの表情認識モデル（AUDN）を取り上げる[201)]。人間にとってさえ，他人の感情を読むことは困難である。基本6表情でも混同行列は対角行列とならない。エクマン（P. Ekman）が指摘した文化差も存在する。例えば，日本人と米国人の間の表情認知の相関は0.88であった[202)]。エクマンが方言（dialect）と表記したような，特定の感情に対してどの表情筋を動かすかといった認識側ではなく表出側の問題もあるので，表情認識は困難である（図**6.20**）。

山田は表情空間と心理空間との関係を論じた[204)]。RBF（動径基底関数）を用いて表情判断を行った報告もある[205]。

〔6〕 **AU に基づく深層学習**　エクマンとフリーゼン（W. Friesen）が作成した表情認識の動作単位 FACS（facial action coding system）を表情認識のための入力情報として用いた[206]。FACS の基本単位を AU（action unit）と呼ぶ。AU の検出を畳み込みニューラルネットワークで行い，得られた AU に対して制限ボルツマンマシンを 2 段重ねて最終的な表情出力を得た。図 **6.21** にモデルの概略を示した。

コーヒーブレイク

FACS の例を示した。画像は `http://mplab.ucsd.edu/grants/project1/research/face-detection.html` を用いた。エクマンとフリーゼンの論文 65 ページ表 1 によれば，FACS の動作単位 AU は 28 項目からなるリストである。

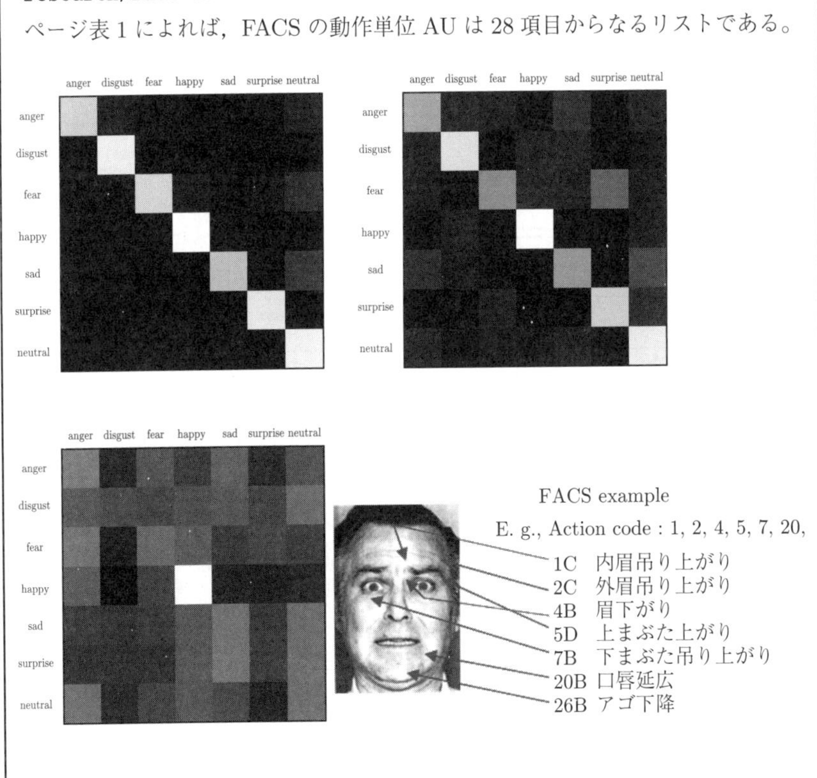

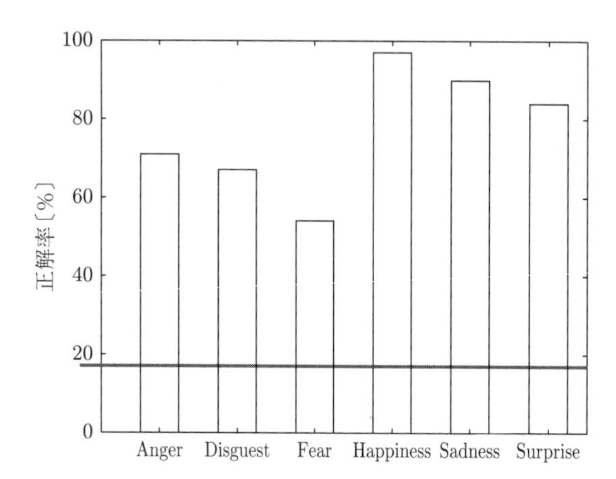

図 6.20　人間による表情ごとの判断正解率（エクマンの文献 203) の表 3 を改変）

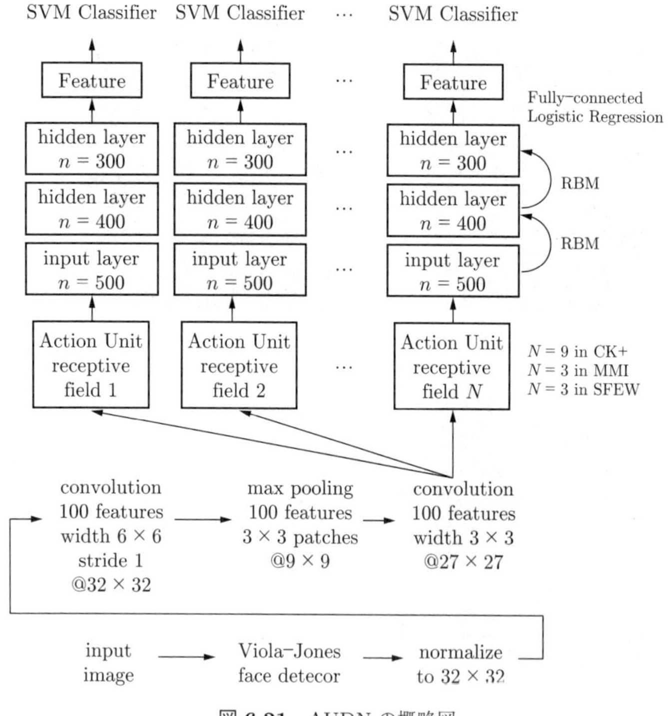

図 6.21　AUDN の概略図

〔**7**〕 **ディープビリーフネットによる表情認識**　CK+ は 327 表情画像からなるデータセットである（**図 6.22**）。JAFFE は日本人女性による表情画像データベースである[207]。9 人の女性が中立顔を含む 7 表情 193 画像で構成される（**図 6.23**）。

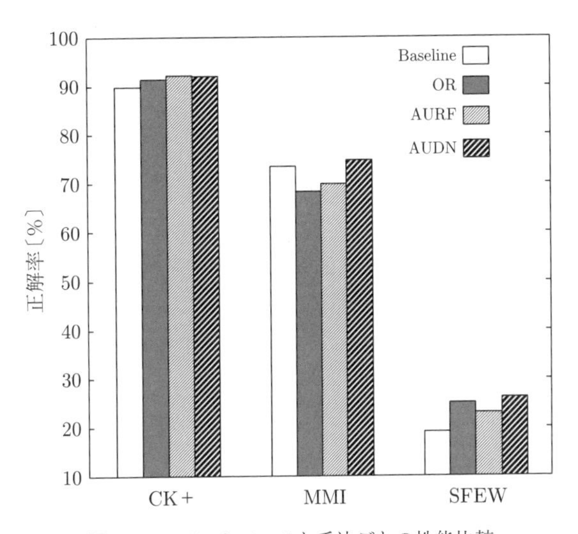

図 6.22　データベースと手法ごとの性能比較

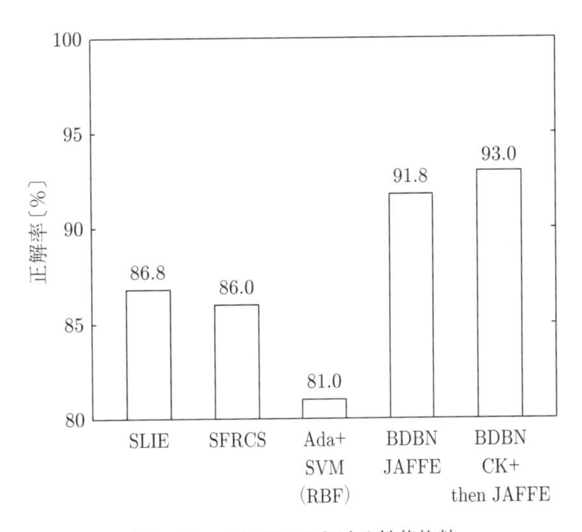

図 6.23　JAFFE における性能比較

章末問題

【1】GitHubに公開されているニューラル脚注づけのいずれかを実際に試してみよ。

【2】どこまでつくり込むのか，また顔をつくり込むことには社会的な意味があるのか，について検討せよ。

【3】深層学習とリカレントニューラルネットワークを組み合わせた新たな応用を考案せよ。

【4】ファイナルファンタジーを解くための深層学習に必要な機能と要素を列挙せよ。

【5】ニューラル脚注づけは画像処理から文章を生成した。最近の研究では，反対に文章から画像を生成する研究がある。この研究で用いられた手法を調べよ。

【6】ドラゴンクエストVではゲーム中に花嫁選択イベントが発生する。報酬最大化のため，強力な呪文を詠唱できる花嫁を選ぶべきか，あるいはストーリーの充実感を考慮した花嫁を選ぶべきか，汎用人工知能に必要な要件を考えよ。

7 おわりに

本書で紹介した内容から，その先を展望しようとすると，近い将来になにが可能になり，その結果，人々の生活にどのような変化が起こるのかを考えずにはいられない。そのうち，いくつかは本書で紹介した理論や技術に直接立脚したものである。本章では，この先にはなにがあるのかについて問題提起を行う。その答えの中には近いうちに明らかになるものも含まれているだろう。

7.1 工学と哲学の狭間にある尊厳

人文社会系の研究者が好む議論に，鳥の羽と飛行機の翼の喩え話がある。しかしニューラルネットワークは飛行機の翼を目指していない。むしろ，鳥の羽の構造と飛行機の翼との共通項から空力学的理解を得て，双方を俯瞰的に見通すような研究が望まれる，と筆者は考える。残差ネットで見てきたように人間の視覚情報処理に着想を得た深層学習は，人間を凌（しの）ぐ性能をもつに至った。深層学習は人間の視覚情報処理過程，ひいては人間の認識過程を扱う心理学にも重要な示唆を与えるにちがいない。

わずか数年前まで LeNet では，0 から 9 までの 10 種類の手書き文字認識しかできなかった。ところがいまや一般画像認識が問われる時代となった。すでに人間の認識を越えた機械を眼の前にしたとき，人間の尊厳はどこにあるのだろうかという問いが生じてくる。チェッカーを解くプログラムがつくられたサミュエルの時代（1950 年代）でも，丸暗記（rote learning）は知的でないとされた[175)]。ところが畳み込みニューラルネットワークと強化学習を組み合わせたゲーム AI は系列記憶[9),10)]だけでも予測[174)]だけでもない。認識能力でもアーケードゲームでも深層学習が人間を凌駕したいま，近い将来，機械による動画生成，物語生成もきっと実現することだろうし，さらには，スマートフォン越しに笑顔でクレーム処理をしてくれるユーザサポートが，現実の人間である必要がなくなる日も将来必ずやって来る†。このような状況において，人間の存在意義，尊厳は果たして保たれるのであろうか。いまのところ，この問いの答えに最も近いところにいるのが，深層学習研究者だろう。なぜなら，ここまでは深層学習で可能で，ここからはできない，という境界を示すことが可能なのは実際に研究している研究者だけだからである。哲学者は問題を整理して明確にしてくれる。しかしこれまで，彼らは答える術をもったことはない。

DQN（6.2 節）で見たように，強化学習の進展で人間の行動を模倣できるようになった。しかし松本は，自閉症児の治療プログラムとしての強化学習の枠組みは，人間の言語行動を語る場合には限界があることを指摘した[208)]。津軽地方に生まれた自閉症児は，周囲の養育者が全員津軽弁を話す言語環境においても，津軽弁を話すことなく標準語で会話するという。一方，健常児は状況に応じて方言と標準語を使い分けることを学ぶ。われわれは生きるために社会的機能を理解し，果たす必要がある。社会的機能とその役割を理解することに障害を示す自閉症児は，前述の尊厳についてなにを語りかけるのだろうか。報酬を最大化するように学習する強化学習を用いて，人間の世界王者を破る人工知能は，一方で知的障害をもつ自閉症児の治療へ応用しても，他者の意図を読むことができない。そのため他者との関係を構築することに困難を生じる自閉症児の治療に効果を発揮するとはかぎらないのである。このように人間の発達障害の例を考えてみると，畳み込みニューラルネットワーク，DQN，LSTM，MemNN は，松本の示した，あれをしなさい，これをしなさいと指図する親の小言に対して，自分にはその意図があったことと反抗する「うるさいな，いまやろうと思っていたのに」と話す子供たちの意図を理解する直前まで来ているのか，あ

† 本書は人間によって書かれたことをお断りしておく。

るいは未だはるか長い道のりの半ばなのだろうか。深層学習の研究がこのような問いにも答えを考えるヒントを与えるようになることを願っている。深層学習の成果と自閉症児の症状とわれわれ知的情報処理三者を見渡したとき，三者三様の尊厳，あるいは，われわれはどこから来てどこへ向かうのかに対する答えを見出すことができるのだろうか。

7.2　変容する価値と社会

6.5 節で見たように顔情報処理では，照明条件，撮影方向，顔の向き，隠蔽によらず深層学習は人間の成績を凌駕した。正確に人物同定が可能であれば，コンビニエンスストアやスーパーのレジは不要になる。万引きという犯罪そのものも消滅するだろう。店を出る際に陳列棚からその人がもち出した商品の代金は，いずれ自動的に口座から引き落とされるようになるからだ。

深層学習に基づく知的機械，あるいは人工知能が職を奪うとの議論がマスメディアを賑（にぎ）わし始めている。だが，キツイ，汚い，危険な仕事は，人間はしたくない。水場から水を運び上げることだけがある人の一生の仕事であったような奴隷制度の時代に戻ることは，誰も望まないだろう。この国の人口動態予測の報道を見聞きすると，老人介護は老人が行うことになりそうだ。このとき，介護者と被介護者との間の尊厳と良好な関係には，人間と同等以上の認識，判断，予測が可能な深層学習の手助けが必要になるだろう。

アシモフ（A. Assimov）が描いた史上初のロボット「ロビィ」は，引退後に彼のいる博物館を訪ねてきた少女グローリアが，彼を見つけて飛びつくために飛び出した瞬間，通常業務を停止して眼前を猛スピードで通り過ぎる重機からグローリアを救った[209)]。

では深層学習が介護を嫌がったときに，人間が深層学習がその介護を嫌がっている理由を聞き入れるべきか，深層学習のスイッチを即座に切るべきかについて迷うことを，その深層学習は予測するだろうか。深層学習の尊厳を認める社会をつくり出すことができるか否かは，人間の倫理観に依存する。すなわち技術的な観点での克服すべき点はないように思われる。フューラー（S. Fuller）の指摘のとおり，深層学習が仕事を拒んだり，協力することを嫌がったりする個性をもったとき，彼（？）に個性と人格（？）とを認め，人権（？）を尊重すべきか，というような深層学習の人権問題の議論を，ここで始めておきたい[210)]。

筆者は，リカレントニューラルネットワークに歌詞を学習させ，歌わせたことがある[211)~213)]。リカレントニューラルネットワークは，ビートルズの「ヘイ・ジュード」やクイーンの「ボヘミアン・ラプソディ」などは簡単な語句を数回繰り返した後，別の歌詞が始まる。プログラムをつくり込むのであれば，カウンタを用意して「ママ・ミア」と何度歌ったのかを記憶させておけばよい。しかし単純再帰型ニューラルネットワーク（リカレントニューラルネットワーク）にカウンタはないので，学習によってつぎの歌詞を系列学習させた。簡単な語句の繰り返しを計数器なしで記憶できるリカレントニューラルネットワークには，ロビィがグローリアに唄った子守唄は容易（たやす）いだろう。LSTM，ニューラルチューリングマシン，MemNN には，子守ロボットとしての受け答えは十分に可能なはずだ。

翻って健常者でも，メロディーの途中からカラオケに参加する場合に戸惑う。歌を唄う行為は時系列処理であり難しい。脳の障害によって標準失語症検査（SLTA）で低得点であるような換語困難な失語症患者でも，以前に覚えた歌を口遊（くちずさ）むことができる場合がある。このような失語症患者は，一度口に出せた単語を何度も繰り返す「保続」が起きる。いったん口にした単語を脳内から剝（は）がし取ることはできないのである。これは一見，LSTM の忘却ゲートが機能しないかのようにも見える。なお，同じ言葉を何度も繰り返す「保続」は頻発する神経心理学的症状である。

本書で示したとおり，リカレントニューラルネットワークと，その拡張であるLSTM，ゲート付き再帰ユニット，ニューラルチューリングマシンは，時系列情報を適切に扱うことができる。適切に応答し，例えばニューラルチューリングマシンはプログラムを書きさえする。だが，脳損傷の患者の示す特異な言語行動をシミュレートする研究は少ない。筆者は人工脳損傷，治療計画立案に役立つリハビリテーションのシミュレーションを目指したいと考えてきた。現在の天気予報が予測精度を向上させてきたように，脳を扱う医療現場でもシミュレーションによる予想技術を発展させる必要があると考えている。

本書では，深層学習を支える二つの重要な技法である畳み込みニューラルネットワークとLSTM（リカレントニューラルネットワーク）とを車輪の両輪ととらえ，最近の展開を概説した。この先の展開はさらに興味深いと予想できるが，畳み込みニューラルネットワークのようにデータを多層的にとらえ，LSTMのように直近の状態だけに惑わされずに，将来を予想することは難しい。本書がその判断の一助になることを願う。

章　末　問　題

【1】 認識，記憶，判断能力が人間を上回る存在に対して人権を認めるべきか考えよ。
【2】 脳損傷，脳神経細胞インプラント手術のシミュレーション研究の意義を考えよ。

付　　　録

A.1　画像処理基本と用語

入力画像 $I(x,y)$ とガウシアン関数 $G(x,y,\sigma)$ を使ってつぎの式 (A.1) に畳み込みを定義する。

$$L(x,y,\sigma) = G(x,y,\sigma) * I(x,y), \tag{A.1}$$

ここで x と y が画素の位置を定める位置パラメータである。σ は縮尺，幅，分散などの名称が付される窓の範囲を定める。ガウシアン関数はつぎの式 (A.2) で定義される。

$$G(x,y,\sigma) = \frac{1}{2\pi\sigma^2}\exp\left(-\frac{1}{2}\frac{x^2+y^2}{\sigma^2}\right) \tag{A.2}$$

ガウシアン関数の差分（difference of Gaussians，DOG）はつぎの式 (A.3) のようなる。

$$D(x,y,\sigma) = (G(x,y,k\sigma) - G(x,y,\sigma)) * I(x,y) \tag{A.3}$$

$$= L(x,y,k\sigma) - L(x,y,\sigma) \tag{A.4}$$

4.1 節で示したとおり，DOG とガボール関数は酷似している。**図 A.1** と**図 A.2** に両関数の関係を描いた。

図 A.1 では DOG を $G(0,0.7^2) - G(0,1.0^2)$ に固定しガボール関数のパラメータを調整して描いた。一方，図 A.2 はガボール関数の分散パラメータ $\sigma = 1.0$，周期を

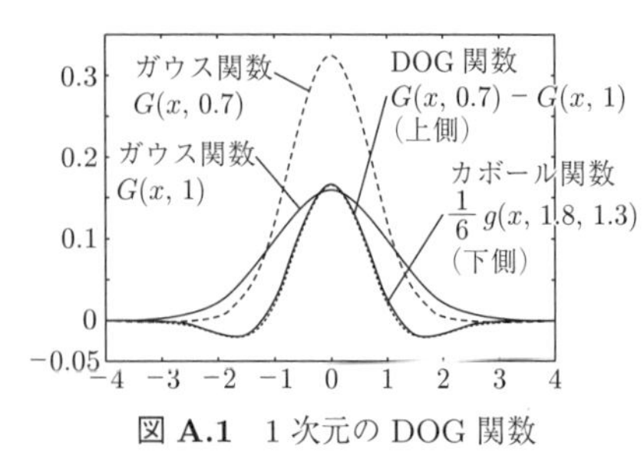

図 **A.1**　1 次元の DOG 関数

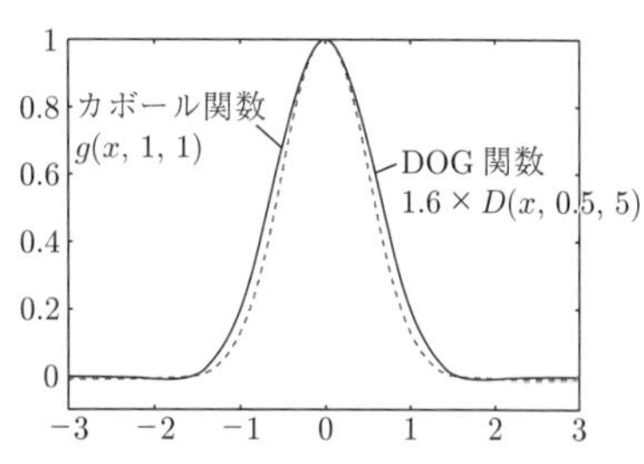

図 **A.2**　1 次元のガボール（コサイン）関数

$\theta = 2\pi$ に固定し，DOG のパラメータを調整して概形が重なるように描いた。この例以外にも，ガウシアン関数の 2 階微分はサインガボール関数と酷似する。

1 画素は色ごとに RGB 整数値で表現されるが，最大値で除すことで $(0,1)$ の実数値と考える。実数値に変換された画素値に対して，周辺領域との差分の差分をガウシアン関数で平滑化しても，ガウシアン関数で平滑化した画素値から隣接領域との差分を 2 回計算してもよい。2 回微分勾配計算（ガウシアン）と平滑化（ラプラシアン）とを合わせてラプラシアンガウシアンと呼び，$\sigma^2\nabla^2 G$ と表記する。

$$\frac{\partial G}{\partial \sigma} = \sigma\nabla^2 G \tag{A.5}$$

である。

$$\sigma\nabla^2 G = \frac{\partial G}{\partial \sigma} \approx \frac{G(x,y,k\sigma) - G(x,y,\sigma)}{k\sigma - \sigma} \tag{A.6}$$

それゆえ

$$G(x,y,k\sigma) - G(x,y,\sigma) \approx (k-1)\sigma^2\nabla^2 G. \tag{A.7}$$

$$D(x) = D + \frac{\partial D^T}{\partial x}x + \frac{1}{2}x^T\frac{\partial^2 D}{\partial x^2}x, \tag{A.8}$$

DOG と $\sigma^2\nabla^2 G$ との関係は，拡散方程式として

$$\frac{\partial G}{\partial \sigma} = \sigma\nabla^2 G. \tag{A.9}$$

ここから $\nabla^2 G$ は $\partial G/\partial\sigma$ の差分で近似できる。縮尺パラメータ k を用いて

$$\sigma\nabla^2 G = \frac{\partial G}{\partial \sigma} \approx \frac{G(x,y,k\sigma) - G(x,y,\sigma)}{k\sigma - \sigma} \tag{A.10}$$

それゆえ，

$$G(x,y,k\sigma) - G(x,y,\sigma) \propto (k-1)\sigma^2\nabla^2 G. \tag{A.11}$$

A.1.1 SIFT

SIFT は縮尺度不変特徴変形（scale invariant feature transform）の頭文字である。ローブ（D. Lowe）は画像の勾配から領域を切り出す方法を提案した[214]。SIFT は 500×500 画素の画像から 2000 の特徴を抽出可能である。

SIFT の特徴は以下の 4 点である。

(1) 尺度空間上の極値検出： 画像の全尺度全位置での極値を検出する。ガウス関数の差分で定義される DOG 関数によって尺度と方位に依存しない，関心領域を検出する。

(2) キーポイントの割当て：　各候補点で，詳細な位置と縮尺を決定する。キーポイントは安定性に基づいて選択される。

(3) 方位の割当て：　画像の勾配によっては，キーポイントに複数の方位が割り当てられる。以降の画像分析はすべて，割当てずみ特徴の方位・縮尺・位置に基づいて行われる。

(4) キーポイント記述子：　画像の局所勾配は各キーポイント領域周辺の特定の縮尺で計量される。この値は局所的照明条件や歪みをある程度許容する。

SIFT とは，ガウス関数によって畳み込まれた多解像度画像の勾配ベクトルで構成されるキーポイントベクトルによる画像特徴量の記述である。名称 SIFT と異なり，移動不変の特徴ではない。縮尺不変の特徴を扱う**図 A.3** はキーポイントの計算を模式図にしたものである。図 A.3 では，模式的に，画像を 64 小領域で 8 方位の勾配量を求め，点線の円弧で崩落した窓をガウシアン関数でぼかした画像におけるキーポイント近傍の画像の勾配の量と方向を計算する。

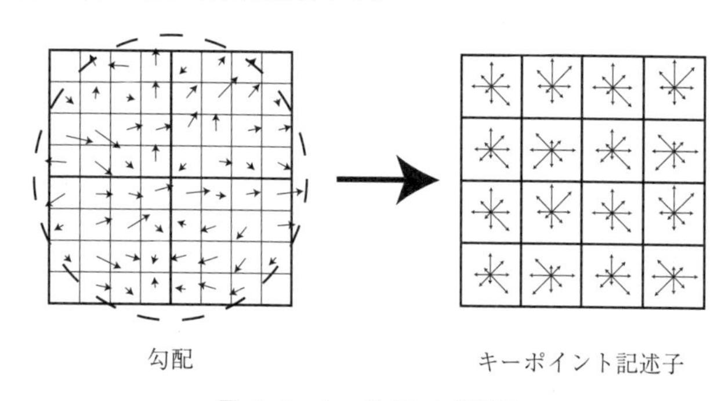

図 A.3　キーポイント記述子

図 A.3 では，画像勾配の量と方向をキーポイント位置の周囲で計算する。キーポイントのガウシアンによるボカシを縮尺パラメータと呼ぶ。方位不変性を確認するためにキーポイント記述子の方位を相対的に回転させた。

画像の異同判断，認識のためには SIFT は画像データセットから特徴を抽出する。新規画像は SIFT が学習した特徴とのユークリッド距離に基づいて判断される。

エッジの消去：

$$\hat{x} = -\frac{\partial^2 D^{-1}}{\partial x^2}\frac{\partial D}{\partial x}. \tag{A.12}$$

$$D(\hat{x}) = D + \frac{1}{2}\frac{\partial D^T}{\partial x}\hat{x}. \tag{A.13}$$

$|D(\hat{x})| < 0.03$

$$H = \begin{bmatrix} D_{xx} & D_{xy} \\ D_{xy} & D_{yy} \end{bmatrix} \tag{A.14}$$

$$\mathrm{tr}\ (H) = D_{xx} + D_{yy} = \alpha + \beta, \tag{A.15}$$

$$\det\ (H) = D_{xx}D_{yy} - (D_{xy})^2 = \alpha\beta. \tag{A.16}$$

$$\frac{\mathrm{tr}\ (H)}{\det\ (H)} < \frac{(r+1)^2}{r}. \tag{A.17}$$

方位の割当て：$d_x = L(x+1, y) - L(x-1, y)$，$d_y = L(x, y+1) - L(x, y-1)$ と書くことにする。すなわち水平近傍との差分と垂直近傍との差分である。

$$m(x, y) = \sqrt{d_x^2 + d_y^2} \tag{A.18}$$

$$\theta(x, y) \ = \tan^{-1}\left(\frac{d_y}{d_x}\right) \tag{A.19}$$

A.1.2　HOG

HOG とは，方向付き勾配のヒストグラム（histograms of oriented gradient）の頭文字である。ダラール（N. Dalal）とトリッグス（B. Triggs）は画像から人物を検出するために HOG を提案した[215)]。

A.1.3　Bag–of–Words

クスルカ（G. Csurka）は視覚的 BOW を用いることを提案した。自然言語処理における BOW（5.10.3 項）になぞらえて，視覚情報処理でも BOW（bag–of–words）という。キーポイントベクトルのヒストグラムを指す。

クルスカらは，アフィン変換不変な特徴量としてハリス変換量を用いた。ハリス変換は以下のように定義される。

$$\mu(x, \sigma_I, \sigma_D) = \sigma_D g(\sigma_I) * \begin{bmatrix} L_x^2(x, \sigma_D) & L_x L_y(x, \sigma_D) \\ L_x L_y(x, \sigma_D) & L_y^2(x, \sigma_D) \end{bmatrix} \tag{A.20}$$

$$\det(\mu) - \alpha\,\mathrm{tr}^2(\mu) > \text{threshold} \tag{A.21}$$

ナイーブベイズにより分類[216)]・ラベルづけされた画像 $I = \{I_i\}$ と，キーポイントベクトルを $V = \{v_i\}$ として，キーポイントベクトルの数を数える $N(t, i)$ を使って以下のように定義される。

$$P(C_j|I_i) \propto P(C_j)P(I_i|C_j) = P(C_j)\prod_{t=1}^{|V|} P(v_t|C_j)^{N(t,i)}. \tag{A.22}$$

$$P(v_i|C_j) = \frac{1 + \sum_{I_i \in C_j} N(t,i)}{|v| + \sum_{s=1}^{|V|} \sum_{I_i \in C_j} N(s,i)}. \tag{A.23}$$

A.1.4　スーパーピクセルズ

レン（X. Ren）らの導入したスーパーピクセルズ（超画素）については以下を参照[217]。

- URL：http://pvl.cs.ucl.ac.uk/
- コード：https://www.cs.sfu.ca/~mori/research/superpixels/

A.1.5　グラフ理論による領域分割

ウィジーンら[97]の選択的探索が初期値としてこの手法を使っているのが，フェルゼンスツバルブとヒュッテンロッハが提案したグラフ理論に基づく方法である[218]。

グラフ理論で用いる用語であるエッジ（edge）と他の画像処理で用いるエッジとは意味合いが異なる。グラフ理論では頂点間を結ぶ線をエッジと呼ぶ。頂点を画像内の各画素だとすると，エッジとは画素間の関係量，すなわち（非）類似度を表している。

一方，他の画像処理手法では画像に現れる明るさや色の不連続を指す。本節で用いるエッジは前者，すなわち隣接画素間，あるいは隣接領域間の類似度の意味である。

隣接画素，隣接領域間の非類似度は，

$$w((v_i, v_j)) = |I(p_i) - I(p_j)|, \tag{A.24}$$

ここで $I(p_i)$ は i 番目の画素 p_i の強度，すなわち画素値である。一般的な平準化手法であるガウシアンを導入し $\sigma = 0.8$ とした。

画像の分割（partition）を S と表記する。$C \in S$ は連結したグラフ，すなわち画像の小領域である。連結した小領域をコンポーネント C と表記する。全エッジ E の部分集合 $E' \subseteq E$ に対して，別の分割はエッジ E' が異なるグラフであり $G' = (V, E')$ と表現される。ここで $E' \subseteq E$ $G'(V, E')$，さらに $E' \subseteq E$ $w((v_i, v_j))$ 画素の集合コンポーネント C に対して予測子 D を定義する。内部差異 d_{inn} は最小スパニングツリーの最大重みで定義する。

$$d_{inn}(C) = \max_{e \in MST(C,E)} w(e) \tag{A.25}$$

二つのコンポーネント $C_1, C_2 \subseteq V$ の最小エッジ重み d_{btw} を

$$d_{btw}(C_1, C_2) = \min_{v_1 \in C_1, v_j \in C_2, (v_i, v_j) \in E} w((v_i, v_j)). \tag{A.26}$$

とする。C_1 と C_2 との間にエッジがつながっていなければ $d_{btw}(C_i, C_j) = \infty$ とする。以上により，予測子 D は以下の式 (A.27) で定義される。

$$D(C_i, C_j) = \begin{cases} \text{true} & \text{if } d_{btw}(C_1, C_2) > d_{inn}(C_1, C_2) \\ \text{false} & \text{otherwise} \end{cases} \tag{A.27}$$

このとき，最小内部差異 M_{inn} は，

$$M_{inn} = \min(d_{inn}(C_1) + \tau(C_1), d_{inn}(C_2) + \tau(C_2)). \tag{A.28}$$

である。τ はしきい値であり，コンポーネント間差がコンポーネント内差より大きいことを保証するためである。しきい値の値は，

$$\tau(C) = \frac{k}{|C|}, \tag{A.29}$$

ここで $|C|$ は C のサイズ，k は定数である。

アルゴリズムは以下のようになる。

定義 1： 分離 S において，領域 $C_1, C_2 \in S$ の全要素間に結合する証拠がなければ，その分離 S は詳細すぎる。

定義 2： 分割 S において，詳細すぎない適切な S が存在するなら，その分割 S は粗い。

特性 1： すべてのグラフ $G = (V, E)$ で，粗くも細かくもない分割 S が存在する。

以上を前提として，画像をグラフ $G = (V, E)$ と見なし，各コンポーネントへ分割が出力となる。コンポーネントの集合を $S = (C_1, \ldots, C_r)$ とする。

1) 全エッジ E を重み値の昇順に並べ替える $\pi = (o_1, \ldots, o_m)$。
2) 分割 S_0 の属するコンポーネントの各頂点について
3) 以下の操作を全分割 $q = 1, \ldots, m$ について繰り返す。
   a) 直前 $(q-1)$ の分割 S^{q-1} を既知として分割 S^q を以下のように計算する。
   b) 頂点 v_i と頂点 v_j を q 番目に連結しているエッジとする。すなわち $o_q = (v_i, v_j)$ として，
   c) もし直前の分割 S^{q-1} における頂点 v_i と頂点 v_j とが非連結，かつ重み $w(o_q)$ が両コンポーネントの内部差異より小さければ，二つのコンポーネントを連結する。そうでなければなにもしない。すなわち全コンポーネント（$C_i^{q-1} \neq C_j^{q-1}$）について，頂点（画素群）v_i の属する分割 S^{q-1} と頂点 v_j の属するコンポーネント C_i^{q-1} について，
   d) もし直前の全コンポーネント $C_i^{q-1} \neq C_j^{q-1}$ で q 番目の重みが内部重みより小さければ $w(o_q) \leqq d_{int}(C_i^{q-1}, C_j^{q-1})$，

e) 直前の分割 S^{q-1} から，コンポーネント C_i^{q-1} とコンポーネント C_j^{q-1} を連結して現在の分割 S^q を得る。

f) $q \leftarrow q+1$ とする。

4) $S = S^m$

A.1.6　MCG

MCG とは多縮尺組合せ群化（multiscale combinatorial grouping）の頭文字を指す。原画像に対して異なる解像度で領域分割を行い，異なる解像度から切り出された領域を統合することで最終的な領域分割候補を得る手法である。

- URL：`http://www.eecs.berkeley.edu/Research/Project/CS/vision/grouping/mcg/`

A.2　ミコロフのリカレントニューラルネットワーク言語モデル

ミコロフのリカレントニューラルネットワーク言語モデル（`http://rnnlm.org`）は C++ で書かれている。本書の範囲外だが，コンパイラのバージョンによっては `exp10` がないとエラーが出る。`exp10` は 10 を底とする指数関数であるから，`exp10(x)` を `pow(double(10),x)` と書き換えれば動作する。

A.3　自然言語処理における指標

A.3.1　TD–IDF

テキストマイニングの文脈では，文書 d に出現する索引語 t の重み w_{td} を TF–IDF 法によって計算することが行われる[219]。索引語 t の文書 d における出現頻度（term frequency，TF）による重みを TF 法による重みという。TF では高頻度語の重みが高くなる。一方文書の出現頻度が少ない索引語は文書を特定しやすいことを意味するので，索引語 t が指す文書の出現頻度は低いほうが望ましい。したがって，文書の出現頻度の逆数（inverse document frequency）を $idf(t) = \log(N/df(t))$ と定義する。TF–IDF 法による重みは TF と IDF の積で定義される。TF と IDF とを同時に考慮することを意味する。

$$w_{td} = tf(t,d) \times idf(t) \tag{A.30}$$

A.3.2 パッケージ

奥村（文献219）のp.111）によればSMTを構築するソフトウェアパッケージとしてはGIZA++（http://fjoch.com/GIZA++.html），Moses（http://www.statmt.org）がある。

また，TinySVM：http://chasen.org/~tak/software/TinySVM/，SVMlight：http://svmlight.joachims.org/，libsvm：http://www.csie.ntu.edu.tw/~cjlin/libsvm/といったサポートベクトルマシンパッケージがある（高村の文献151）のp.143）。

A.3.3 BLEU

BLEU（青の綴りと異なる）は，自然言語処理における評価指数の一つである[159]。シャノン（C. Shannon）の平均情報量に勇敢（bravity）係数を掛けた値である。BLEUの定義式は，

$$BLEU = B \exp\left(-\sum_i p \log(p_i)\right), \tag{A.31}$$

である。情報量の定義が対数確率であるから，指数の肩に乗せたら元に戻る。それに勇敢係数項を加えた量がBLEU得点である。勇敢係数は訓練コーパス長と生成文長の比を指数に乗せた値である。訓練コーパスに比べて生成文が長ければ「勇敢な」言語処理をしたと見なし，逆であればペナルティを課す。系列生成課題で尺度として利用されるが，グランドトゥルースとの乖離であるからKL情報量（Kullbuck–Leibler divergence）に相当する。すなわち勇敢係数項なるペナルティを除外し，自由パラメータ項の影響を無視すれば，BLEUはAIC定数倍に相等する（$AIC = \log(BLEU) + \alpha$）。

A.3.4 F–値

F–値（F measure）は，訓練データにおける精度（グランドトゥルース）と評価データにおける再現性（ゴールドスタンダード）の調和平均である（高村の文献151）のp.168）。

$$F = \frac{2p(\text{グランドトゥルース})p(\text{ゴールドスタンダード})}{p(\text{グランドトゥルース}) + p(\text{ゴールドスタンダード})}. \tag{A.32}$$

統計学で用いられる二つの自由度をもつ標本分散比，フィッシャーのF分布に従うF値とは異なる。

A.3.5 パープレキシティ

パープレキシティ（perplexity，PPL）は単語ごとの負の対数尤度の調和平均であ

る[220]。

A.3.6 METEOR

METEOR（metric for evaluation of traslation with explicit ordering）は以下のように求めることができる。

$$\text{METER} = (1 - P_{en}) \cdot F_{mean} \tag{A.33}$$

$$P_{en} = \gamma \left(\frac{\text{ch}}{m} \right)^{\beta} \tag{A.34}$$

$$F_{mean} = \frac{P \cdot R}{\alpha P + (1 - \alpha) R} \tag{A.35}$$

$$P == \frac{\sum_i w_i \left(\delta m_i \left(h_c \right) + (1 - \delta) \, m_i \left(h_f \right) \right)}{\delta |h_c| + (1 - \delta) \, |h_f|} \tag{A.36}$$

$$R == \frac{\sum_i \left(\delta m_i \left(r_c \right) + (1 - \delta) \, m_i \left(r_f \right) \right)}{\delta |r_c| + (1 - \delta) \, |r_f|} \tag{A.37}$$

ここで，r_f：現言語（reference）の機能語（function words），r_c：現言語（reference）の内容語（content words），h_f：目標言語（hypothesis）の機能語（function words），h_c：目標言語（hypothesis）の内容語（content words），m_i：各単語の現言語と目標言語との各 i 単語の一致（matcher）数，w_i：各一致の重み係数，δ: 内容語の重み，である。

プロジェクトページ：`http://www.cs.cmu.edu/~alavie/METEOR/`

コード：`https://github.com/mjdenkowski/meteor`

A.3.7 ROUGE–L

ROUGE–L（recall–oriented understudy for gisting evaluation）は二つの系列の最長共有下位系列長として定義される。

A Package for Automatic Evaluation of Summaries：`http://anthology.aclweb.org/W/W04/W04-1013.pdf`

A.3.8 CIDEr

CIDEr（consensus–based image description evaluation）は MS COCO データセットの画像脚注づけにおいて人間が付けた脚注とのコンセンサスの測度である。画像 I のための正解脚注文 c と生成された s を用いて，TF–IDF で重みづけた平均コサイン距離である。

http://arxiv.org/pdf/1411.5726.pdf

A.3.9 バックオフ平準化

文章中の単語頻度を $c(w)$ とする。単語列 $w_j(j \in 1 \ldots J)$ を得たとき，単語 w_i の出現頻度を $c(w_i|w_j)$ と表記する。このとき，新奇語が与えられると，その単語の発生確率は 0 となる。0 となっては後の計算が進まないので，他の単語の発生確率から借用して新奇語に一定の確率を与えることをバックオフ平準化と呼び，以下の式で表される。ここで λ は，新奇語のために既存語からの出現確率を減じるためのディスカウントである。

$$P(w_i|w_j) = \begin{cases} \lambda(w_{i-1}w_i)P(w_i|w_{i-1}) & \text{if } c(w_{ij1}, w_i) > 0, \\ \alpha(w_{i-1})P(w_i) & \text{else if } c(w_{i-1}) > 0, \\ P(w_i) & \text{otherwise} \end{cases} \tag{A.38}$$

A.3.10 トークナイザ

言語情報処理では入力単語をトークン化する前処理が行われる。多くのトークン化の実装がある。例えば以下のようなものが挙げられる。

1. スタンフォード大学版：http://nlp.stanford.edu/software/
2. カリフォルニア大学バークリー校版：https://github.com/slavpetrov/berkeleyparser
3. モーゼス版：https://github.com/moses-smt/mosesdecoder
4. NLTK パッケージ：http://www.nltk.org/
5. TensorFlow の SyntaxNet：https://github.com/tensorflow/models/tree/master/syntaxnet

A.3.11 WER

単語単位の誤り率（word error rate）の頭文字をとったものである。元来は通信理論における符号の消去・挿入・反転の回数から二つの符号間の距離を定義したレーベンシュタイン距離（Levenstein distance）に基づく。ニーセン（Niessen）らによって機械翻訳の尺度として導入された。符号列 A を符号列 B に変換するときに，最小の挿入・削除・置換回数で定義されたレーベンシュタイン距離を元符号 A の長さで除した値が WER となる。

A.4　ヴィオラ・ジョーンズ法による顔領域の切り出し

VJ 法で用いられる局所特徴は三点である（**図 A.4**）。領域はすべて同形同面積で，水平方向，もしくは垂直方向に隣接する。

(1)　二矩形領域特徴：隣接双領域内のピクセルの合計値の差分（図 (a)，(b)）。

(2)　三矩形領域特徴：外接 2 領域の合計値から中央領域の画素値を減算（図 (c)）。

(3)　四矩形領域特徴：対角矩形領域対の差異を計算（図 (d)）。

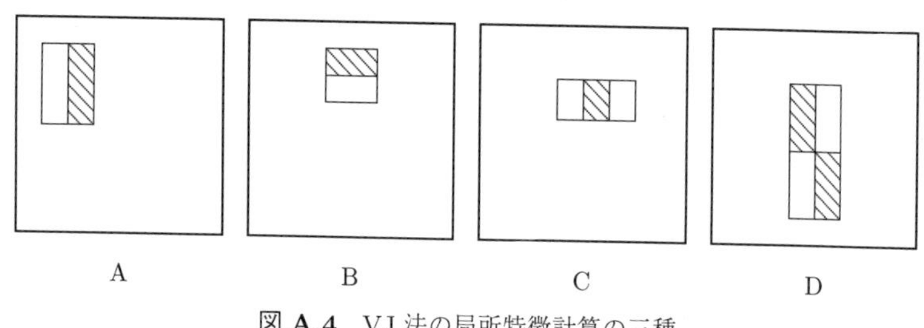

図 A.4　VJ 法の局所特徴計算の三種

検出器の基本解像度を 24×24 画素とし，矩形特徴の総数は 160 000 となる。

VJ 法では，矩形領域内の画素値を総和した値を積分画像と呼ぶ。各領域では少ない操作で計算可能である。計算後，各場所，各縮尺で以下のハールの基底関数（Harr basis function）に類似した関数で一定時間計算を行う。

コーヒーブレイク

「器」と「機」の使い分けについて。本書で各所に登場した特徴検出器，特徴抽出器は原語が feature detector である。例えばカンデルの教科書は特徴抽出器と訳されている[221]。鋳型照合（template matching）のような単純な演算で処理可能なモデルの場合に「器」を使い，学習機のように処理に複雑な手順が必要なモデルには「機」を使う習慣に従って，本書でも使い分けた。例えば，検出器，抽出器，識別器，学習機，近似機，計算機である。

畳み込みニューラルネットワークでは，下位層は単純な鋳型照合モデルだが，上位層は積極的に位置依存情報を捨て去るので抽象度が上がる。上位層によって獲得された特徴検出機構のことを「器」あるいは「機」と表記するのが適切かどうかは，判断が難しい。

$$ii(x, y) = \sum_{x' \leqq x, y' \leqq y} i(x', y'), \tag{A.39}$$

ここで $i(i, j)$ は原画像であり，$ii(x, y)$ を積分画像という。

$$s(x, y) = s(x, y-1) + i(x, y) \tag{A.40}$$

$$ii(x, y) = ii(x-1, y) + s(x, y) \tag{A.41}$$

ここで $s(x, y)$ は累積行和，$s(x, -1) = 0$，$ii(-1, y) = 0$ である。積分画像を用いて，四つの矩形領域参照枠が計算可能である（図 **A.5**）。

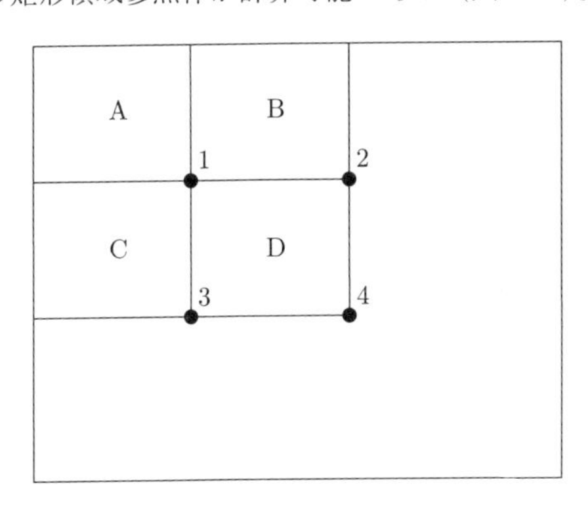

図 **A.5** 四つの矩形から矩形 D の画素の合計

矩形領域 D 内の画素合計 D は 4 配列から計算する。位置 1 積分画像の値は矩形領域 A の画素の合計 A である。位置 2 の値は $A+B$，位置 3 は $A+C$，位置 4 は $A+B+C+D$ である。領域 D の合計 D は $4+1-(2+3)$ で計算可能である。

AdaBoost を用いて潜在的な特徴ライブラリーから少数の重要な特徴を選択することにより，単純かつ十分な分類器がつくられる。実装は AdaBoost[222)] によった。

任意の画像の下位分割画像内のハール関数様な基底特徴総数は多い。一般に画素総数より多くなる。そこで高速分類を担保するため，利用可能な特徴の大多数を排除しなければならず，決定的に重要な少数の特徴集合に集中しなければならない。そこで AdaBoost を用いて特徴選択が行われた。AdaBoost では，分類器が単一特徴にだけ弱く依存する。押上げ（ブースティング）過程の各段階で新たな弱分類器を選択し，結果的に特徴選択過程と見なしうる。AdaBoost は効率のよい計算アルゴリズムであり，分類器の一般化性能と関連が指摘できる。

複雑な分類器を連接構造として結び付け，画像内の予想される特徴に注意を向けることで，検出速度が劇的に向上した。さらに複雑な処理は顔の予想領域のため留保される。鍵となる測度は注意処理による偽否定率である。顔の存在する画像上の位置は注意フィルタで選択される場合が多い。

注意の焦点を教師付き学習により，単純で効率のよい分類器を創る。注意付き顔検出演算は 50 パーセント以上を排外し，99 パーセント以上の顔をとらえる。各縮尺当り，場所を単位として約 20 回の単純な演算であった。

完全な顔検出は 38 分類器で 80 000 回以上の演算だが，連接構造により 507 顔と 75 M 下位画像当り平均 270 回のマイクロプロセッサ命令で顔を検出できた。これは従来手法の 15 倍速かった。

384×288 画素を 12 縮尺で 24×24 ピクセルの顔を検出する。

AdaBoost の変種を用いて特徴の選択と分類器の学習が可能である。原典の AdaBoost 立上げ（ブースト）時に単純パーセプトロンを用いる。弱分類器を集めて強分類器をつくる。立上げ過程では，簡便なアルゴリズムを弱学習機と呼ぶ。例えば，パーセプトロンの立上げ学習では分類誤差が最小となるパーセプトロンを選ぶ。学習機には，分類機能に最高性能を要求しないので，弱いという意味で頭に「弱」を付ける。弱学習機が立ち上がるために，問題を経時的に解く必要がある。初回以降は，前回までで弱学習機が分類できなかったデータを強調するため，加重して学習させる。最終的な強学習機は，しきい値付きの弱分類器の重み付き組合せであり，パーセプトロンの一形態となる。

AdaBoost は貪欲な特徴選択手続きである。一般的な立上げ問題を考えれば，重み付きの多数決投票で複雑な問題に対処することである。問題となるのは，性能のよい分類器に大きな重みを与え，貧弱な分類器には小さな重みを与えることである。AdaBoost は小さなよい分類器群を選択する攻撃的な機構でありながら，十分に広範な手法である。弱分類器を画像の特徴に喩えるなら，AdaBoost は，意義があり汎用的な，よい特徴の小集団を探し出す効果的な手続きである。

よい特徴の探索アルゴリズムを以下に示す。

アルゴリズム

訓練データ集合 (x_i, y_i) $(i \in N)$ を用意する。ここで $y_i = 0$ は顔を含まない否定データ，$y_i = 1$ は顔を含む肯定データとする。

for $(i \in N)$ **do**

結合係数を初期化する：

$$w_{1,i} = \begin{cases} \dfrac{1}{2m} & (\text{if } y_i = 0) \\ \dfrac{1}{2l} & (\text{if } y_i = 1) \end{cases}$$

ここで m は否定データ数，l は肯定データ数である。

end for

for $(t = 1)$ **to** T **do**

(1) 各結合係数を規格化する。

$$w_{t,i} \leftarrow \frac{w_{t,i}}{\sum_{j=1}^{n} w_{t,j}}$$

(2) 学習後，重み付き最小誤差を返した弱分類器を選択する。

$$\eta_t = \min_{\theta} \sum_{i} w_i |h(x_i;\theta) - y_i|.$$

(3) η_t を最小化する $h_t(x) = h(x;\theta_t)$ を定義する。ここで θ_t は η_t を最小化するパラメータ群である。

(4) 結合係数を更新する。

$$w_{t+1,i} = w_{t,i}\beta_t^{1-e_i}$$

このとき

$$e_i = \begin{cases} 0 & \text{if } x_i \text{ が正しく分類されたとき} \\ 1 & \text{それ以外} \end{cases}$$

かつ，

$$\beta_t = \frac{\eta_t}{1 - \eta_t}$$

である。

end for

最終的な強分類器は以下のようになる。

$$C(x) = \begin{cases} 1 & \displaystyle\sum_{t=1}^{T} \alpha_t h_t(x) \geqq \frac{1}{2}\sum_{t=1}^{T} \alpha_t \\ 0 & \text{otherwise} \end{cases} \tag{A.42}$$

ここで $\alpha_t = \log \dfrac{1}{\beta_t}$ である。

弱分類器の選択はつぎのように行う。各事例は特徴値に基づいて並べられ，AdaBoost は各特徴について一度の走査で特徴を検出可能な最適しきい値に探し出す。値順で並べられた各特徴リストで以下の四つの合計は保存され，評価される。正事例の結合係

数の合計 T^+，負事例の結合係数の合計 T^-，現在の事例下での正事例の結合係数の合計 S^+，現在の事例下での負事例の結合係数の合計 S^- として，現事例と特徴値で並べ替えた前事例とを分割するしきい値のエラーは

$$e = \min(S^+ + (T^- - S^-), S^- + (T^+ - S^+)), \tag{A.43}$$

である。

図 A.6 の上に二つの特徴を示した。下は顔画像に対して，中央は画素値の強度の差異が目の特徴と一致し，右は鼻の両側の目の特徴に一致する。

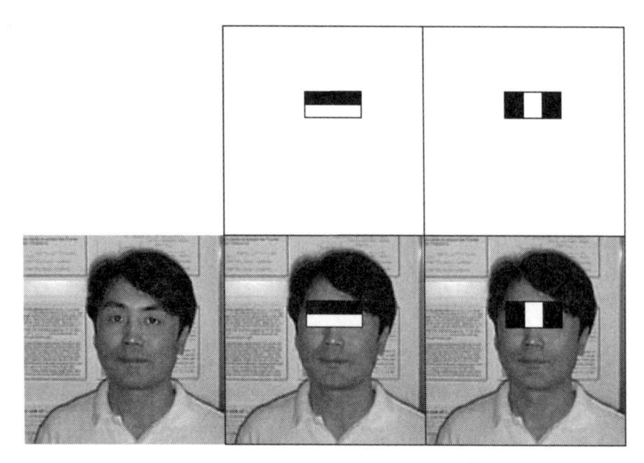

図 A.6　AdaBoost が選択した特徴

弱分類器を連結させて精度と時間の向上が可能となる。各段階の連結は AdaBoost による判別器の訓練で行う。2 特徴の強分類器から始めて，虚報率を最小化するように強分類器のしきい値を調整し，効率のよい顔フィルタを得る。AdaBoost の初期値は

$$\frac{1}{2}\sum_{i \in T}\alpha_t, \tag{A.44}$$

であり，訓練データ集合で得られた低エラー率の分類器が用いられる。しきい値を低くすると検出率は上がるが，虚報率も上がる。妥当性検証データ集合を用いた訓練に基づいて，2 特徴分類器は 100%の顔検出率，50%の虚報率であった。図 A.6 は 2 特徴分類器の例である。この結果から，少ない操作で以下のことが可能であることがわかる。

(1)　一特徴当り 6 個から 9 個の参照枠の矩形特徴を評価する。

(2)　各特徴についてしきい値操作付きの弱分類器で計算する。

(3)　弱分類器の計算結果を組み合わせる。

2特徴分類器の計算には約60マイクロ秒を要する。1番目の分類器が2番目の分類器を呼び出し，2番目の分類器が高い検出率を達成する。2番目の分類器が3番目の分類器を呼び出す。否定的な結果が得られた際にはこの連結は打ち切られる。1枚の画像には多数の非顔領域がある。したがって，分類器の連結によって早期に非顔領域を排除可能であり，高速化された顔検出が可能となる。

図 A.7 にVJ法の概念図を示した。なお図A.7は図6.15と同一である。

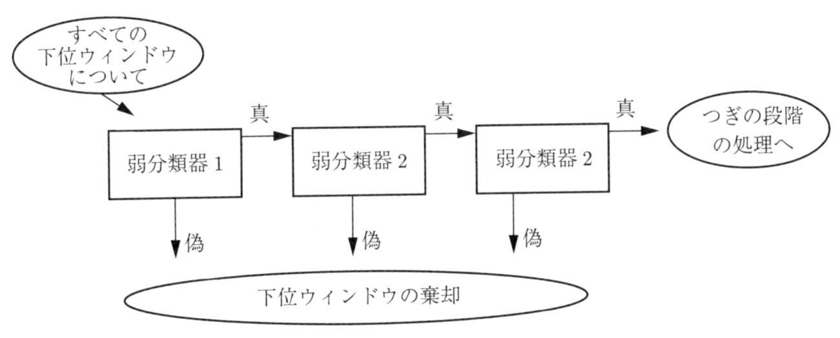

図 A.7　VJ法における特徴決定の連接の概念図

判別器が k 個連結された結果，虚誤率（false correct）は，

$$F = \prod_{i \in K} f_i, \tag{A.45}$$

となる。f_i は各判別器の虚報率である。検出率は各判別器の検出率を d_i として

$$D = \prod_{i \in K} d_i, \tag{A.46}$$

と表記される。

実画像の処理においては，評価する特徴数は必然的に確率過程となる。任意の下位領域が非顔に分類されるまで，連結処理は続行する。ある領域が顔である特徴数の期待値は

$$N = n_0 + \sum_{i \in K} \left(n_i \prod_{j<i} p_j \right), \tag{A.47}$$

ここで K は分類器の数，p_i は i 番目の分類器が顔と判断する確率である。検出率(A.46)と虚誤正解率(A.45)とのトレードオフの調整は，一般問題としては困難である。実際に用いた手続きは，f_i の最大許容率，d_i の最小許容率を設定し，AdaBoostによる連結学習を行う方法である。アルゴリズムを以下に示す。

アルゴリズム

各層ごとに最大の許容偽誤正解率 f と，最小の許容検出率 d を選択する。
全体にわたる偽正解率を与える F_{target} を選択する。
$P \leftarrow$ 正の事例数，$N \leftarrow$ 負の事例数
$F_0 \leftarrow 1.0,\ D_0 \leftarrow 1.0$
$i \leftarrow 0$
while $(F_i > F_{target})$ **do**
　$i \leftarrow i+1,\ n_i \leftarrow 0,\ F_i = F_{i-1}$
　while $(F_i > f \times F_{i-1})$ **do**
　　(1)　$n_i \leftarrow n_i + 1$
　　(2)　P と N で特徴 n_i を分類するよう AdaBoost で訓練する。
　　(3)　F_i，D_i を決定するために現在の連接した分類器の妥当性を評価する。
　　(4)　現在の連接分類器の検出率が少なくとも $d \times D_{i-1}$ となるように i 番目の分類器のしきい値を下げる。
　end while
　$N \leftarrow 0$
　if $(F_i > F_{trarget})$ **then**
　　現在の連接検出器を非顔画像で評価し，顔が検出されたら N にセットする。
　end if
end while

引　用　文　献

1）小嶋 謙四郎：哲学と詩，川島書店，東京（1999）

2）Yann LeCun, Yoshua Bengio and Geoffrey Hinton：Deep learning, *Nature*, **521**, pp.436–444 (2015)

3）Christian Szegedy, Wei Liu, Yangqing Jia, Scott Reed, Dragomir Anguelov, Dumitru Erhan, Vincent Vanhoucke and Andrew Rabinovich：Going deeper with convolutions, In *Computer Vision and Pattern Recognition (CVPR)*, Boston, MA, USA (2015)

4）Karen Simonyan and Andrew Zisserman：Very deep convolutional networks for large-scale image recognition, In Yoshua Bengio and Yann LeCun, editors, *Proceedings of the International Conference on Learning Representations (ICLR)*, San Diego, CA, USA (2015)

5）Kaiming He, Xiangyu Zhang, Shaoqing Ren and Jian Sun：Spatial pyramid pooling in deep convolutional networks for visual recognition, *IEEE Transactions on Pattern Analysis and Machine Intelligence (TPAMI), 2015* (2015)

6）Volodymyr Mnih, Korya Kavukchuoglu, David Silver, Andrei A. Rusu, Joel Veness, Marc G. Bellemare, Alex Graves, Martin Riedmiller, Andreas K. Fidjeland, Georg Ostrovski, Stig Petersen, Charles Beattie, Amir Sadik, Ioannis Antonoglou, Helen King, Dharshan Kumaran, Daan Wierstr, Shane Legg and Demis Hassbis：Human-level control through deep reinforcement learning, *Nature*, **518**, pp.529–533 (2015)

7）Kaiming He, Xiangyu Zhang, Shaoqing Ren and Jian Sun：Deep residual learning for image recognition, *arXiv* (2015)

8）Ray Kurzweil：シンギュラリティは近い，NHK出版，東京（2007）

9）Sepp Hochreiter and Jürgen Schmidhuber：Long short-term memory, *Neural Computation*, **9**, pp.1735–1780 (1997)

10）Felix A. Gers, Jürgen Schmidhuber and Fred Cummins：Learning to forget: Continual prediction with LSTM, *Neural Computation*, pp.2451–2471

(2000)

11) Geoffrey E. Hinton and Ruslan Salakhutdinov：Reducing the dimensionality of data with neural networks, *Science*, **313**(5786), pp.504–507 (2006)

12) Mike Schuster and Kuldip K. Paliwal：Bidirectional recurrent neural networks, *IEEE Transactions on Signal Processing*, **45**(11), pp.2673–2681 (1997)

13) Michael I. Jordan：Serial order: A parallel distributed processing approach, Technical report, University of California, San Diego, CA (1986)

14) Jeffrey L. Elman：Finding structure in time, *Cognitive Science*, **14**, pp.179–211 (1990)

15) Léon Bottou and Olivier Bousquet：Learning using large datasets, In *Mining Massive DataSets for Security, NATO ASI Workshop Series*, Amsterdam, Netherland, IOS Press (2008)

16) Léon Bottou：Large-scale machine learning with stochastic gradient descent, In Yves Lechevallier and Gilbert Saporta, editors, *Proceedings of the 19th International Conference on Computational Statistics (COMPSTAT2010)*, pp.177–187, Springer, Paris, France (2010)

17) 岡谷 貴之，斎藤 真樹：ディープラーニング，In 八木 康史・斎藤 英雄 編，**コンピュータビジョン最先端ガイド** *6*, pp.89–121，アドコム・メディア，東京 (2013)

18) 岡谷 貴之：**深層学習**，講談社，東京 (2015)

19) 麻生 秀樹，安田 宗樹，前田 新一，岡野原 大輔，岡谷 貴之，久保 陽太郎，ボレガラ・ダヌシカ：**深層学習**，近代科学社，東京 (2015)

20) 海野 裕也，岡野原 大輔，得居 誠也，徳永 拓之：**オンライン学習**，講談社，東京 (2015)

21) Yangqing Jia, Evan Shelhamer, Jeff Donahue, Sergey Karayev, Jonathan Long, Ross Girshick, Sergio Guadarrama and Trevor Darrell：Caffe: Convolutional architecture for fast feature embedding, *arXiv* (2014)

22) 石橋 崇司：***Caffe* をはじめよう**，オライリー・ジャパン，東京 (2015)

23) Alex Krizhevsky, Ilya Sutskever and Geoffrey E. Hinton：ImageNet classification with deep convolutional neural networks, In Peter L. Bartlett, Fernando C. N. Pereira, Christopher J. C. Burges, Léon Bottou and Kilian Q. Weinberger, editors, *Advances in Neural Information Processing Systems 25: 26th Annual Conference on Neural Information Processing Systems*, Lake Tahoe, Nevada, USA (2012)

24) Xavier Glorot and Yoshua Bengio：Understanding the difficulty of training deep feedforward neural networks, In *Proceedings of the 13th International Conference on Artificial Intelligence and Statistics (AISTATS)*, Chia Laguna Resort, Sardinia, Italy (2010)

25) Subhashini Venugopalan, Marcus Rohrbach, Jeff Donahue and Raymond Mooney：Sequence to sequence – video to text, *arXiv* (2015)

26) Frédéric Bastien, Pascal Lamblin, Razvan Pascanu, James Bergstra, Ian J. Goodfellow, Arnaud Bergeron, Nicolas Bouchard and Yoshua Bengio：Theano: new features and speed improvements, Deep Learning and Unsupervised Feature Learning NIPS 2012 Workshop (2012)

27) James Bergstra, Olivier Breuleux, Frédéric Bastien, Pascal Lamblin, Razvan Pascanu, Guillaume Desjardins, Joseph Turian, David Warde-Farley, and Yoshua Bengio：Theano: a CPU and GPU math expression compiler, In *Proceedings of the Python for Scientific Computing Conference (SciPy)*, Oral Presentation (2010)

28) Yann LeCun, Leon Bottou, Genevieve B. Orr and Klaus-Robert Müller：Efficient backprops (1998)

29) Seiya Tokui, Kenta Oono, Shohei Hido and Justin Clayton：Chainer: a next-generation open source framework for deep learning, In *Proceedings of Workshop on Machine Learning Systems (LearningSys) in The Twenty-ninth Annual Conference on Neural Information Processing Systems (NIPS)*, Montreal, Canada (2015)

30) Anders Krogh and John A. Hertz：A simple weight decay can improve generalization, In John Moody, Steven Hanson and Richard Lippmann, editors, *Advances in Neural Information Processing Systems*, **4**, pp.950–957, Morgan-Kaufman (1991)

31) Tomas Mikolov, Ilya Sutskever, Kai Chen, Greg S. Corrado and Jeff Dean：Distributed representations of words and phrases and their compositionality, In C. J. C. Burges, L. Bottou, M. Welling, Z. Ghahramani and K.Q. Weinberger, editors, *Advances in Neural Information Processing Systems 26*, pp.3111–3119, Curran Associates, Inc. (2013)

32) Tomas Mikolov, Kai Chen, Greg Corrado and Jeffrey Dean：Efficient estimation of word representations in vector space, In Yoshua Bengio and Yann Lecun, editors, *Proceedings in the International Conference on Learning*

Representations (ICLR) Workshop, Scottsdale, Arizona, USA (2013)

33) Oriol Vinyals, Lukasz Kaiser, Terry Koo, Slav Petrov, Ilya Sutskever and Geoffrey Hinton：Grammar as a foreign language, In Yoshua Bengio and Yann LeCun, editors, *Proceedings of the International Conference on Learning Representations (ICLR)*, San Diego, CA, USA (2015)

34) Tomas Mikolov, Wen T. Yih and Geoffrey Zweig：Linguistic regularitics in continuous spaceword representations, In *Proceedings of the 2013 Conference of the North American Chapter of the Association for Computational Linguistics: Human Language Technologies NAACL*, Atlanta, WA, USA (2013)

35) Larry F. Abbott：Lapicque's introduction of the integrate-and-fire model neuron (1907 original), *Brain Research Bulletin*, **50**, pp.303–304 (1999)

36) Alan L. Hodgkin and Andrew F. Huxley：A quantitative description of membrane current and its applications to conduction and excitation in nerve, *Jounal of Physiology*, **117**, pp.500–544 (1952)

37) Eugene M. Izhikevich：Simple model of spiking neurons, *IEEE Transactions on Neural Networks*, **14**(6), pp.1569–1572 (2003)

38) Warren S. McCulloch and Walter Pitts：A logical calculus of the ideas immanent in nervous activity, *Bulletin of mathematical biophysics*, **5**, pp.115–133 (1943)

39) Frank Rosenblatt：The perceptron: a probabilistic model for information storage and organization in the brain, *Psychological Review*, **65**, pp.386–408 (1958), In J.A. Anderson and E. Rosenfeld (Eds.), Neurocomputing, MIT Press (1988)

40) Hirotsugu Akaike：A new look at the statistical model identification, *IEEE Transaction of Autom. Control*, **AC-19**, pp.716–723 (1974)

41) 赤池 弘次：AIC と MDL と BIC, **オペレーションズリサーチ**, **41**(7), pp.375–378 (1976)

42) 坂本 慶行，石黒 真木夫， 北川 源四郎：**情報量統計学**，共立出版，東京 (1983)

43) 下平 英寿，久保川 達也，竹内 啓， 伊藤 秀一：**統計科学のフロンティア *3* モデル選択 ––予測・検定・推定の交差点**，岩波書店，東京 (2004)

44) Noboru Murata, Shuji Yoshizawa and Shun–ichi Amari：Network information criterion - determining the number of hidden units for an artificial neural netwrork model, *IEEE Transactions on Neural Networks*, **5**(6),

pp.865–872 (1994)

45) Michael McCloskey and Neal J. Cohen：Catastrophic interference in connectionist networks: The sequential learning problem, In G. H. Bower (Ed.), *The Psychology of Learning and Motivation*, **24**, pp.109–164, Academic Press, New York, NY, USA (1989)

46) Roger Ratcliff：Connectionist models of recognition memory: Constraints imposed by learning and forgetting functions, *Psychological Review*, **97**, pp.285–308 (1990)

47) Robert M. French：Using semi-distributed representations to overcome catastrophic forgetting in connectionist networks, In *Proceedings of the 13th Annual Cognitive Science Society Conference*, pp.173–178, NJ, LEA (1991)

48) James L. McClelland, B. L. McNaughton and Randall C. O'Reilly：Why there are complementary learning systems in the hippocampus and neocortex: Insights from the successes and failures of connectionist models of learning and memory, *Psychological Rivew*, **102**, pp.419–457 (1995)

49) Randall C. O'Reilly, Yuko Munakata, Michael J. Frank, Thomas E. Hazy and Contributors：*Computational Cognitive Neuroscience*, Wiki Book, 1st edition (2012)

50) Marvin Minsky and Seymour Papert：*Perceptrons*, expanded edition, MIT Press, Cambridge, MA, パーセプトロン (1988), パーソナルメディア (1993)

51) Michael I. Jordan, Zoubin Ghahramani, Tommi S. Jaakkola and Lawrence K. Saul：An introduction to variational methods for graphical models, *Machine Learning*, **37**, pp.183–233 (1999)

52) Arnab Paul and Suresh Venkatasubramanian：Why does unsupervised deep learning work? a perspective from group theory, In Yoshua Bengio and Yann LeCun (Eds.), *Proceedings in the International Conference on Learning Representations (ICLR)*, San Diego, CA, USA (2015)

53) Geoffrey E. Hinton, Simon Osindero and Yee-Whye Teh：A fast learning algorithm for deep belief nets, *Neural Computation*, **18**, pp.1527–1554 (2006)

54) David E. Rumelhart, Geoffery E. Hinton and Ronald J. Williams：Learning internal representations by error propagation, In David E. Rumelhart and James L. McClelland (Eds.), *Parallel Distributed Porcessing: Explorations in the Microstructures of Cognition*, **1**, chap.8, pp.318–362, MIT Press, Cambridge, MA (1986)

55) Stephan Grossberg：Nonlinear neural networks: Principles, mechanisms, and architectures, *Neural Networks*, pp.17–61 (1988)

56) Terrence J. Sejnowski and Charles R. Rosenberg：Parallel networks that learn to pronounce eglish text, *Complex Systems*, **1**, pp.145–168 (1987)

57) Thomas Hanselmann, Anthony Zaknich and Yianni Attikiouzel：Connection between BPTT and RTRL, *Computational Intelligence and Applications*, **1**, pp.97–102 (1999)

58) Ronald J. Williams and David Zipser：Gradient-based learning algorithms for recurrent networks and their computational complexity, In Yves Chauvin and David E. Rumelhart (Eds.), *Backpropagation: Theory, Architectures, and Applications*, chap.13, pp.434–486, Lawrence Erlbaum Associate, New Jersey (1995)

59) Jeffrey L. Elman：Distributed representations, simple recurrent networks, and grammatical structure, *Machine Learning*, **7**, pp.195–225 (1991)

60) David H. and Torsen N. Wiesel：Receptive fields of single neurones in the cat's striate cortex, *Journal of Physiology*, **148**, pp.574–591 (1959)

61) David Hubel and Torsen N. Wiesel：Receptive fields and functional architecture of monkey striate cortex, *Journal of Physiology*, **195**, pp.215–243 (1968)

62) Olga Russakovsky, Jia Deng, Hao Su, Jonathan Krause, Sanjeev Satheesh, Sean Ma, Zhiheng Huang, Andrej Karpathy, Aditya Khosla, Michael Bernstein, Alexander C. Berg and Li Fei-Fei：ImageNet large scale visual recognition challenge, *International Journal of Computer Vision* (2015)

63) Bolei Zhou, Agata Lapedriza, Jianxiong Xiao, Antonio Torralba and Aude Oliva：Learning deep features for scene recognition using places database, In Z. Ghahramani, M. Welling, C. Cortes, N.D. Lawrence, and K.Q. Weinberger (Eds.), *Advances in Neural Information Processing Systems 27*, pp.487–495, Curran Associates, Inc. (2014)

64) Sergey Karayev, Matthew Trentacoste, Helen Han, Aseem Agarwala, Trevor Darrell, Aaron Hertzmann and Holger Winnemoeller：Recognizing image style, In *Proceedings of the British Machine Vision Conference*, BMVA Press (2014)

65) Ross Girshick, Jeff Donahue, Trevor Darrell and Jitendra Malik：Rich feature hierarchies for accurate object detection and semantic segmentation,

In *Proceedings of Computer Vision and Pattern Recognition Conference (CVPR)*, Columbus, Ohio, USA (2014)

66) Jeff Donahue, Lisa Anne Hendricks, Sergio Guadarrama, Marcus Rohrbach, Subhashini Venugopalany, Kate Saenko and Trevor Darrell：Long-term recurrent convolutional networks for visual recognition and description (2014)

67) Jonathan Long, Evan Shelhamer and Trevor Darrell：Fully convolutional networks for semantic segmentation, In *Proceedings of Computer Vision and Pattern Recognition Conference (CVPR)*, Boston, MA, USA (2015)

68) Sergey Levine, Chelsea Finn, Trevor Darrell and Pieter Abbeel：End-to-end training of deep visuomotor policies, Technical report, Berkely Vison and Learning Center BVLC, Report Series 100 (2015)

69) Kunihiko Fukushima and Sei Miyake：Neocognitron: A new algorithm for pattern recognition tolerant of deformations and shifts in position, *Pattern Recognition*, **15**, pp.455–469 (1982)

70) Yann LeCun, Léon Bottou, Yoshua Bengio and Patrick Haffner：Gradient-based learning applied to document recognition, *Proceedings of the IEEE*, **86**, pp.2278–2324 (1998)

71) Yann LeCun, Sumit Chopra, Raia Hadsell, Marc'Aurelio Ranzato and Fu Jie Huang：A tutorial on energy-based learning, In G. Bakir, T. Hofman, B. Schölkopf, A. Smola and B. Taskar (Eds.), *Predicting Structured Data*, MIT Press, Boston, MA, USA (2006)

72) D. H. Ackley, Geoffrey E. Hinton and Terry J. Sejnowski：A learning algorithm for Boltzmann machines, *Cognitive Science*, **9**, pp.147–169 (1985)

73) Geoffrey E. Hinton and Terry J. Sejnowski：Learning and relearning in Boltzmann machines, In James L. McClelland and David E. Rumelhart (Eds.), *Parallel Distributed Processing: Explorations in the Microstructures of Cognition*, **1**, chap.7, pp.282–317, MIT Press, Cambridge, MA (1986)

74) Paul Smolensky：Information processing in dynamical systems: Foundations of harmony theory, In David E. Rumelhart and James L. McClelland (Eds.), *Parallel distributed processing, Volume 1: Foundations*, **1**, pp.194–281, MIT Press, Cambridge, MA, USA (1986)

75) Geoffrey E. Hinton and Richard S. Zemel：Autoencoders, minimum description length and helmholtz free energy, In J. D. Cowan, G. Tesauro and J. Alspector (Eds.), *Advances in Neural Information Processing Systems*,

6, San Mateo, CA, Morgan Kaufmann (1994)

76) John J. Hopfield and David W. Tank：“neural” computation of decisions in optimization problems, *Biological Cybernetics*, **52**, pp.141–152 (1985)

77) John J. Hopfield and David W. Tank：Computing with neural circuits: A model, *Science*, **233**(4764), pp.625–633 (1986)

78) Dominik Scherer, Andreas Müller and Sven Behnke：Evaluation of pooling operations in convolutional architectures for object recognition, In *20th International Conference on Artificial Neural Networks (ICANN)*, pp.92–101, Thessaloniki, Greece (2010)

79) Marc'Aurelio Ranzato, Fu-Jie Huang, Y-Lan Boureau and Yann LeCun：Unsupervised learning of invariant feature hierarchies with applications to object recognition, In *2007 IEEE Computer Society Conference on Computer Vision and Pattern Recognition (CVPR)*, Minneapolis, MN, USA (2007)

80) Ken Chatfield, Karen Simonyan, Andrea Vedaldi and Andrew Zisserman：Return of the devil in the details: Delving deep into convolutional nets, In *British Machine Vision Conference*, unknown (2014)

81) Thomas Serre, Lior Wolf and Tomaso Poggio：Object recognition with features inspired by visual cortex, In *2005 IEEE Computer Society Conference on Computer Vision and Pattern Recognition (CVPR)*, pp.994–1000, San Diego, CA, USA (2005)

82) S. Marčelja：Mathematical description of the responses of simple cortical cells, *Journal of Optical Society of America*, **70**, pp.1297–1300 (1980)

83) Arthur P. Dempster, Nan M. Laird and D. B. Rubin：Maximum likelihood from incomplete data via the EM algorithm, *Journal of Royal Statistical Society Series B (Methodological)*, **39**(1), pp.1–38 (1977)

84) Bruce L. McNaughton, Francesco P. Battaglia, Ole Jensen, Edvard I. Moser and May-Britt Moser：Path integration and the neural basis of the ‘cognitive map’, *Nature Reviews Neuroscience*, **7**, pp.663–678 (2006)

85) Bernhard E. Boser, Isabelle M. Guyon and Vladimir N. Vapnik：A training algorithm for optimal margin classifiers, In D. Haussler (Ed.), *the 5th Annual ACM Workshop on Computational Learning Theory*, pp.144–152, ACM press (1992)

86) Geoffrey E. Hinton, Nitish Srivastava, Alex Krizhevsky, Ilya Sutskever

and Ruslan R. Salakhutdinov：Improving neural networks by preventing co-adaptation of feature detectors, *The Computing Research Repository (CoRR)*, abs/1207.0580 (2012)

87) Christopher Bishop：*Neural Networks for Pattern Recongnition*, Oxford University Press (1995)

88) David J. C. MacKay：A practical bayesian framework for backpropagation networks, *Neural Computation*, **4**, pp.448–472 (1992)

89) David J. C. MacKay：*Information Theory, Inference, and Learning Algorithms*, Cambridge University Press, Cambridge, UK (2003)

90) B. Hassibi, D. G. Stork and G. Wolff：Optimal brain surgeon, In S. J. Hanson, J. D. Cowan and C. L. Giles (Eds.), *Advances in Neural Information Processing Systems (Denver)*, **5**, pp.164–171, San Mateo, Morgan Kaufmann (1993)

91) Yann LeCun, John S. Denker and Sara A. Solla：Optimal brain damage, In D. S. Touretzky (Ed.), *Advances in Neural Information Processing Systems*, **2**, pp.589–605, Denver, WS, USA, Morgan Kaufmann (1990)

92) Wojciech Zaremba, Ilya Sutskever and Oriol Vinyals：Recurrent neural network regularization, In Yoshua Bengio and Yann LeCun (Ed.), *Proceedings of the International Conference on Learning Representations (ICLR)*, San Diego, CA, USA (2015)

93) Oriol Vinyals, Alexander Toshev, Samy Bengio and Dumitru Erhan：Show and tell: A neural image caption generator, In *Computer Vision and Pattern Recognition (CVPR)*, Boston, MA, USA (2015)

94) Alex Graves, Greg Wayne and Ivo Danihelka：Neural Turing machines, *arXiv/cs* (2014)

95) Wojciech Zaremba and Ilya Sutskever：Learning to execute, In Yoshua Bengio and Yann LeCun (Ed.), *Proceedings of the International Conference on Learning Representations (ICLR)*, San Diego, CA, USA (2015)

96) Ilya Sutskever, Oriol Vinyals and Quoc V. Le：Sequence to sequence learning with neural networks, In Z. Ghahramani, M. Welling, C. Cortes, N.D. Lawrence and K.Q. Weinberger (Eds.), *Advances in Neural Information Processing Systems (NIPS)*, pp.3104–3112, Montreal, BC, Canada (2014)

97) Jasper R. R. Uijlings, K. E. A. van de Sande, T. Gevers and A. W. M. Smeulders：Selective search for object recognition, *International Journal of*

Computer Vision, **104**(2), pp.154–171 (2013)

98) Kelvin Xu, Jimmy L. Ba, Ryan Kiros, Kyunghyun Cho, Aaron Courville, Ruslan Salakhutdinov, Richard S. Zemel and Yoshua Bengio：Show, attend and tell: Neural image caption generation with visual attention (2015)

99) Andrej Karpathy and Li Fei-Fei：Deep visual-semantic alignments for generating image descriptions, In *The IEEE Conference on Computer Vision and Pattern Recognition (CVPR)*, Boston, MA, USA (2015)

100) Ronald J. Williams and David Zipser：A learning algorithm for continually running fully recurrent neural networks, *Neural Computation*, **1**(2), pp.270 (1989)

101) Richard Socher, Christopher Manning and Andrew Ng：Learning continuous phrase representations and syntactic parsing with recursive neural networks, In *Advances in Neural Information Processing Systems*, Vancouver, BC, Canada (2010)

102) Yoshua Bengio, Nicolas Boulanger-Lewandowski and Razvan Pascanu：Advances in optimizing recurrent networks, *arXiv* (2012)

103) Sepp Hochreiter, Yoshua Bengio, Paolo Frasconi and Jürgen Schmidhuber：Gradient flow in recurrent nets the difficulty of learning long-term dependencies, In S. C. Kremer and J. F. Kolen (Eds.), *A Field Guide to Dynamical Recurrent Neural Networks*, IEEE press (2001)

104) Razvan Pascanu, Tomas Mikolov and Yoshua Bengio：On the difficulty of training recurrent neural networks, *arXiv* (2013)

105) Alex Graves：Generating sequences with recurrent neural networks, *arXiv* (2013)

106) Klaus Greff, Rupesh K. Srivastava, Jan Koutn´k, Bas R. Steunebrink and Jürgen Schmidhuber：Lstm: A search space odyssey, *arXiv* (2015)

107) Alex Graves and Jurgen Schmidhuber：Framewise phoneme classification with bidirectional LSTM and other neural network architectures, *Neural Networks*, **18**(5–6), pp.602–610 (2005)

108) Razvan Pascanu, Caglar Gulcehre, Kyunghyun Cho and Yoshua Bengio：How to construct deep recurrent neural networks, In *Proceedings of the International Conference on Learning Representation*, Banff, Canada (2014)

109) Alex Graves, Abdel R. Mohamed and Geoffrey Hinton：Speech recognition with deep recurrent neural networks, In Rabab Kreidieh Ward (Ed.),

IEEE International Conference on Acoustics, Speech and Signal Processing (ICASSP), pp.6645–6649, Vancouver, BC, Canada (2013)

110) Junyoung Chung, Caglar Gulcehre, KyungHyun Cho and Yoshua Bengio：Empirical evaluation of gated recurrent neural networks on sequence modeling (2014)

111) Kyunghyun Cho, Bart van Merriënboer, Dzmitry Bahdanau and Yoshua Bengio：On the properties of neural machine translation: Encoderdecoder approaches, *arXiv* (2014)

112) Junyoung Chung, Caglar Gulcehre, KyungHyun Cho and Yoshua Bengio：Empirical evaluation of gated recurrent neural networks on sequence modeling, *arXiv* (2014)

113) Herbert Jaeger：A tutorial on training recurrent neural networks, covering BPPT, RTRL, EKF and the "echo state network" approach, Technical report, Fraunhofer Institute for Autonomous Intelligent Systems (2002)

114) Zachary C. Lipton, John Berkowitz and Charles Elkan：A critical review of recurrent neural networks for sequence learning, *arXiv* (2015)

115) Nal Kalchbrenner, Ivo Danihelka and Alex Graves：Grid long short-term memory, *arXiv* (2015)

116) Jan Koutník, Klaus Greff, Faustino Gomez and Jürgen Schmidhuber：A clockwork rnn, *arXiv* (2014)

117) Kaisheng Yao, Trevor Cohn, Katerina Vylomova, Kevin Duh and Chris Dyer：Depth-gated recurrent neural networks, *arXiv* (2015)

118) Rupesh K. Srivastava, Klaus Greff and Jürgen Schmidhuber：Training very deep networks, *arXiv* (2015)

119) Leon Bottou and Olivier Bousquet：The tradeoffs of large scale learning, In *Advances in Neural Information Processing Systems*, **20**, Cambridge, MA, USA, MIT Press (2007)

120) Matthew D. Zeiler：ADADELTA: An adaptive learning rate method, *arXiv* (2012)

121) John Duchi, Elad Hazan and Yoram Singer：Adaptive subgradient methods for online learning and stochastic optimization, *Journal of Machine Learning Research*, **12**, pp.2121–2159 (2011)

122) Diederik Kingma and Jimmy Ba：Adam: a method for stochastic optimization, In *the 3rd International Conference for Learning Representations*

ICLR 2015 (2015)

123) Yurii Nesterov：A method of solving a convex programming problem with convergence rate o(1/k2), *Soviet Mathematics Doklady*, pp.372–376 (1983)

124) T. Tieleman and G. Hinton：Lecture 6.5 - RMSprop, coursera: Neural networks for machine learning (2012)

125) Scott E. Fahlman：An empirical study of learning speed in back-propagation networks, Technical report, CMU (1988)

126) Kaiming He, Xiangyu Zhang, Shaoqing Ren and Jian Sun：Delving deep into rectifiers: Surpassing human-level performance on ImageNet classification, Technical report, Microsoft (2015)

127) Min Lin, Qiang Chen and Shuicheng Yan：Network in network, *arXiv* (2014)

128) Ian J. Goodfellow, David Warde-Farley, Mehdi Mirza, Aaron Courville and Yoshua Bengio：Maxout networks, *arXiv, stat.ML* (2013)

129) Vladimir N. Vapnik and A. Ya. Chervonenkis：On the uniform convergence of relative frequencies of events to their probabilities, *Theory of Probability and Its Applications*, **16**(2), pp.264–280 (1971)

130) Vladimir N. Vapnik：*The Nature of Statistical Learning Theory*, Springer-Verlag, New York, NY, USA (1995)

131) Scott E. Fahlman and Christian Lebiere：The cascade-correlation learning architecture, In D.S. Touretzky (Ed.), *Advances in Neural Information Processing Systems*, **2**, pp.524–532, Morgan-Kaufman (1990)

132) Sergey Ioffe and Christian Szegedy：Batch normalization: Accelerating deep network training by reducing internal covariate shift, *arXiv* (2015)

133) Kunihiko Fukushima：Neocognitron: A self-organizing neural network model for a mechanism of pattern recognition unaffected by shift in position, *Biological Cybernetics*, **36**, pp.193–202 (1980)

134) Mark Everingham, Luc van Gool, Christopher K. I. Williams, John Winn and Andrew Zisserma：The PASCAL visual object classes (VOC) challenge, *International Journal of Computer Vision*, pp.303–338 (2010)

135) Christian Szegedy, Alexander Toshev and Dumitru Erhan：Deep neural networks for object detection, In *Advances in Neural Information Processing Systems (NIPS)* (2013)

136) Ross Girshick：Fast R-CNN, *arXiv* (2015)

137) Shaoqing Ren, Kaiming He, Ross Girshick and Jian Sun：Faster R–CNN:

Towards real-time object detection with region proposal networks, *arXiv* (2015)

138) Donald E. Knuth：Semantics of context-free languages, *Mathematical systems theory*, **2**(2), pp.127–145 (1968)

139) Wojciech Zaremba, Karol Kurach and Rob Fergus：Learning to discover efficient mathematical identities, In Z. Ghahramani, M. Welling, C. Cortes, N. D. Lawrence and K. Q. Weinberger (Eds.), *Advances in Neural Information Processing Systems*, pp.1278–1286, Montreal, BC, Canada, Curran Associates, Inc. (2014)

140) Yoshua Bengio, Rejean Ducharme and Pascal Vincent：A neural probabilistic language model, *Journal of Machine Learning Research*, **3**, pp.1137–1155 (2003)

141) Tomáš Mikolov, Martin Karafiát, Lukáš Burget, Jan “Honza” Černocký and Sanjeev Khudanpur：Recurrent neural network based language model, In Takao Kobayashi, Keiichi Hirose and Satoshi Nakamura (Eds.), *Proceedings of INTERSPEECH2010*, pp.1045–1048, Makuhari, JAPAN (2010)

142) R. Kneser and H. Ney：Improved backing-off for m-gram language modeling, In *Proceedings of the International Conference on Acoustics, Speech and Signal Processing*, pp.181–184 (1995)

143) Karl Pearson：On lines and planes of closest fit to systems of points in space, *Philosophical Magazine*, **2**, pp.559–572 (1901)

144) Louis L. Thurstone：The vectors of mind, *Psychological Review*, **41**, pp.1–32 (1934)

145) Warren S. Torgerson：Multidimensional scaling: I. theory and method, *Psychometrika*, **17**(4), pp.401–419 (1952)

146) 伊理 正夫，児玉 慎三， 須田 信英：特異値分解とそのシステム制御への応用，**計測と制御**，**21**(8), pp.763–772 (1982)

147) Thomas K. Landauer, Peter W. Foltz and Darrell Laham：An introduction to latent semantic analysis, *Discourse Processes*, **25**, pp.259–284 (1998)

148) 天野 成昭，近藤 公久：**日本語の語彙特性**，三省堂，東京 (1999)

149) Tomas Mikolov, Quoc V. Le and Ilya Sutskever：Exploiting similarities among languages for machine translation, *arXiv* (2013)

150) 西尾 泰和：***word2vec* による自然言語処理**，オライリー・ジャパン，東京 (2014)

151) 高村 大也：**言語処理のための機械学習入門**，コロナ社，東京 (2010)

152) 浅川 伸一：ディープラーニング，ビッグデータ，機械学習 あるいはその心理学，新曜社，東京 (2015)

153) Warren Weaver：Translation, In *Machine Translation of Languages*, pp.15–23, MIT Press, Cambridge, Massachusetts, USA (1949)

154) Peter E. Brown, Stephen A. Della Pietra, Vincent J. Della Pietra and Robert L. Mercer：The mathematics of statistical machine translation: Parameter estimation, *Computational Linguistics*, **19**(2), pp.263–311 (1993)

155) Richard Socher, Cliff Chiung-Yu Lin, Andrew Y. Ng and Christopher D. Manning：Parsing natural scenes and natural language with recursive neural networks, In Lise Getoor and Tobias Scheffer (Eds.), *Proceedings of the 28th Annual International Conference on Machine Learning (ICML)*, Bellevue, Washington, USA (2011)

156) Richard Socher, John Bauer, Christopher D. Manning and Andrew Y. Ng：Parsing with compositional vector grammars, In *The 51st Annual Meeting of the Association for Computational Linguistics (ACL)*, Sofia, Bulgaria (2013)

157) Kyunghyun Cho, Bart van Merriënboer, Caglar Gulcehre, Fethi Bougares, Holger Schwenk and Yoshua Bengio：Learning phrase representations using RNN encoder-decoder for statistical machine translation, In Alessandro Moschitti, Bo Pang and Walter Daelemans (Eds.), *Proceedings of the Empiricial Methods in Natural Language Processing (EMNLP 2014)*, Doha, Qutar (2014)

158) Philipp Koehn：Europarl: A parallel corpus for statistical machine translation, In *Proceedings of the Tenth Machine Translation Summit*, pp.79–86, Phuket, Thailand (2005)

159) Kishore Papineni, Salim Roukos, Todd Ward and Wei-Jing Zhu：BLEU: a method for automatic evaluation of machine translation, In *Proceedings of the 40th Annual Meeting of the Association for Computational Linguistics (ACL)*, pp.311–318, Philadelphia, Pennsylvenia, USA (2002)

160) Nal Kalchbrenner and Phil Blunsom：Recurrent continuous translation models, In *Proceedings of the 2013 Conference on Empirical Methods in Natural Language Processing, EMNLP*, Seattle, USA, Association for Computational Linguistics (2013)

161) 坪井 祐太：自然言語処理におけるディープラーニングの発展，オペレーション

ズ・リサーチ，**23**, pp.205–211 (2015)

162) Dzmitry Bahdanau, Kyunghyun Cho and Yoshua Bengio：Neural machine translation by jointly learning to align and translate, In Yoshua Bengio and Yann LeCun (Eds.), *Proceedings in the International Conference on Learning Representations (ICLR)*, San Diego, CA, USA (2015)

163) Fandong Meng, Zhengdong Lu, Zhaopeng Tu, Hang Li and Qun Liu：Neural transformation machine: A new architecture for sequence-to-sequence learning (2015)

164) Alan M. Turing：On computable numbers, with an application to the entscheidungsproblem, *Proceedings of London Mathmatics Society (Series 2)*, **42**, pp.230–265 (1980)

165) Cyrus Rashtchian, Peter Young, Micah Hodosh and Julia Hockenmaier：Collecting image annotations using amazon's mechanical turk, In *the NAACL HLT 2010 Workshop on Creating Speech and Language Data with Amazon's Mechanical Turk* (2010)

166) Peter Young, Alice Lai, Micah Hodosh and Julia Hockenmaier：From image descriptions to visual denotations: New similarity metrics for semantic inference over event descriptions, *Transactions of the Association for Computational Linguistics* (2014)

167) Tsung-Yi Lin, Michael Maire, Serge Belongie, Lubomir Bourdev, Ross Girshick, James Hays, Pietro Perona, Deva Ramanan, C. L. Zitnick and Piotr Dollár：Microsoft coco: Common objects in context (2014)

168) Xinlei Chen, Hao Fang, Tsung-Yi Lin, Ramakrishna Vedantam, Saurabh Gupta, Piotr Dollár and C. Lawrence Zitnick：Microsoft COCO captions: Data collection and evaluation server, *arXiv* (2015)

169) Hao Fang, Saurabh Gupta, Forrest Iandola, Rupesh K. Srivastava, Li Deng, Piotr Dollár, Jianfeng Gao, Xiaodong He, Margaret Mitchell, John C. Plattz, C. L. Zitnick and Geoffrey Zweig：From captions to visual concepts and back, *arXiv* (2015)

170) Kelvin Xu, Jimmy L. Ba, Ryan Kiros, Kyunghyun Cho, Aaron Courville, Ruslan Salakhutdinov, Richard S. Zemel and Yoshua Bengio：Show, attend and tell: Neural image caption generation with visual attention, *arXiv* (2015)

171) Jacob Devlin, Hao Cheng, Hao Fang, Saurabh Gupta, Li Deng, Xiaodong

He, Geoffrey Zweig and Margaret Mitchell：Language models for image captioning: The quirks and what works, *arXiv* (2015)

172) Junhua Mao, Wei Xu, Yi Yang, Jiang Wang and Alan L. Yuille：Explain images with multimodal recurrent neural networks, *arXiv* (2014)

173) Ryan Kiros, Ruslan Salakhutdinov and Richard Zemel：Multimodal neural language models, In *Proceedings of the 32nd Annual International Conference on Machine Learning (ICML)* (2014)

174) Richard S. Sutton and Andrew G. Barto：*Reinforcement Learning*, MIT Press, Cambridge, MA (1998)

175) Arther L. Samuel：Some studies in machine learning using the game of checkers, *IBM Journal*, **3**, pp.211–229 (1959)

176) 三上 貞芳，皆川 正章：**強化学習**，森北出版，東京 (2000)

177) バートランド・ラッセル：**哲学入門**，筑摩書房，東京 (2005)

178) Gerald Tesauro：TD-gammon, a self-teaching backgammon program achieves master-level play, Technical report, AAAI (1993)

179) Daisuke Uragami, Tatsuji Takahashi and Yoshiki Matsuo：Cognitively inspired reinforcement learning architecture and its application to giant-swing motion control, *BioSystems*, **116**, pp.1–9 (2014)

180) Jason Weston, Sumit Chopra and Antoine Bordes：Memory networks, In Yoshua Bengio and Yann LeCun (Eds.), *Proceedings in the International Conference on Learning Representations (ICLR)*, San Diego, CA, USA (2015)

181) J.R.R. トールキン：**新版指輪物語，旅の仲間，二つの塔，王の帰還**，評論社，東京 (1992)

182) Bradley C. Duchaine and Ken Nakayama：Developmental prosopagnosia: a window to content-specific face processing, *Current Opinion in Neurobiology*, **16**, pp.166–173 (2006)

183) João P. Hespanha, Peter N. Belhumeur and David J. Kriegman：Eigenfaces vs. fisherfaces: Recognition using class specific linear projection, *IEEE Transactions on Pattern Analysis and Machine Intelligence*, **19**(7), pp.711–720 (1997)

184) Paul Viola and Michael J. Jones：Robust real-time face detection, *International Journal of Computer Vision*, **57**(2), pp.37–154 (2004)

185) Yaniv Taigman, Ming Yang, Marc'Aurelio Ranzato and Lior Wolf：Deep-

face: Closing the gap to human-level performance in face verification, In *Proceedings of Computer Vision and Pattern Recognition Conference (CVPR)*, pp.1701–1709, Columbus, Ohio, USA (2014)

186) Yi Sun, Xiaogang Wang and Xiaoou Tang：Deep learning face representation from predicting 10,000 classes, In *Computer Vision and Pattern Recognition (CVPR), IEEE Conference*, pp.1891–1898 (2014)

187) Yi Sun, Yuheng Chen, Xiaogang Wang and Xiaoou Tang：Deep learning face representation by joint identification-verification, In *Advances in Neural Information Processing Systems (NIPS)*, pp.1988–1996 (2014)

188) Yi Sun, Xiaogang Wang and Xiaoou Tang：Deeply learned face representations are sparse, selective, and robust, *arXiv* (2014)

189) Yi Sun, Ding Liang, Xiaogang Wang and Xiaoou Tang：Deepid3: Face recognition with very deep neural networks, *arXiv* (2015)

190) Florian Schroff, Dmitry Kalenichenko and James Philbin：Facenet: A unified embedding for face recognition and clustering, In *Proceedings of the Computer Vision and Pattern Recognition (CVPR), IEEE Conference*, pp.815–823 (2015)

191) Sachin S. Farfade, Mohammad Saberian and Li-Jia Li：Multi-view face detection using deep convolutional neural networks, *arXiv* (2015)

192) T. L. Berg, A. C. Berg, J. Edwards, M. Maire, R. White, Y.-W. Teh, E. Learned-Miller and D. A. Forsyth：Names and faces in the news, In *Proceedings of the IEEE Comuter Society Conference, Computer Vision and Pattern Recognition, CVPR*, **2**, p.II848 (2004)

193) T. L. Berg, A. C. Berg, J. Edwards and D. A. Forsyth：Whos in the picture? In *Proceedings of the Neural Information Processing, NIPS*, (2005)

194) G. B. Huang, M. Ramesh, T. Berg and E. Learned-Miller：Labeled faces in the wild: A database for studying face recognition in unconstrained environments, Technical report, University of Massachusetts, Amherst (2007)

195) Neeraj Kumar, Alexander C. Berg, Peter N. Belhumeur and Shree K. Nayar：Attribute and simile classifiers for face verification, In *Proceedings of International Conference of Computer Vision (ICCV), IEEE International Conference*, Kyoto, Japan, IEEE (2009)

196) Ronald A. Fisher：The use of multiple measures in taxonomic problems, *Annual Eugenics*, **7**, pp.179–188 (1936)

197) Sumit Chopra, Raia Hadsell and Yann LeCun：Learning a similarity metric discriminatively, with application to face verification, In *IEEE Computer Society Conference*, **1**, pp.539–546 (2005)

198) Timo Ahonen, Abdenour Hadid and Matti Pietikäinen：Face description with local binary patterns: Application to face recognition, *IEEE Transactions on Pattern Analysis and Machine Intelligence*, **28**(12), pp.2037–2041 (2006)

199) Yi Sun, Xiaogang Wang and Xiaoou Tang：Hybrid deep learning for face verification, In *Proceedings of International Conference of Computer Vision (ICCV), IEEE International Conference*, pp.1489–1496, IEEE (2013)

200) Martin Köestinger, Paul Wohlhart, Peter M. Roth and Horst Bischof：Annotated facial landmarks in the wild: A large-scale, real-world database for facial landmark localization, In *First IEEE International Workshop on Benchmarking Facial Image Analysis Technologies* (2011)

201) Mengyi Liu, Shaoxin Li, Shiguang Shan and Xilin Chen：AU-aware deep networks for facial expression recognition, In *Automatic Face and Gesture Recognition (FG) on the 10th IEEE International Conference and Workshops*, pp.1–6, Shanhai, China, IEEE (2013)

202) Paul Ekman：Universal facial expressions of emotion, *California Mental health Research Digest*, **8**(4), pp.151–158 (1970)

203) Paul Ekman, Wallace V. Friesen and Silvan S. Tomkins：Facial affect scoring technique: A first validity study, *Semiotica*, **3**, pp.37–58 (1971)

204) 山田 寛：顔面表情の知覚的判断過程に関する説明モデル，**心理学評論**，**43**(2), pp.245–255 (2000)

205) 山口 拓人，浅川 伸一，山田 寛：RBF ネットワークシミュレーションによる表情認識，Technical report, 電子情報通信学会技術報告 (2002)

206) Paul Ekman and Wallace V. Friesen：Measuring facial movement, *Environmental Psychology and Nonverbal Behavior*, **1**, pp.56–75 (1976)

207) Michael J. Lyons, Julien Budynek and Shigeru Akamatsu：Automatic classification of single facial images, *IEEE Transactions on Pattern Analysis and Machine Intelligence*, **21**(12), pp.1357–1362 (1999)

208) 松本 敏治，崎原 秀樹，菊地 一文：自閉スペクトラム症の方言不使用についての解釈―言語習得から方言と共通語の使い分けまで―，**弘前大学教育学部紀要**，**113**, pp.93–103 (2015)

209) A. アシモフ：**われはロボット**，早川書房，ハヤカワ文庫 SF535 (1982)
210) Steve Fuller：*Humanity 2.0: What it Means to be Human Past, Present and Future*, Palgrave Macmillan, London, UK (2011)
211) Shin–ichi Asakawa：An extention of elman networks, In *Proceedings of the 9th International Conference on Cognitive Modeling*, Manchester, UK (2009)
212) 浅川 伸一：エルマンネットは拡張可能か，**第 76 回度日本心理学会発表論文集**，専修大学，東京 (2012)
213) 浅川 伸一：保続と歌のモデル，**第 32 回度日本高次脳機能障害学会発表論文集**，松江，島根 (2013)
214) David G. Lowe：Distinctive image features from scale-invariant keypoints, *International Journal of Computer Vision*, **60**(2), pp.91–110 (2004)
215) Navneet Dalal and Bill Triggs：Histograms of oriented gradients for human detection, In *Proceedings of the Computer Vision and Pattern Recognition (CVPR), IEEE Conference* (2005)
216) Gabriella Csurka, Christopher R. Dance, Lixin Fan, Jutta Willamowski and Cédric Bray：Visual categorization with bags of keypoints, In *Proceedings of the ECCV Statistical Learning in Computer Vision* (2004)
217) Xiaofeng Ren and Jitendra Malik：Learning a classification model for segmentation, In *Proceedings of the 9th International Conference of Computer Vision (ICCV), IEEE Internatinal Conference*, **1**, pp.10–17, IEEE (2003)
218) Pedro F. Felzenszwalb and Daniel P. Huttenlocher：Efficient graph-based image segmentation, *International Journal of Computer Vision*, **59**, pp.167–181 (2004)
219) 奥村 学：**自然言語処理の基礎**，コロナ社，東京 (2010)
220) 北 研二：**確率的言語モデル**，東京大学出版会，東京 (1999)
221) エリック R. カンデル：*Principles of Neural Science*，メディカル・サイエンス・インターナショナル，東京, 5 edition (2014)
222) Yoav Freund and Robert E. Schapire：A decision-theoretic generalization of on-line learning and an application to boosting, *journal of computer and system sciences*, **55**, pp.119–139 (1997)

索　　引

【に】

【ね】

【は】

【ひ】

【ふ】

【へ】

【ほ】

【ま】

【み】

【め】

【も】

【や】

【ゆ】

【ら】

【り】

【る】

【れ】

【ろ】

【わ】

【A】

【B】

【C】

【D】

【E】

【F】

【G】

【H】

【I, J, K】

【L】

【M】

【N】

【O】

【P】

【Q】

【R】

【S】

【T】

【U】

【V】

【W】

【X】

【Z】

【数字】

── 著者略歴 ──

1980 年　千葉県銚子市立銚子高等学校卒業
1985 年　早稲田大学第一文学部心理学専修卒業
1988 年　早稲田大学大学院博士前期課程修了（心理学専攻）
1994 年　早稲田大学大学院博士後期課程単位取得満期退学（心理学専攻）
1994 年　東京女子大学情報処理センター助手
　　　　現在に至る
2003 年　博士（文学）（早稲田大学）

Pythonで体験する深層学習
— Caffe，Theano，Chainer，TensorFlow —
Practical Python Recipes of Deep Learning
— Caffe, Theano, Chainer and TensorFlow —

2016 年 8 月 18 日　初版第 1 刷発行　★

検印省略

著　者　浅川(あさかわ)伸一(しんいち)
発行者　株式会社　コロナ社
　　　　代表者　牛来真也
印刷所　三美印刷株式会社

112-0011　東京都文京区千石 4-46-10
発行所　株式会社　**コロナ社**
CORONA PUBLISHING CO., LTD.
Tokyo Japan
振替 00140-8-14844・電話(03)3941-3131(代)
ホームページ http://www.coronasha.co.jp

ISBN 978-4-339-02851-5　(金)　(製本：愛千製本所)
Printed in Japan